无人机及其测绘技术新探索

全广军　康习军　张朝辉　著

吉林科学技术出版社

图书在版编目（ＣＩＰ）数据

无人机及其测绘技术新探索 / 全广军，康习军，张
朝辉著 . -- 长春 : 吉林科学技术出版社，2018.5（2024.1重印）
ISBN 978-7-5578-4362-5

Ⅰ . ①无… Ⅱ . ①全… ②康… ③张… Ⅲ . ①无人驾
驶飞机—航空摄影测量 Ⅳ . ① P231

中国版本图书馆 CIP 数据核字 (2018) 第 095797 号

无人机及其测绘技术新探索

著　　全广军　康习军　张朝辉
出 版 人　李　梁
责任编辑　孙　默
装帧设计　韩玉生
开　　本　787mm×1092mm　1/16
字　　数　210千字
印　　张　18
印　　数　1-3000册
版　　次　2019年5月第1版
印　　次　2024年1月第3次印刷

出　　版　吉林出版集团
　　　　　吉林科学技术出版社
发　　行　吉林科学技术出版社
地　　址　长春市人民大街4646号
邮　　编　130021
发行部电话/传真　0431-85635177　85651759　85651628
　　　　　　　　　　85677817　85600611　85670016
储运部电话　0431-84612872
编辑部电话　0431-85635186
网　　址　www.jlstp.net
印　　刷　三河市天润建兴印务有限公司

书　　号　ISBN 978-7-5578-4362-5
定　　价　108.00元
如有印装质量问题　可寄出版社调换
版权所有　翻印必究　举报电话：0431-85659498

作者简介

全广军，男，主任工程师，本科，河北保定人，1978 年 11 月 19 日出生，2001 年毕业于辽宁工程技术大学工程测量专业，2001 年 9 月至今在河北水文工程地质勘察院任职。主要负责工程测量、地籍测量、海籍调查、三权调查、不动产数据整合、三维建模、倾斜摄影等工作。曾在《河北遥感》、《城市建设理论研究》等刊物发表过多篇论文，所主持的项目获得过河北省优秀成果二等奖、河北省优秀测绘地理信息工程二等奖、全国优秀测绘工程奖等多项奖励。本人曾获河北省科技创新人才等多项荣誉。

康习军，男，测绘高级工程师，河北平山人，1971 年 9 月出生，1996 年毕业于成都理工学院测量工程专业。1996 年 7 月至今在河北水文工程地质勘察院任职。主要负责工程测量、地籍测量、建筑物变形观测、三权调查、农经权调查等工作。曾在《城市建设理论研究》《科技视界》等刊物发表过多篇论文。负责完成多京石客专站房监测、南水北调中线工程断面测量等大型测绘项目测量工作。

张朝辉，男，测绘工程师，河北晋州人，1972 年 8 月出生，2008 年毕业于石家庄铁道学院工业与民用建筑专业，在河北水文工程地质勘察院任职，从事工程测量、地籍测量、建筑物变形观测、农经权调查等工作，负责完成石家庄市沙磁河应急水源地、石家庄市动物园迁建工程、石家庄市环城水系等多个大中型项目的测量工作。

前　　言

　　无人机是一种由动力驱动、机上无人驾驶、可重复使用的航空器。进入 21 世纪后，无人机用途不断扩大，已经成为一种新型的空中平台，在国民经济建设和现代战争中发挥着越来越重要的作用。因此，无人机及其相关技术研发与应用研究引起了各国的高度重视，无人机的发展进入了一个崭新的时代。在测绘领域，仅靠卫星和有人机难以快速、及时和全方位地获取环境信息，基于无人机平台的测绘技术正是这一缺陷的有效补充手段，具有飞行高度低、分辨率高、获取数据快速等特点，能够满足实时性的要求，所获取的高分辨率遥感图像等数据对于地理信息处理和应用具有重要的意义。无人机测绘技术已经成为测绘科学与技术领域研究的热点。

　　测绘地理信息事业"十三五"规划指出："加快装备现代化，加快建设多分辨率、多传感器、全天候综合航空遥感体系，大力发展长航时航空遥感平台，促进无人飞机、轻型飞机、浮空器等新型平台和机载激光雷达、重力仪、倾斜摄影仪等新型传感器的推广应用，配套建设数据传输和通信指挥系统。"从以上规划可以看出，国家非常重视测绘装备现代化、全球地球信息资源建设、应急测绘综合保障、基础地理信息资源建设，这是测绘事业发展的有力保障，同时也为无人机传统测绘技术带来了新的挑战，必须针对无人机测绘的特点在技术和方法上有所突破和创新。

　　鉴于此，作者撰写了《无人机及其测绘技术新探索》一书。本书的内容共有九章。第一章阐述了无人机的基本概念和发展现状，对无人机系统以及无人机测绘系统进行了初步的论述；第二章系统地论述了无人机系统的构建；第三章阐述了无人机系统的工作原理；第四章重点论述了测绘任务载荷和地面控制站等无人机测绘任务设备，归纳总结无人机测绘任务规划内容和顾及威胁因素状况下的无人机测绘任务航线规划；第五章阐述了基于正射影像图制作流程、空中三角测量以及应急快速成图的无人机测绘成图技术研究；第六章诠释了无人机系统在地理空间数据采集的相关研究；第七章探讨了无人机测绘新技术的应用及创新研究；第八章以美国为例诠释了无人机航空监管体系的借鉴研究；第九章阐述了无人机发展的愿景。

　　本书内容条理清晰，逻辑性强。作者在撰写的过程中借鉴了中外近年来在无人机测绘领域的研究成果，在系统归纳无人机测绘的基本理论和方法的基础上，重点对无人机任务规划、测绘成图、应急快速成图等相关技术及其应用进行了深入的探讨。在此，作者向这些文献的作者表示诚挚的感谢！由于时间有限，本书难免会存在一定的不足，有待进一步完善，恳请专家和读者提出批评进行指教。

作者
2018 年 3 月

目　录

第一章 导论

进入 21 世纪，无人机的用途不断扩大，已经成为一种新型的空中平台，在国民经济建设和现代战争中发挥着越来越重要的作用。无人机及其相关技术研究与应用已经引起了各国的高度重视，无人机的发展进入了一个崭新的时代。在测绘领域，仅靠卫星和有人机难以快速、及时和全方位地获取地理环境信息，基于无人机平台的测绘技术正是这一缺陷的有效补充手段，能够满足实时获取的要求，所获取的高分辨率遥感图像数据对于地理信息处理和应用具有重要的意义。目前，无人机测绘技术已经成为测绘科学与技术领域的研究热点。

第一节 无人机概述

一、无人机的基本概念

1915 年 10 月德国西门子公司成功研制了采用伺服控制装置和指令制导的滑翔炸弹，1917—1918 年，英国与德国先后研制成功无人驾驶遥控飞机，这些工作被公认为是有控无人机的先驱。至今无人机已经有百年的历史。

《中国大百科全书·航空航天卷》(2004 年) 将无人驾驶飞机定义为：无驾驶员或"驾驶"(控制) 员不在机内的飞机，简称无人机；把飞机定义为：由动力装置产生前进推力，由固定机翼产生升力，在大气层中飞行的重于空气的航空器。这种定义将无人直升机等排除在外，局限为固定翼无人机。

《无人机系统导论》(2003 年) 将无人机定义为：无人驾驶航空飞行器（unmanned aerial vehicle, UAV），即一种由动力驱动、机上无人驾驶、可重复使用的航空器。

在 2002 年 1 月美国联合出版社出版的《国防部词典》中，对无人机的解释为：无人机指不搭载操作人员的一种有动力空中飞行器，采用空气动力为飞行器提供所需的升力，能够自动飞行或进行远程引导；既能一次性使用也能进行回收；能够携带致命性或非致命性有效载荷。

弹道或半弹道飞行器、巡航导弹和炮弹不能看作是无人飞行器。本书将无人机定义为：一种由动力驱动，机上无人驾驶，可自主飞行或遥控飞行，能携带任务载荷，可重复使用的航空器。无人机不同于有人机、航模和导弹，它们之间的区别如表1-1所示。

表1-1　无人机与有人机、航模和导弹的区别

飞行器	驾驶方式	飞行控制方式	任务载荷	使用次数
无人机	无人	程序控制、遥控飞行	多种任务载荷	可重复使用
有人机	有人	人为控制	多种任务载荷	可重复使用
航模	无人	遥控操纵	一般不携带任务载荷	可重复使用
导弹	无人	程序控制、自主飞行	单一任务载荷	一次性使用

无人机要完成任务，除需要飞行平台及其携带的任务设备外，还需要地面控制设备、数据通信设备、维护设备以及必要的操作、维护人员等，较大型的无人机还需要专门的发射/回收装置。因此，完整意义上的无人机应称为无人机系统。在美国国防部2005年发布的《2005—2030无人机系统路线图》中，最明显的变化就是将以往文件中的"无人机"改为"无人机系统"，并扩大了飞行器的类型（如飞艇）。

鉴于以上描述，本书以无人机系统（包括无人飞艇）为研究对象展开论述。考虑到人们已经熟知"无人机"这一提法，文中对术语"无人机"和"无人机系统"等价使用，不做明确区分。

（一）无人机的特点

无人机本身最大的特点是机上没有驾驶员或操控人员，比有人机更加适合执行"枯燥"（dull）、"肮脏"（dirty）和"危险"（dangerous）的"3D"任务，无人员伤亡的顾虑。

（1）可持续执行"枯燥"的任务。在1999年科索沃战争期间，美军B-2飞机机组人员执行了多次从美国密苏里州到塞尔维亚的历时34 h的往返飞

行任务。机组人员从通常的两名扩充到三名，即便这样，超长飞行时间仍旧是部队指挥官考虑最多的问题。他们认为 40 h 将是机组人员执行任务的极限时间。美国兰德公司在科索沃战争结束后进行的评估中指出，美军每架飞机的机组人员应从两名增加到四名或实施国外部署。然而，该建议存在一个明显的制约因素，因为成倍增加机组人员将对训练产生巨大的压力，要么利用美国空军有限的 B-2 飞机进行训练的架次和飞行时间增加一倍，要么降低每名 B-2 机组人员的训练架次和飞行时间，但这样都会造成装备的巨大压力或使飞行员的作战熟练程度和技能下降。而与之形成对照的是，近年来，美国本土人员操作 MQ-1 无人机在阿富汗和伊拉克进行了近乎连续不间断的作战任务，地面操作人员可以每 4 h 轮换一次，承受压力的时间大大缩短。

（2）可执行"肮脏"的任务。美国空军和海军曾在 1946—1948 年分别采用无人驾驶的 B-17 和 F6 飞机在核武器爆炸后的几分钟内飞入蘑菇云尘埃中采集放射样本，这显然是一项极具放射性危害的任务。当时返回的无人机需采用水管进行大量清洗，采集到的样本由类似樱桃采摘器的机械手获取，以尽可能减少研究人员对放射物的接触。而 1948 年，美国空军认定机组人员所面临的放射物污染风险是可以控制的，无人驾驶飞机的样本采集任务由身穿 60 磅（约 27kg）重防辐射铅服的飞行员驾驶 F-84 飞机取代。但结果是参与该任务的部分飞行员受强射线的辐射相继死亡。

（3）可执行"危险"的任务。战场侦察与监测历来都是一项危险的任务。第二次世界大战期间，美军第三侦察大队有 25% 的飞行员牺牲在北非战场，而飞越德国领空的侦察机飞行员死亡比率也为 5%。1960 年 5 月 1 日苏联击落了一架美国 U-2 侦察机并逮捕其飞行员后，美国终止了对苏联进行的有人侦察飞行。冷战时期北约在侦察任务中共损失了 23 架有人驾驶飞机和 179 名飞行员。这些损失促进了美国空军为执行侦察任务开发无人机的工作。无人机系统能够提供显著帮助的其他危险任务还包括对敌防空压制、攻击和电子战等。越南战争和巴以冲突中执行上述任务的飞机和机组人员的损失都是最大的。

此外，无人机与有人机相比还有许多应用上的特点：

（1）成本低，效费比好。目前，大部分无人机的制造成本只是同类型有人机的几十分之一乃至几百分之一，而且无人机的使用和维护费用低，即使被击落，损失也很小。

（2）生存力强。现代无人机的制作广泛采用玻璃纤维等合成材料及其他透波材料和模块式结构，大大减小了雷达有效反射面，降低了被雷达发现的概率和被防空武器攻击的毁伤率，即使损坏也比较容易快速修复。

（3）机动性好。小型无人机体积小、重量轻，对专门的起降场要求不高，便于跟随野战部队行动。

无人机的缺点是：首先，由于智能化程度不高，对意外情况处理的灵活性较差，不宜执行复杂的飞行任务；其次，无人机的遥控与信息传输线路很容易受到敌方的电磁干扰，产生飞行事故；此外，无人机在全天候性能、载荷能力等方面与有人机相比存在较大差距，因此能完成任务的类型也受限。

（二）无人机的分类

无人机的分类，依据不同的标准而结果各异。

1. 按飞行方式区分

无人机按飞行方式可分为固定翼无人机、旋翼无人机、扑翼无人机和飞艇等。其中旋翼无人机是指能够垂直起降，以一个或多个螺旋桨作为动力装置的无人飞行器；扑翼无人机是模仿昆虫和小鸟通过扑动机翼产生升力进行飞行的无人飞行器；飞艇是依靠密度小于空气的气体的静升力而升空的无人飞行器。

2. 按飞行速度区分

无人机按飞行速度可分为亚音速无人机、超音速无人机和高超音速无人机。

3. 按飞行高度区分

飞行高度指真高，可分为低空无人机（飞行高度 6000 m 以下）、中空无人机（飞行高度 6000 ~ 15000 m）和高空无人机（飞行高度 15000 m 以上）三种。

4. 按无人机执行的任务区分

无人机按执行的任务可分为民用和军用两大类。

（1）民用无人机，可分为遥感测绘无人机、资源遥感无人机、环境污染监测无人机、灾情调查无人机、气象探测无人机、治安巡逻无人机和通信中继无人机等。

（2）军用无人机，可分为无杀伤型和杀伤型两种。无杀伤型无人机又可分为侦察无人机、靶标无人机、运输无人机、测绘无人机、通信中继无人机、防化探测无人机、特种无人机等；杀伤型无人机可分为软杀伤（如电子干扰无人机）与硬杀伤（如无人作战飞机）两种。

5. 按任务半径或续航时间区分

航程是无人机的重要性能指标，指无人机起飞后中途不加油所能飞越的最大距离。一般而言的任务半径指顺利完成指定任务的最大距离，一般是最大航程的 25% ~ 40%。按任务半径或续航时间分类，可分为近程、短程、中程和远程无人机四种。

（1）近程无人机，任务半径一般在 30 km 以内，续航时间 2 ~ 3 h。

（2）短程无人机，任务半径一般在 30 ~ 150 km，续航时间 3 ~ 12 h。

（3）中程无人机，任务半径一般在 150 ~ 650 km，续航时间 12 ~ 24 h。

（4）远程无人机，任务半径一般在 650 km 以上，续航时间 24 h 以上，因此也称为长航时无人机。

6. 按无人机大小或重量区分

无人机按尺寸大小或重量可分为大型、中型、小型和微型无人机。起飞重量 500 kg 以上为大型无人机；200 ~ 500 kg 为中型无人机；小于 200 kg，翼展为 3 ~ 5 m 的为小型无人机。对于微型无人机，美国国防高级研究计划局的定义是翼展在 15 cm 以下的无人机，英国《飞行国际》杂志将翼展小于 0.5 m 的无人机统称为微型无人机。

7. 按无人机应用的层次区分

根据无人机参与军事行动的规模和级别，一般可分为战略、战役和战术三个层次。

（1）战略型无人机，即执行有关国家安全和战争全局行动的无人机，一般为高空、长航时无人机。

（2）战役型无人机，即执行军、师、旅、团级别战役级行动、获取所需信息的无人机，一般为中空、中程、短程无人机。

（3）战术型无人机，即执行营、连以下部队战术级行动、获取所需信息的无人机，一般为近程无人机。

(三) 无人机的功能与作用

1. 民用无人机的功能与作用

无人机在民用领域的用途极为广泛，应用潜力巨大。

(1) 科学研究。在大气科学、海洋科学、地球科学等领域，无人机可以搭载高光谱成像仪、湍流通量仪、激光雷达、气溶胶光谱仪、大气色谱仪、湿度计、温度廓线仪等多种环境探测设备，执行大范围、长时间的科学数据采集任务。

(2) 环境监测。无人机可用于农作物生长情况监测；土壤墒情监测；海洋监测 (海洋通道、毒品走私、碳氢化合物污染监测、救护的定位)；城市安全监视及边防监测；工程建筑 (如桥梁、大坝) 的监测；输油管、天然气管道、悬挂电缆、铁路、高压线的监测；公路交通及危险品的运输监测等。

(3) 反恐维稳。在突发事件、反恐应急中，搭载成像设备的无人机可用于监控事件现场，提供事态最新变化，为应急处置提供第一手数据，还可以投放传单，进行高音广播，为稳定现场事态提供技术支持。在地区治安、边境巡逻中，无人机可以承担可疑地区长时间监视的任务。在偏远地区缉毒中，无人机可以担负搜寻地面疑似毒品种植区域、加工窝点、运输通道的任务，为快速锁定毒品的种植地点、数量，掌握毒品生产运输情况提供技术保障。

(4) 应急救灾监测与评估。无人机可以承担长时间的枯燥监测任务，搭载高分辨率相机、热红外成像仪、激光扫描仪等载荷，用于地震、滑坡、泥石流、森林火情、雪崩、火山、飓风等自然灾害的监测，可执行危险性大的任务 (如毒气和放射线污染区域)，为灾害损失情况的精确评估提供第一手信息资料。

(5) 搜索救援。在野外营救中，可利用无人机搭载信号接收机，在人员失踪区域上空持续搜寻失踪人员发出的求救信号，特别是在海上、高山、荒漠等难以大规模人工搜索的地区，可显著提高搜寻和救援的效率。

2. 军用无人机的功能与作用

无人机首先诞生于军事领域。目前，世界各国已使用和研发中的无人机，绝大多数都是用于军事和国家安全目的。无人机在战场上的作用与其系统本身的性能以及其执行的战斗任务相关。在越南战争期间，美军率先使用

"火蜂"无人侦察机和"QH-50"系列无人直升机执行空中照相侦察和电子情报等任务。在两次中东战争中,以色列创新性地将无人机用于电子对抗,引起各国军方对无人机的重视。在海湾战争中,多国部队广泛使用无人机参战,借助无人机实时侦察伊拉克前后方的军事目标分布、防空体系状况、军队和武器装备的部署及调动、战场态势以及空袭效果等信息。在科索沃战争中,美国及北约盟国首先使用无人机担当开路先锋发动进攻,用于中低空侦察和长时间战场监视、电子对抗、目标定位,以及收集气象资料和散发传单等任务,发挥了有人机难以达到的作用。在阿富汗战争中,无人机已经成为美军追捕本·拉登及其基地组织成员的最有效武器,尤其是对基地组织成员发动的定点清除,开创了无人机空中打击的先河。在伊拉克战争中,美军使用无人机的数量已是阿富汗战争时的三倍多,涉及空中打击、侦察、监视、通信等多个领域,无人机已经成为现代战争中一支重要的空中力量。

综上所述,军用无人机的功能可以归纳为以下几项:

(1)侦察和监视。执行战场侦察和监视任务是无人机诞生以来最为重要的任务,现在的无人机大多属于无人侦察机,是现今发展最为完善、门类最为齐全的一类无人机,且在实战中得到了大量运用。无人机自身目标小,不易被对方发现,能进入高危险区并根据不同任务调整飞行航线进行大范围侦察监视,依靠机上的侦察设备对敌主要部署和重要目标进行长时间实时监视。

(2)空中通信中继。通信中继无人机是在无人机上安装无线电通信设备,使其成为通信系统的一个节点,一个机动的通信中继站。这类无人机既可用于兵力集结时的通信联络,也可用于高山地区的远距离通信平台,还可用于攻击性武器的制导信号传输控制等。

(3)靶机。用作靶机是无人机最早的用途之一。无人机用作靶机既廉价又安全,主要任务是模拟各种飞机、导弹等飞行器的飞行状态,以供各种航空、防空兵器性能的检测和训练战斗机飞行员、防空兵器操纵员之用。

(4)火力引导和目标指示。在进行超视距火力打击情况下,无人机能够进入火力打击区上空执行火力引导和校射任务,为指挥员进行火力打击效果评估提供重要依据,提高己方火力打击的效果,降低弹药消耗。此外,无人机还可以载有激光照射器,用于指示地面目标,引导作战飞机用激光制导炸弹进行精确攻击。

(5) 测绘、气象等保障。无人机携带的图像传感器、气象传感器获取实时的序列图像和大气参数数据，支持地理信息、气象信息的快速获取、环境数据的及时更新等，尤其适用于应急测绘、提供气象信息等作战行动保障。

(6) 空中打击平台。无人机可以携带攻击武器，直接对地面、海上目标实施侦察和攻击，或携带空对空导弹进行空战。

(7) 诱饵骗敌和电子干扰。利用无人机在敌前沿阵地上空模拟有人驾驶飞机的战术飞行动作，诱使敌雷达等电子侦察设备开机，使己方迅速掌握对方的雷达频率和阵地位置等有关信息，为反辐射武器提供重要参数；引诱敌防空兵器射击，吸引敌火力，掩护己方机群突防；可使敌防空雷达把大量宝贵时间消耗在截获、搜索、识别、跟踪这些假目标上，造成可乘之机；无人机还可以携带电子对抗设备，对敌方电子侦察和通信设备实施干扰和压制。

二、无人机的发展

(一) 世界主要国家无人机发展情况

无人机作为一种高度集成的技术系统，其发展已成为综合国力的体现。世界主要军事强国都投入了大量的人力和物力用于发展无人机。

1. 美国

美国作为最早研制和使用无人驾驶飞机的国家，早在20世纪50年代越南战争时期就已大规模使用无人机，但随后放慢了无人机的研发速度。随着20世纪70年代中东战争中以色列使用无人机的出色表现，美国重新认识到无人机的巨大军事价值，又加快了研发速度，经过30多年的不懈努力，现已成为全球研制和使用无人机能力最强的国家。

在美军无人机的发展过程中，最重要的标志之一是 Tier 计划的执行。该计划于1994年由美国国防部先进研究项目局（Defense Advanced Research Projects Agency, DARPA）和防务空中侦察办公室（Defense Airborne Reconnaissance Office, DARO）共同启动，开发高空长航时无人机项目（high altitude endurance UAV, HAE UAV）。目的是通过研制并验证 HAE UAV 系统是否能够为军方提供全天候、大面积、长时间的情报侦察和监视支持。

Tier 原计划发展 Tier-Ⅰ、Tier-Ⅱ、Tier-Ⅲ三种系列无人机。后来发现 Tier-Ⅲ研制耗资巨大并且难以完成，便改为平行发展两种互为补充的 Tier-Ⅱ+和 Tier-Ⅲ—系统。Tier-Ⅱ+设定用于低/中等威慑环境，Tier-Ⅲ—用于高威慑环境。该计划的最终结果构成了美军现有无人机系列的主体成品。

2002年至2011年，美国国防部部长办公室分六次公开发布了美军的《无人机系统路线图（2005—2030）》，路线图文中详细阐述了目前和未来20多年的美军无人机发展方向，无人机的动力装置、各种传感器、通信和信息处理等技术水平的发展要求，对美军无人机的发展起到重要的指导作用。

文中详细论述了根据作战需要将来可由无人机执行的任务，并根据这些任务说明无人机应该具备哪些新性能；路线图根据摩尔法则，预测了很多关键技术，例如推动装置、传感器、数据链路、信息处理能力等未来的发展趋势。

这份路线图的时间跨度为30年，正好与无人机技术的研发周期一致，即用15年时间将实验室的研究成果转化为可操作的实际系统，再用15年的时间完成整个系统的螺旋式发展，最终参与作战。

美军还制定了一系列相对具体的计划，如联合无人驾驶战斗飞行器（J—UCAV）计划等；各军种也根据自己的特点和需求，分别制订相应的无人机计划，发展最适合本军作战特点的机型，实现最佳作战效果。例如陆军早期的"天鹰"小型战术无人机计划和随后的"猎人"短程无人机计划；海军和海军陆战队的"火力侦察兵"计划；美国空军总部于2009年5月正式颁布了《美国空军2009—2047年无人机系统发展规划》，以条令、编制、训练、作战物资、领导者的培养、人员与设施以及政策的形式对美国空军2009—2047年的发展规划进行了概述，综合了早期无人机的发展经验与新兴的先进无人机技术。

2. 德国

德国早在第二次世界大战期间就已使用过无人航空兵器，从事无人轰炸机的研究并将其用于实战。早在20世纪70年代，德国就开始研制多种无人机，但大部分用于战场侦察或射击校正。德国比较著名的无人机有"月神"X-2000、"布雷维尔/KZO"等无人侦察机，"希摩斯"LV、"奥卡"1200无人直升机，"达尔"（DAR）反辐射无人机，"欧洲鹰"长航时无人机和"台风"无人作战飞机等。

3. 法国

法国在无人机研制上拥有较强的实力，曾在欧洲无人机领域长期保持领先地位。法国在20世纪80年代末至90年代中期，先后自行研制了"玛尔特""狐狸"AT和"红隼""轻骑兵""麻雀"等战术无人机，"考普特"1和"考普特"2、"警戒观察员""太阳"等无人直升机，"龙""狐狸"等电子战无人机等，近年来进展较慢。法国主导的中空长航时无人机系统、多功能多传感器无人机和神经元无人战斗机三个公开的合作计划中，目前只有神经元无人战斗机验证机获得了成功。

4. 英国

英国是较早研制使用军用无人机的国家之一，其无人机研制水平也比较高。在1999年的科索沃战争、2002年的阿富汗战争和2003年的伊拉克战争中，英军都有多种无人机参战。英国典型的无人机有"不死鸟"（Phoenix）侦察监视无人机、"观察者"（Observer）战术侦察无人机等。

5. 俄罗斯

俄罗斯的无人机发展大致可以分为三个阶段。

第一阶段是20世纪50年代后期至70年代初期，由于受到当时世界政治及战略格局的影响，苏联主要研制战略型无人机。最初是在地地导弹的基础上研制出具有超声速巡航能力的无人驾驶攻击机，并在其基础上研制了远程无人驾驶侦察机系统。

第二阶段为20世纪70年代初至80年代末，苏联主要研制战术无人机。在这一时期，速度更快、机动性更强的米格-25有人驾驶高空高速侦察机已大量装备部队且战绩颇佳，因此战略无人机被逐步淘汰，而侦察设备更先进的无人驾驶的亚声速战术侦察机和战役侦察机应运而生。

第三阶段从20世纪90年代初至今。20世纪90年代初，由于缺乏经费，俄罗斯无人机的发展开始走入低谷，与此同时，美国、以色列等国家无人机技术已经开始超过俄罗斯。近年来，俄罗斯军方不断加大了对无人机研发工作的投入，使其无人机工业有了很大的发展。

6. 日本

日本具有很强的无人机研制能力。雅马哈公司研制的无人直升机广泛地用于民用和军用领域；微型、多用途和超声速等类型的无人机正在研究开发中。日本计划投入大量的资金从美国引进先进的"全球鹰"和"捕食者"系列无人机并加以改进,以满足其军事需要。

7. 以色列

以色列在无人机的发展方面走在世界前列,仅次于美国。以色列无人机的发展是在20世纪六七十年代引进美国"石鸡"军用无人机后,通过仿制和改进逐步发展起来的,以色列飞机工业公司(Israel Aircraft Industries Ltd., IAI)是其无人机研究的主要单位。

经过数十年的不懈努力,以色列在这一领域已取得了骄人的成绩,一跃成为世界无人机强国。目前以色列已投入使用的无人机有17种型号,并拥有一批规模不等、产品各异的无人机生产企业,具有研制、生产和实战应用的丰富经验。至今,以色列已经研制了三代无人机,其第一代为"侦察兵"无人机、"猛犬"无人机,第二代为"先锋"无人机,第三代主要是"搜索者"无人机及中空长航时多用途"苍鹭"无人机,现正在研制的是第四代无人机。

以色列的军用无人机包括侦察、干扰、反辐射、诱饵、通信中继等多种类型,形成了一个较完整的无人机体系。世界许多国家在发展无人机时,都曾借鉴以色列的成功经验,或从以色列引进技术、联合研制、进口无人机系统。

(二) 无人机的发展趋势

随着无人机技术的发展进步和应用领域的拓展延伸,无人机在国民经济建设和现代战争中将发挥越来越重要的作用。

1. 无人机技术发展趋势

无人机技术的发展将赋予无人机新的性能和功能,随着计算机、通信、人工智能等技术的飞速发展,制约无人机发展的技术难题将会逐一解决,高空、高速、长航时及微型化、智能化和隐身化的无人机系统层出不穷,无人机的发展将进入到一个崭新的时代。无人机技术的发展趋势主要表现在以下几个方面。

(1) 无人机平台向高空长航时、高超音速、高隐身性和高仿生性方向发展 美国"全球鹰"无人机,其续航时间在42 h以上,最大飞行高度20000 m,最大飞行距离26000 km,可从美国本土飞往全球任何地区进行战略和战役侦察。为延长其飞行时间，美国国防部已与波音公司签订了无人机燃料电池动力系统开发合同，新的燃料电池动力系统能使无人机在空中连续飞行数周，而不是现在的数十小时。同类型的无人机平台还有美国的"全球观察者"无人侦察机、以色列的"苍鹭"TP无人机以及我国的"翔龙"高空长航时无人机。"全球观察者"无人机的体型十分庞大，翼展相当于一架波音747客机，其续航时间约为7天，最大飞行高度19800 m，被称为"五角大楼永远睁着的眼睛"；以色列航空航天工业公司开发的"苍鹭"TP无人机，又被称为"埃坦"，是以军最大的无人机，航程可覆盖包括伊朗在内的海湾地区，续航时间在24 h以上，最大飞行高度13700 m；"翔龙"无人机是中国新一代高空长航时无人侦察机，其续航时间最大为10 h，巡航高度为18000～20000 m。

2013年5月1日，美国波音公司和普惠公司联合研制的X–51A型高超音速无人驾驶飞行器完成最后一次试验，在试验中达到了超过5马赫的最高时速，共计飞行370 s，距离426 km。

X–51项目始于2004年，用来验证一种自由飞行、超燃冲压发动机驱动的飞行器的可行性，更高的速度和更大的机动性意味着更高的生存性。该项目是美军"全球快速打击计划"的产物，美国空军号称其在一小时内可以对全球任何目标进行即时打击。2013年6月巴黎航展上，法国、西班牙、意大利等欧洲六国联合研制的"神经元"隐身无人机进行展示。该机翼展尺寸与"幻影"2000相当，但显示在雷达屏幕上的尺寸却不超过一只麻雀。"神经元"无人机可发挥隐身性能好和突防能力强的优势，诱敌暴露目标，并对其实施快速攻击，甚至可以在隐身模式下自主发射武器。隐身设计涉及发动机进出口的设计、内置式武器吊舱、无缝复合材料蒙皮、更小的平台尺寸和雷达吸波结构与材料，以降低红外线（Infrared Radiation，IR）及无线电频率（Radio Frequency，RF）信号特征。

2013年8月美国无人系统展上，纳米仿生无人机尤其引人关注。纳米仿生无人机是一种以昆虫为灵感，采用纳米技术的微小型无人机。在美国军方设计的未来战争中，一大群"昆虫机器人部队"将在敌方无法察觉的情况下随意进出防空系统层层布防的敌方领空进行侦察和攻击。纳米仿生无人机的典型代表是"蜂鸟"无人机，其是美国五角大楼研制的一款如蜂鸟般大小的无人间谍侦察机，不需要推进器，能像鸟儿一样通过扇动翅膀获得动力，可以轻松装入上衣口袋中，十分有利于深入敌后悄然作战。

（2）控制系统向高可靠性、智能化、多机协同、自防御方向发展

无人机控制系统的关键技术包括自主起降、容错控制、飞行中任务管理、协同作战、自动目标识别、交战和自主防御等技术。

美军通过采用额定发动机、三冗余的飞行关键装备以及与有人驾驶飞机相当的软件和硬件，希望在未来研发出平均无故障时间至少 10000 h 的无人机系统，而战略级无人机的平均无故障时间可望达到 100000 h，与商业喷气式飞机的可靠性相当。

2013 年 5 月 14 日，美国海军 X-478 无人机完成第一次航母上自主飞行和着舰。X-47B 可按照设定要求滑行、起飞，并沿着搜索空域和最佳航线航行，自动躲避威胁，选择需要打击的目标并发起攻击。具有类似功能的还有英国研制的"雷神"无人机。

多无人机自主协同作战将在多个无人机平台之间、传感器与传感器之间构架"桥梁"的作用，智能规划和感知技术可使无人机在最少人工干预情况下有效地执行任务。美国陆军航空兵应用技术管理局（Army Aviation Applied Technology Directorate，AATD）发起了无人机自主协同作战项目，罗克韦尔科学中心（Rockwell Science Center，RSC）负责开发并验证多无人机协同作战能力。自主协同作战项目旨在对执行指定任务的无人机编队的协同作战性能进行研究和论证，其最终目标是应用先进的智能协同技术，以最少的人工干预使无人机群协作完成任务。AATD 为该项目确定了四项功能，包括协同侦察与警戒、确立多个最佳观测点、通信网络适配性以及部件发生故障时无人机群内部的相应调整。

目前，美军已提出了为"捕食者"或"全球鹰"等中大型无人机安装通用红外对抗系统的方案，以保护无人机免遭导弹的袭击。同时，准备为"火力侦察兵"无人直升机安装新一代防护罩，这种防护罩能抵御强电场和电磁波的干扰，为飞机的关键电子器件提供更强的防护能力。

（3）任务设备向全天候、高分辨率、远距离、宽视角、实时化、小型化方向发展无人机机载任务设备的探测距离将大幅度增加，灵敏度更高、分辨率更高、重量更轻、体积更加小型化。具体表现在航空数码相机向宽视角、高分辨、准实时成像、照相摄像一体化方向发展；高分辨率、高灵敏度、不

用扫描成像的第三代前视红外仪将在无人机上普遍应用。

2013年，美国国防高级研究计划署（Defense Advanced Research Projects Agency，DARPA）和英国航空航天系统公司（BAE Systems）共同研发了自动化实时地面全部署的侦察成像系统"阿格斯"（ARGUS）。ARGUS摄像头能够在5000 m的高空巡逻，向地面返回高达18亿像素的高分辨率图像。该摄像头采用名为"广域持续凝视"的技术，使用368个500万像素的摄像头和成像芯片，其功效相当于100部"捕食者"无人机同时俯瞰一个中型城市，地面显示系统能够同时打开65个窗口，可以看清地面上面积只有15 cm^2 的物体。

美国雷声公司2013年6月26日报道，将为美国空军生产带有地面移动目标指示与合成孔径雷达（synthetic aperture radar，SAR）技术的雷达吊舱。这种可拆卸式探测雷达安装在MQ-9"捕食者"无人机的机翼下方，能够在恶劣天气、昼夜环境下透过云和树叶等障碍物成像探测，为美国空军执行情报、监视和侦察任务。

另外，无人机搭载的超光谱成像仪（hyperspectral imager，HSI）、激光雷达（light laser detection and ranging，LiDAR）和带动目标指示器（moving target indicator，MTI）的SAR等任务设备不断发展。多维传感器将通过扫描大量的离散光谱提供更多的目标特征信息。超光谱成像可鉴别诱饵，探测和对目标测距的可靠性更高。既能探测地面目标又能探测空中目标的自主合成孔径/动目标指示（SAR/MTI）雷达，被认为将成为未来主要用于空地作战的无人机最主要的传感器。

（4）数据链路向远距离、安全保密、通用化、网络化方向发展

近年来，超视距的卫星中继测控传输系统在无人机上的运用将更加成熟、普遍；无人机的测控站将实现系列化、通用化；数据链与通信的高数据率、高带宽、低拦截概率、安全和全天候特性，使无人机与其他的有人驾驶战斗机、无人战斗机、其他平台携带的传感器和地面站联网，形成一个综合的战场态势感知体系，满足未来战斗管理的需要。

从2012年起，美军开始为MQ-8C"火力侦察兵"无人直升机提供新的多波段数字数据链（intelligence surveillance and reconnaissance，ISR）。数据链采用更小、更轻的组件，采用具有开放标准波形信号的无线电频率（radio frequency，RF）技术传输数据和视频流，集成组件是 Cubic 公司的多频段微型收发器，可采用双数据流同时传输 Ku 波段和 C 波段。MMT 和双通道调制解调器组装在一起，可放在陆军士兵和海军陆战队员的战术背心里，数据链系统能够将全动态视频和数据从飞机传送到地面部队和水面舰艇，以便在作战行动的前、中、后各阶段提供实时的态势感知能力。

（5）武器系统向精确化、自主化方向发展

受无人机载弹能力和作战环境的限制，供普通战斗机使用的导弹武器并不适合无人机。不少国家开始为无人机研制体积小、重量轻、威力较小的精确制导弹药。无人战斗机的武器系统将包括先进的导引头、小型弹药、定向能武器等。下一代导弹的导引头可能依靠低成本的红外成像或毫米波导引头，具有发射后不管的自主能力。

2013 年，美军为无人机专门研制了一种名为"怪兽"的导弹，该导弹最大射程可达 12.5 km，采用复合制导方式，并加装红外成像导引头，具备全天候作战能力。英国基于便携式防空导弹，研制出一款用于无人机的小型空对地导弹，最大射程超过 6 km。非洲航宇与防务展曾展示一款专门为无人机研制的小型空对地导弹，这种导弹可攻击装甲车辆、建筑物、民用车辆和人员等目标。

2. 无人机应用发展趋势

下面从民用和军用两个方面对无人机应用的发展趋势进行介绍。

（1）民用无人机的应用发展趋势

随着无人机技术向民用领域的拓展，显示无人机具有广阔的民用空间。民用无人机的应用发展趋势主要体现在以下几个方面：

①民用测绘无人机将成为基础测绘地理信息建设的主力军。搭载高性能任务设备的测绘无人机可以快速获取地面高分辨率数字影像，为地理信息基础测绘建设提供高质量的原始数据，可广泛应用于测绘 4D 数据生产、数字城市和智慧城市建设等领域。

②民用无人机将成为应急抢险救援中灾情信息获取的最主要手段。民用无人机具有飞行高度低（可低于云层）、人员危险小、操作简单快捷、成本低等优点，便于迅速赶到灾区现场，及时获取灾情信息，同时也可以对灾情损失进行精确评估。

③民用无人机将全面改变未来信息化社会的面貌。民用无人机正向着实用化、智能化、多功能化的方向发展，未来新一代民用无人机将与通信、计算机、人工智能、新材料等技术协同发展，融入社会生活方方面面，在不断提高作业效能的同时扩大其应用范围，全面改变未来信息化社会和人类生活的面貌。

(2) 军用无人机的应用发展趋势

①无人侦察机仍是军用无人机发展的主流。无人侦察机是最早运用于军事应用的一种无人机，其现在和将来仍然是军用无人机发展的主流，无人侦察机相比有人侦察机更具有军事、经济效益。美国国防部空中侦察处已大量使用无人侦察机，减少对有人侦察机的依赖，准备逐渐用无人侦察机替换掉有人侦察机。现在，更多国家正积极发展新一代无人侦察机。

②攻击型无人机得到大力发展，实现查打一体化。许多发达国家已把攻击型无人机看作21世纪空中打击力量的一个重要组成部分，积极进行研制。攻击型无人机的研制重点解决两方面的问题：一是提高无人机的生存能力，攻击型无人机大多是在环境十分恶劣的条件下作战，必然会遭到敌方各种防空武器和敌机的攻击，所以必须着重解决无人机的生存问题；二是注重解决无人机的长航时问题，因为攻击型无人机在空中滞留时间越长，作战范围越大，对敌人的威胁也就越大。

③隐形无人机将主导未来空战。目前，新一代多用途、隐身无人机的研制，已成为世界各国军队新的研究和发展重点。现代隐身技术和无人机技术结合而形成的新型隐身无人机，在隐身性能、生存能力、作战主动权方面正在不断提高，将在未来的战场上与各种防空武器进行"终极对话"。现代隐身无人机的隐身技术将在等离子体隐身、新型隐身材料、抑制可见光、红外线反射等方面取得突破。

④军用无人机将在网络中心战中发挥越来越重要的作用。网络中心战是通过战场各个作战单元的网络化，使分散配置的部队共同感知战场态势，协调行动，把信息优势变为作战优势，从而发挥最大作战效能的作战样式。无人机可以在网络中心战中实施信息搜集和精确打击等多项任务，主要表现在战场感知能力、通信中继中节点、目标定位、精确打击、毁伤评估等，已成为网络中心战体系中不可或缺的一环。

第二节 无人机系统的初步认知

一、无人机系统的基本组成

一个典型的无人机系统应包括飞行器、地面控制设备（任务规划与控制站）、任务载荷、数据链路、发射与回收装置、地面支援及维护设备等六个部分（见图1-1）。

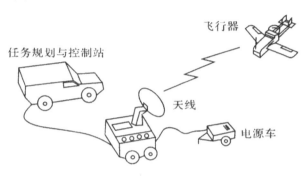

图1-1 典型无人机系统构成

(一)飞行器

飞行器是无人机系统中的主体部分，包括机体、动力装置、飞行控制系统、导航装置以及供电系统等。飞行器可以是固定翼式、旋转翼式、扑翼式或艇囊式（无人飞艇）。需要说明的是，飞行数据终端被安装在飞行器上，属于通信数据链路的机载部分；任务载荷虽然也是机载的，但一般视为独立的子系统，有些型号的任务载荷可以支持在不同类型飞行器之间通用。

(二)地面控制设备

地面控制设备也称为地面控制站，是无人机系统的指挥、控制中心。传至无人机的遥控数据及无人机向下传输的图像和遥测数据都在此进行处理和显示。地面控制系统一般由任务规划设备、控制及显示平台、图像处理设备、计算机及信号处理器、通信设备等组成。

(三)任务载荷

携带有效任务载荷执行各种任务是无人机的主要应用目的。任务载荷通常是无人机系统中最昂贵的子系统之一，包括应用于侦察任务的照相机、日间摄像机及夜视摄像机、雷达等，应用于指示目标的激光定位设备等，应用于电子战的通信中继及干扰设备等，应用于气象及化学探测的传感器等。无人机携带的具有杀伤能力的导弹等武器装备一般不归为任务载荷。

(四) 数据链路

数据链路能够根据要求提供持续的天地之间双向通信，负责无人机系统的指令、数据、情报的上传下达。

从硬件组成的角度看，数据链路系统一般由地面数据终端和空中数据终端两大部分组成：地面数据终端通常是一个微波电子系统及天线，在地面及飞行器之间提供视距通信，也可由卫星提供中继；空中数据终端是数据链路的机载部分，其中视频发射机及天线用于传递图像及飞行姿态数据，接收器用于接收地面指令。

从数据传输的角度看，数据链路由上行链路和下行链路组成：上行链路提供对无人机飞行系统的控制及对其有效任务载荷下达指令；下行链路则用于接收任务载荷获取的数据及无人机的飞行状态信息。在使用数据链路时还要使其具备相应的抗电磁干扰能力。

(五) 发射与回收装置

无人机的发射与回收方式种类很多，发射方式包括母机投放、火箭助推、车载发射、滑跑起飞、垂直起飞、容器发射和手抛起飞等，回收方式包括舱式回收、网式回收、伞降回收、滑跑着陆和气垫着陆等。一个无人机系统的发射与回收装置包括能完成上述一种或几种发射与回收方式所需要的各种设备。

(六) 地面支援及维护设备

地面支援及维护设备一般包括后勤支援设备、维护保养设备以及用于保障无人机完成任务的必要辅助设备等。

二、无人机系统的自动化和自主性

(一) 自动与自主

数十年来，无人机系统设计人员和操作员们在自动化（Automation）方面做了很多努力。设计人员承诺了降低工作负荷，提高精确度和改善系统性能，而操作员面对的却是有缺陷的自动化、系统故障以及自动化导致的事故。然而，我们依然需要依靠自动化来调节室内温度、煮咖啡、备份计算机和完成日常生活中的琐碎事情。自动化确实在以某种方式改进，那些承诺也在逐一兑现。

系统设计人员与操作员之间的分歧，反映了人的因素（HF）研究人员与自动化系统设计人员在工程设计方面的差异。显然，通过几十年的努力，自动化系统正在不断完善。本章首先简要介绍自动化领域中人的因素的研究情况，随后论述当前及未来无人机系统的自动化研究方向。

自动化使无人机系统具备了在有人机空域内飞行所需的能力和规程。Moray 等（2000）将自动化定义为"任何能由人类完成，但实际上由机器完成的感知、检测、信息处理、决策或行为控制等"。该定义隐含指出，自动化可在系统的各个层次上实现。自动化不是万能灵药，也非一无是处，而是一个能与人类操作员（后文简称为"操作员"）相互影响的智能体。无论设计人员是何意图，自动化都有一定的行为。这种行为与操作员的行为、操作员思维中的系统模型以及操作员对系统的信任度相互影响。因此，自动化本身改变了操作员的训练、任务分配、工作负荷、态势感知、信任度，甚至包括操作技巧。

正如 Woods（1996）所言，自动化并非只是"增补的一名队员"。自动化改变了操作员和系统之间的动态关系。自动化的能力受限，不能成为全职"编队成员"。系统及其自动化都是失聪人，不能自由交流，仅仅具备系统设计人员认为必要的能力。"编队"责任的不均衡分布，导致了 Woods 所谓的"自动化意外"（Automation surprises）（Sarter 等，1997）。当出现"自动化意外"时，系统将会以未曾预料的方式运行或无法运行。此时，操作员只能袖手旁观并独自思量：自动化系统在干什么？为什么这样？它下一步会怎样？（Wiener，Woods 引用，1996）"自动化意外"是一个与协作和可观测性相关的问题（Christoffersen 和 Woods，2002）。从这方面讲，系统性能和操作员能力都可通过研究进行量化。这一研究旨在增进协作，提高总体性能和可靠性，降低操作员的失败率。该领域内的研究可以分为以下几个方向：

> 操作员脑力工作负荷（工作量）；

> 操作员对当前态势的感知（态势感知）；

> 操作员技能的丧失（技能下降）；

> 操作员对自动化系统执行指定任务的信心（信任度）。

（二）工作负荷

Derrick（1988）将脑力工作负荷（workload）描述为"在任何指定时间，操作员的可用信息处理能力与标准任务性能所需能力之差"。例如，在系统交接时，接管系统的操作员在与另一位操作员的对话过程中，必须记住9个或9个以上的数字。这远远超过大多数人圆满完成任务程序的工作记忆能力。工作负荷指操作员在操控系统过程中的任务数量，以及可预见的困难。然而，工作负荷通常是由操作员主观个人认定的。正如Parasuraman、Sheridan和Wickens（2008）所说："两个人在执行同一任务时可能产生同样的行为和表现，但其中一个可能还有多余的精力去完成其他任务，而另一个则没有。"

Parasuraman等（2008）在1979年说，联邦航空管理局让Sheridan和Simpson调查是否可能将有人机的飞行机组人数从3人减少为2人。以几个月以来对不同的三人机组的任务完成情况进行观察的基础上，他们绘制了工作负荷分级表。在工作负荷分级表中，飞行员需要回答以下问题：你认为你的任务难度如何？每项任务需要多少注意力？或者是否需要全部注意力？填好的分级表与库珀－哈珀质量管理表（Cooper—Harper Handling Qualities Scale）相类似。采用该表进行深入调查后得出结论：减少机组人员数量不会明显增加其他机组成员的工作负荷。

工作负荷可以采用预测未来操作员工作负荷需求的目标来测量（Sheridan和Simpson，1979），也可按照当前系统的强制性工作负荷或当前操作员经验性工作负荷（Wickens和Hollands，2000）来测量。无论采用哪种测量标准，工作负荷可以通过主观或客观评估（心理生理学方法）来进行测量。客观评估可连续测量工作负荷，但需要特殊设备（将在下文中讨论）。主观评估更易于在任务过程中或任务结束后进行管理，但需要参与任务的操作员中断或回顾任务。

1. 主观负荷评估

更为常用的主观工作负荷评估方法（Subjective Workload Assessments）包括美国国家航空航天局（NASA）任务负荷指数（Task Load Index，NASA TLX）（Hart和Staveland，1988）、主观工作负荷评估技术（Subjective Workload Assessment Technique，SWAT）（Reid等，1981）以及修订版库珀—哈珀质量管理

表（Modified Cooper—Harper Handling Qualities Scale，MCH）（Casali 和 Wier-wille，1983）。 Verwey、Veltman（1996）、Hill 等（1992）进行了多种评估方法的比较。每种评估方法都可对特定领域目标的预期工作负荷进行主观测量。通过对整个无人机系统或无人机系统内某个特定任务进行比较可以得出结论：由于测量方法的主观性和人类注意力的可变性，主观工作负荷测量最为有用。Hill 等（1992）说，国家航空航天局任务负荷指数（NASA TLX）所提供的评估要素可能最多，各要素的分析效果也可能最为理想。

在进行主观工作负荷评估时，操作员在使用系统过程中或在使用后，需要综合考虑多个方面（有时称为"维度"）。维度的数量以及评估特征取决于所选择的评估工具。NASA TLX（Hart 和 Staveland，1988）根据 7 点评估表，对体力工作、脑力工作、时间维度、表现性能、成就以及挫折等要素进行评估。该评估表在经过新墨西哥州立大学修改后，可用于跨多个无人机平台的工作负荷对比分析（Elliott，2009）。NMSU UAS TLX 要求操作员按照无人机系统评估对象和操作员希望评估的无人机飞行阶段所对应的要求进行操作使用。程序将结果保存为文本文件，然后可能会输入到一个数据库程序中。操作员在准备选择平台确定是否购买，或进行任务规划时，可能会对多个无人机系统进行评估。

2. 客观负荷评估

客观工作负荷评估（Objective Workload Assessments）也称为心理生理学测量法（Backs 等，1994），其最典型的区别在于，客观工作负荷测量法要求操作员佩戴专用设备（如电极或眼球跟踪器）。评估包括但不限于脑电图（Electroencephalogram，EEG）（Gundel 和 Wilson，1992；Kramer，1991；Sterman 和 Mann）、事件相关潜能（Event—Related Potential，ERP）（Humphrey 和 Kramer，1994）、心率可变性（Wilson 和 Eggemeier，1991）、瞳孔扩大和眨眼 / 注视 / 凝视的持续时间（Gevins 等，1998；Gevins 和 Smith，1999；Nikolaev 等，1998；Russell 和 Wilson，1998；Russell 等，1996；Wilson 和 Fisher，1995；Wilson 和 Russell，2003a，2003b）。心理生理学测量法可在任务过程中持续提供数据，同时也可能有利于处理自适应自动化事件，这一点将在本章后文中进行讨论（Wilson，2001，2002；Wilson 和 Russell，2003b，2007）。

由于工作负荷可能发生变化，操作员通常会选择不使用自动化辅助。

尽管大多数自动化辅助研究都以有人机为研究对象，但研究成果同样也可以应用在部分自动化系统上。Parasuraman 和 Riley（1997）报告说，选择不使用自动化辅助与飞行员的工作负荷有关。如果辅助正好在他们工作负荷最大的时候出现，飞行员就会选择不用。飞行员在保持飞行时没有时间来启动自动化。将辅助调整到与当时态势相适应所需的认知工作恰好抵消了工作负荷减少的好处。正如 Parasuraman 和 Riley（1997）引述 Kirlik（1993）所言，如果将诸如辅助认知这些要素放入马尔科夫（Markoff）模型进行分析，并据此确定自动化使用的最佳策略时，这些情景更支持人工使用，而非自动化。

（三）态势感知

正如 Endsley（1996）所说，"态势感知（Situation Awareness，SA）是指周围世界在人的大脑中所建立的模型"，或者是"人对特定时间和空间内的环境要素的感知，对这些要素含义的理解，以及对这些要素在不久将来状态的预测"。自动化使操作员的角色从主动控制系统向被动监督系统过渡，进而影响态势感知（Endsley，1996）。由于与自动化有关的内在复杂性，以及其他导致系统外在性能下降等因素，上述变化会影响到操作员对系统的理解（Endsley，1996）。缺乏手动的系统控制更容易导致失去态势感知。正如 Parasuraman 等（2000）所述："与变化处于自己掌控之下相比，当变化处于其他智能体的控制下（无论该智能体是自动化系统还是其他人）时，人更趋向于忽略环境或系统状态的变化。"（Parasuraman 等，2000）如上所述，在操作员使用自动化系统的过程中，工作负荷和态势感知成反比关系。当自动化系统接管并减少工作负荷时，操作员将会损失态势感知能力。这种损失可以通过不同程度的态势感知来进行描述（Endsley，1996，第2页）：

1级态势感知——感知环境中的关键要素；

2级态势感知——综合人的目标并理解关键要素的含义；

3级态势感知——预测未来可能发生的态势。

如果增设传感器，同时改进接口设计，可能有助于缓解这一问题。但是，如果操作员在大脑中建立的有关自动化系统如何完成任务的模型是错误的或是不完整的，或者操作员很少或不参与任务，或者系统本身需要操作员的干预，而处于回路外的操作员不熟悉情况，这些都将影响操作员的干预技能。

(四)技能下降

如果减少工作负荷、降低态势感知，就会导致技能下降（skill decrement）。正如 Parasuraman 等（2000）所述："大量的认知心理学研究机构的研究表明，停止使用就会导致遗忘和技能下降。"如果操作员不再是已经自动化的任务的实际组成部分，则任务将不具备可操作性。一旦丧失可操作性，加之大脑中建立的系统工作模型不完整，当自动化系统出现故障时，操作员就不能成功干预。因此，如果操作员的主要任务只是监控，就会出现技能下降的问题。

尽管这些看法主要针对有人飞行研究，但研究成果同样适用于依赖系统提供感官信息的无人机系统操作员。McCaAey 和 Wickens（2005）认为："与有人机的飞行员相比，无人机系统操作员可以说是在与其所控制的飞行器在相对'感官隔离'（sensory isolation）的环境中操作。"操作员主要依靠接口设计传递来自视觉和身体组织传感器的信息。如果缺少感官交流，1 级态势感知将会受到影响，操作员必须根据最佳猜测来填写缺失的信息。在不确定环境下，最佳猜测会对 2 级和 3 级态势感知、工作负荷和信任度造成一定影响。

(五)信任度

Lee 和 See（2004）认为，操作员经常与自动化系统互动，就像与人互动一样。根据他们的观点，信任度（trust）与情绪以及操作员对系统完成预定任务能力的态度有关。操作员的态度建立在操作该系统或同类系统的时长与经验的基础之上（Nass 等，1995；Sheridan 和 Parasuraman，2006）。交流、自动化的透明度以及自动化的可靠性，共同建立起操作员对自动化系统的信任度，正如这几项因素在人类社会中的作用一样。

在人类社会中，信任度部分建立在下述协定的交流与礼仪规则上，例如 Grice 的交流准则（Grice's maxims of communication, Grice, 1975）。Miller 等（2004）根据 Grice 的交流准则，为操作员与系统交流制定了"自动化礼仪指南"（automation etiquette guidelines）。Parasuraman 和 Miller（2004）发现，"自动化准则指南"确实有助于提高人对自动化系统的信任度。Sheridan 和 Parasuraman（2006）认为："准则指南足以克服自动化系统的低可靠性，使低可靠性、良好礼仪（low-reliability / good-etiquette）条件下的性能与高可靠性、较差礼仪（highreliability / poor etiquette）条件下同样好。"

此外，Klein 等（2004）还建议，自动化系统应当是一个"编队成员"（team player），并向设计人员提出了以下 10 条建议：

（1）在操作员和系统之间保持共同基础：向每个编队成员发出通知，确保各成员知晓即将出现的故障。

（2）通过共享知识、目标和意图，为每个成员的意图和行为建模。

（3）可预测性。

（4）服从指令的义务：自主行为的一致性和操作员根据系统行为重新指定任务的选择权。

（5）状态和意图透明化。

（6）细微探测 / 可观测性：一个能够理解人停顿 / 快速键入以及发出的无语言信号的理想系统。

（7）目标协商：交流态势变化和目标修订。

（8）规划和自主协作。

（9）注意力集中信号：识别大多数正在交流的重要信息。

（10）成本控制：保持行为谨慎。

Klein 等（2004）指出，任务目标虽然有时可能会缺乏合理性，但必须可靠，以保证能在操作员和系统之间建立良好的协作关系。正如 Sheridan 和 Parasuraman（2006）所述，系统设计人员能够改善系统与操作员之间的交流，提高信任度、可靠性以及操作员的接受程度。

（六）可靠性

Lee 和 See（2004）还说："信任度取决于决策者在不确定条件下的评估结果。决策者会利用自己的知识对另一方的动机和利益进行评估，以获得最大收益，并将损失降至最低。"从这方面讲，信任度是基于不确定条件下的评估建立起来的互惠决定，符合预期效用理论（例如：Kahnemann 和 Tversky 于 1979 年提出的观点）。操作员并不确定自动化的任务性能，但相信自动化系统设计人员和自动化系统，因此能以最快的速度、以有益的方式进行操作，以获得最大收益并将损失降至最低。如果这个承诺不能实现，操作员对自动化系统的信任将会降低。Wickens 和 Dixon（2007）建议："如果自动化系统的可靠性低至 70% 以下，那还不如根本没有自动化系统。"他们还称，为了保证任务性能，操作员不会使用有严重缺陷的自动化系统。

Parasuraman 和 Riley（1997）给出了一条引人注目的评论："系统设计人员应当关注因不信任、过渡信任、工作负荷或其他因素导致的自动化系统使用、误用、停用以及滥用的问题。"自动化系统的使用、误用、停用以及滥用是指操作员拒绝使用自动化系统（断开）；过度依赖自动化系统（不监控）；停止使用或忽略自动化系统警告；设计滥用自动化系统，或设计人员使任务完全自动化而不考虑操作员性能的影响等。本书将对上述各种情况背后的潜在原因进行简要论述，以帮助人的因素（HF）研究人员对导致上述结果的原因进行深入研究。

"与误用和停用有关的不当信任，取决于对自动化系统的信任度与自动化系统真实能力的匹配情况。"（Wicks, Berman 和 Jones, 1999）。Rice（2009）曾经指出了两种自动化系统错误（虚警和漏警），这两种错误分别会导致操作员做出两种不同的反应（服从和依赖）。在研究中，参与者面对的是不同可靠性等级的系统：其中一个系统趋向于在没有目标出现时发出警报（虚警频发系统），而另一个系统则趋向于在有目标出现时不发出警报（漏警频发系统）。参与者需要在操作两个系统的同时做出判断。研究结果表明，与漏警频发系统相比，参与者在操作虚警频发系统时，所做出的判断更加多样化。这说明操作员在做判断时容易被自动化系统的缺陷所误导。Rice（2009）认为："很多数据表明，虚警比漏警的危害更大（参考 Bliss, 2003），并且两种错误都会不同程度地影响到操作员的信任度（Dixon 和 Wickens, 2006; Maltz 和 Shinar, 2003; Meyer, 2001, 2004; Wickens 和 Dixon, 2007）。"

（七）自动化类型与等级

1. 自动化类型

人们通常认为，自动化是可有可无的。但是，正如当前无人机系统的多样性所证实的那样，自动化是以多种等级和多种形式出现的。McCarley 和 Wickens（2005）指出，无人机系统领域采用了多种多样的控制技术，包括从由操纵杆和方向舵的人工控制的无人机，到由地面控制站通过操作员预先规划任务并实时调整控制的无人机，再到飞往预规划坐标位置并执行预编程任务的全自动化控制的无人机系统。这些自动化可分为两类，即设计人员创建的二元自动化（静态自动化，Static Automation, SA）和由环境决定的自动化

(自适应自动化，Adaptive Automation, AA)。静态自动化通过硬件与系统连接，由系统设计人员决定任务对象(系统或操作员)和执行任务的方式(人工或自动)。设计人员可以容许操作员重载自动化或对其进行配置，以使其符合态势变化的要求。自适应自动化由操作员事件来启动。操作员事件可能很直接(发出帮助请求)，可能很含蓄(与操作员的工作负荷有关)，也可能由态势事件(起飞速度)。自适应自动化的特点是能将其自身与系统或操作员事件联系起来。每种自动化都有其各自的优缺点。Parasuraman等(1992)指出了设计人员在设计自动化系统时需要考虑的一系列问题。正如Morrison(1993)所说："自适应自动化具有解决常规自动化导致的多种问题的潜能。"

(1)自适应自动化

"随着人们对人类与人工智能系统如何实现互动这一问题的不断关注，始于1974年的自适应辅助的试验与理论研究方兴未艾"。(Rouse, 1988) Rouse(1988)的研究表明，当时的研究和设计始于"凭兴趣购物"(hobby shopping)，并不以缓解操作员压力为目的。早期研究内容主要包括有人机自适应自动化。Chu和Rouse(1979)经研究发现，在飞行任务应用自适应自动化之后，反应时间缩短了40%。

自从Rouse等开始早期研究工作后(Inagaki, 2003; Scerbo, 1996, 2007)，后续研究人员的研究已经取得了显著成果(Parasuraman等, 2000)，其中包括Parasuraman等(1992, 1993, 1996, 1999)、Scallen等(1995)、Hancock和Scallen(1996)、Hilburn等(1997)、Kaber和Riley(1999)和Moray等(2000)。诸如工作负荷不平衡、态势感知丧失，以及技能损失等问题都能通过应用自适应自动化来解决(Parasuraman等, 2000)。

目前，自适应自动化研究致力于解决高工作负荷、丧失态势感知以及技能下降等问题。Kaber、Endsley(2004)、Parasuraman等(1996)在论文中提到，自适应自动化系统在操作员工作负荷过高或过低时启动，从而减小操作员的压力，提高系统的整体性能。Parasuraman和Wickens(2008b)提到一项研究，称Wilson和Russell(2003a)曾利用心理生理学数据和人工神经系统网络，辨别高工作负荷和低工作负荷状态。如果检测到高工作负荷，自适应自动化系统启动，执行低等级任务。此时，系统性能全面提高。1989年，海军航空兵研发中心(Naval Air Development Center, NADC)提出，静态的飞机自动化系统有很多操作员难以解决的困难，因此建议开发动态自动化系统。

自适应自动化可能通过几种不同形式的事件来启动。Parasuraman 等（1992）提出了创建自适应自动化相关事件的分类方法，将自适应自动化分为关键性事件逻辑、操作员工作负荷动态评估、动态操作员心理物理评估，以及性能模型等几大类型。关键性事件逻辑实施起来最为简单。它将自适应自动化启动与条例或程序手册规定的具体战术事件联系起来。Barnes 和 Grossman（1985）总结了事件等级以及该方法的特点。关键性事件逻辑基于操作员工作负荷在一个关键性事件后持续增加的假设条件。操作员工作负荷动态评估指在工作过程中对操作员的特征进行连续监控。性能测量可用于创建能够启动自适应自动化的事件，从而使操作员的工作负荷保持在适中水平。动态操作员心理物理评估与操作员工作负荷动态评估相同，但心理物理工作负荷（如 ERP 和瞳孔扩大）评估，可用于持续测量操作员的工作负荷。当工作负荷超过预定参数时，自适应自动化启动。性能模型在某些情况下可用于为操作员的工作负荷和系统资源的预测值建模。一旦工作负荷超过性能模型的阈值，自适应自动化就会启动（例如，系统要求操作员同时执行几项任务，每项任务都要求不同的感官工作形式）。性能模型包括但不限于最优数学模型，例如信号检测理论、推论模型、中央执行模型以及诱导法等（例如：多资源理论，Wickens，1979）。

然而，作为一种事件启动式自动化系统，自适应自动化并非没有挑战。Parasuraman 等（2000）认为，如果关键性事件没有出现，自适应自动化就不会启动。Billings 和 Woods（1994）指出了系统对于操作员的不可预测性。解决方案有两种，其一是允许操作员启动自适应自动化（Parasuraman 和 Wickens，2008a），其二则是在自适应自动化和操作员之间建立通用交流平台，以便任务能被委派，操作员作监督员，或指导委派给系统成员（Player）（Parasuraman 等，2005）。

（2）自适应自动化的实现

自适应自动化的理论和研究广泛应用于自动化系统的研发活动。

Parasuraman 和 Wickens（2008a）曾提出几个研究项目，但只有其中一个被采纳，即旋翼飞机飞行员联盟（Rotorcraft Pilot's Associate，Domheim，1999）。飞行员联盟向直升机操作员提供帮助，并已成功通过飞行性能测试。

其他几个项目在本书出版时仍处于研发的测试和评估阶段。

由 Miller、Goldman 和 Funk 撰写的《操作法》（Playbook）（2004）是一本专门研究自适应自动化系统操作运行的著作。书中将系统运行比作运动项目的玩法，提出应建立一个交流平台，这个平台可以和计划授权、约束规避或条款规定等子系统一起使用。它综合了规划专家系统和可变自主控制系统，其目的是覆盖各种假定态势和意外事件。操作员可以利用比喻法，召集并汇总行为规划，其中包括目标、限制条件、条款规定以及政策。然后，再由自适应自动化检查操作员的请求和问题指令的生存能力。项目可能包含区域持续监视、跟踪目标、观察防御带等任务。系统操作员应预先掌握可用项目、限制条件、预期结果等各种信息。

自适应自动化还可以和 RoboFlag（Squire 等，2006）一起使用。RoboFlag 是儿童游戏"争军旗"的计算机版。目前，RoboFlag 用于在实验室中测试自适应自动化在各种任务类型中对操作员能力的影响（Squire 等，2006）。

（2）自主性

自适应自动化是动态和柔性的，传统的自动化系统是静态的，全自动化或自主性（Autonomy）则两者都不是。无人机系统的自主性或全自动化要求采用强大的人工智能（AI）方法。几十年来，认知研究人员一直坚持采用强大的人工智能方法，认为人的认知可以复用给机器。设计人员在假定强大的人工智能方法在自动化中已获成功的基础上，预见未来的全自动化，即智能无人机系统。

瑞典 Linktiping 大学 Wallenberg 实验室的 Pettersson 和 Doherty（2004）在这一领域取得了最为显著的成绩。他们利用信息技术与自主系统（Information Technology and Autonomous Systems，WITAS）设计了自主无人机系统。特别值得一提的是，DyKnow 是一种通用知识处理框架，可用于处理现有中间件平台的高层工作，连接知识表现和推理服务，为传感器数据打基础，并为所获取知识的处理、管理和目标结构提供统一接口（Heintz 和 Doheay，2004）。

2. 自动化等级／以人为中心的分类

一些研究人员建议在研究、评估、测试和设计中采用自动化分类法或分级法（Levels of Automation，LoA）。在大多数以人为中心的分类系统中，最著名的有 Sheridan 和 Verplank（1979），Parasuraman 等（2000），Ntuen 和 Park（1988），Endsley（1987），以及 Endsley 和 Kaber（1999）提出的分类法。以人为中心的分类系统便于隔离操作员与系统性能问题，同时根据人的认知能力，明确自动化能做什么和应当做什么（Wickens，2008a）。Parasuraman 等（2000）给出了一种使用最广泛的分类法。根据他们的建议，自动化可分为四个功能（Parasuraman 等，2000）：

（1）信息获取；

（2）信息分析；

（3）决策和行为选择；

（4）行为执行。

这种分类是对相同系统任务由人工完成时人的认知能力的反映。Endsley 和 Kaber（1999）创立了相同的 10 级分类法，用于描述属于需要实时控制的领域内认知和心理活动任务。

Endsley 和 Kaber 的自动化分级法用途十分广泛，因为他们已经验证了自动化对操作员能力的影响，设想出不同分类等级的人工控制（1999）。在研究过程中，他们要求参与者监控屏幕上属于不同自动化等级的多个目标。参与者需要定期报告各自的态势感知和工作负荷。当参与者担任操作员时，实验会为参与者设定几个自动化故障，并对参与者人工恢复系统的能力进行评估。在比较操作员在不同自动化等级上的能力时，Endsley 和 Kaber 发现，自动化确实对操作员在不同自动化等级上的操作能力有影响，自动化等级越高，操作员能力越低，较低的自动化等级有助于操作员在能力上的提高。

（七）以技术为中心的分类

在无人机系统领域中，随着自主性的出现，定义自主性的需求越来越迫切。政府机构和承包商一直致力于制定通用的自动化等级系统，希望能够根据自动化等级制定出有效的能力评估方法。空军研究实验室（AFRL）、国家航空航天局（NASA）以及其他机构已经制定出程序式自动化等级系统。下文将首先介绍自主性的相关分类或等级。

1. 美国空军研究实验室

空军研究实验室受命研发国家智能自主无人机的控制标准（Clough，2000）。

该项目首先致力于固定翼飞行器（Fixed—Wing Vehicle，FWV）的研究。在自动化和自主性方面（其中包括自主性与智能），该项目给出了一些关键性区别。据称，自动驾驶仪只有在所选航线内才能自动化，但却由自主导航系统选择航线，然后使用所选定的航线。在该项目中，自主性被定义为"无外界指引条件下自我生成目标的能力"和"拥有自由意愿"（Clough，2002）。Clough 认为："智能是能够发现并利用发现去从事工作的能力。"我们研究的主要目的是了解无人机完成指定任务的情况，而不是系统完成任务的能力。

在自主标准研究项目的推动下，空军研究实验室分别与 Los Alamos 国家实验室和 Draper 实验室合作成立了"移动、获取和保护"（Mobility, Acquisition and Protection，MAP）和"三维智能空间"（Three Dimensional Intelligence Space）研究课题。

AFRL 汇总了在研究过程中所发现的最有价值的信息，并在此基础上基于 OODA（观察—判断—决策—行动）回路，制定了自主控制等级（Autonomous Control Levels，ACL），见表 1-2（Clough，2002）。

表 1-2　美国 AFRL 提出的无人机系统自主控制等级

等级	等级描述	感知	判断	决策	行动
10	完全自主	认知战场内所有元素	按需协调	能够完全独立	几乎不需要引导而完成工作
9	战场集群认知	战场推理：自己和其他单元（友方和敌方）意图；复杂剧烈环境；在线跟踪	战略群组目标分配敌方战略推理	分布式战术群组规划独立的战术目标确定独立的任务规划/执行选择战术打击目标	群组在没有监督协助下完成战略目标
8	战场认知	邻近推理：自己和其他单元；（友方和敌方）意图；减少对离机数据的依赖	战略群组目标分配敌方战术推理自动目标识别	协调的战术群组规划独立任务规划/执行选择机会打击目标	群组在最小的监督协助下完成战略目标

等级	等级描述	感知	判断	决策	行动
7	战场认识	短期跟踪感知：在有限的范围、时间窗和个体数量内历史及预测的战场数据	战术群组目标分配敌方航迹估计	独立的任务规划/执行以满足目标	群组在最小的监督协助下完成战术目标
6	实时多平台协同	大范围感知：机载大范围的感知；离机数据补充	战术群组目标指派敌方位置感知/估计	协调航迹规划与执行以满足目标：群组优化	群组在最小的监督协助下完成战术目标可能近的空域间隔（1~100m）
5	实时多平台协调	传感感知：局部的传感器相互探测；融合离机数据	战术群组计划指派：一实时健康诊断；补偿大部分控制失效和飞行条件的能力；预测故障发生的能力（如预测健康管理）；群组诊断和资源管理	机载航迹重规划；适应当前和预测条件的航迹优化；避碰	群组完成外部指派的战术计划空中避碰空中加油、无威胁条件下的编队情况下可能近的空域间隔1~100m
4	故障/事件自适应	预有准备的感知：友方通信数据	战术计划指派交战规则选定实时健康诊断：补偿大部分控制失效和飞行条件的能力；反映在外回路的性能的内回路的改变	机载航迹重规划：事件驱动；自我资源管理；冲突消解	独自完成外部指派的战术计划中等的平台空域间隔
3	实时故障/事件的鲁棒响应	健康/状态的历程和模型	战术计划指派实时健康诊断（问题的范围是什么）补偿大部分控制失效和飞行条件的能力（如自适应内回路控制）	当前状态与需求任务能力评估条件不满足则放弃/返航（RTB）	独自完成外部指派的战术计划

续　表

等级	等级描述	感知	判断	决策	行动
2	可变任务	健康／状态传感器	实时健康诊断（是否有问题）离线重规划（按需）	执行预编程或上载的计划以适应任务和健康条件	独自完成外部指派的战术计划
1	执行预先规划任务	预加载任务数据 飞控和导航感知	飞行前／后的自检测报告状态	预编程任务和中止计划	宽空域间隔需求（大于公里级）
0	遥控驾驶平台	飞控（姿态、速度）感知前端摄像机	遥测数据 远程驾驶指令	无	远程遥控

2. 美国国家航空航天局

国家航空航天局认为，为了实现太空探险的愿景，必须提高所使用系统的自主性，还需要提高自动化等级。国家航空航天局采用的方法是，将任务所需的自主性和自动化分级，然后根据分级要求完成系统设计。这不同于本书中提及的其他方法。NASA需要回答的两个问题是：

﹥什么是地面站与机载权限的最佳平衡（自主控制）？

﹥什么是人与计算机权限的最佳平衡（自动化）？

NASA已经制定出基于功能的自主性和自动化分级工具（FunctionSpecific Level of Autonomy and Automation Tool，FLOAAT），以便在系统要求研发时使用。该工具采用两个测量表，其中一个适用于自主控制，另一个适用于自动化（Proud和Hart，2005）。

自动化测量表将自动化分为五个等级（表1-3），适用于OODA回路（观察—判断—决策—行动）四大决策阶段中的每一阶段。美国空军上校John Boyd提出的OODA回路又称为Boyd周期，共分为观察、判断、决策以及行动四个阶段（Brehmer，2005）。当采用最低等级的自动化时，所有数据监控、计算、决策和任务都由地面站执行；而当自动化处于最高等级时，所有数据监控、计算、决策和任务都由机载系统执行。从全部基于地面控制到机上自动化，各等级之间呈线性过渡（Proud，2005）。

表 1-3　美国 NASA 的自动化等级

等级	观察	判断	决策	行动
5	数据由机载设备监控，没有地面辅助设备	计算由机载设备完成，没有地面辅助设备	决策由机载设备做出，没有地面辅助设备	任务由机载设备执行，没有地面辅助设备
4	大多数监控工作由机载设备承担，利用地面辅助设备的可用功能	大多数计算由机载设备完成，利用地面辅助设备的可用功能	决策由机载设备完成，利用地面辅助设备的可用功能	任务由机载设备执行，利用地面辅助设备的可用功能
3	数据由机载设备和地面辅助设备同时监控	计算由机载设备和地面辅助设备同时进行	决策由机载设备和地面辅助设备同时完成。最后决策由双方协商做出	任务由机载设备和地面辅助设备上同时执行
2	大多数监控工作由地面辅助设备承担，利用机载设备的可用功能	大多数计算由地面辅助设备承担，利用机载设备的可用功能	决策由地面辅助设备完成，利用机载设备的可用功能	任务由地面辅助设备执行，利用机载设备的可用功能
1	数据由地面设备监控，没有机载辅助设备	计算由地面设备完成，没有机载辅助设备	决策由地面设备做出，没有机载辅助设备	任务由地面设备执行，没有机载辅助设备

自主性测量表共包含八个等级（表 1-4）。这八个等级涵盖了 OODA 回路的每个阶段。当自主性处于最低等级时，观察、判断、决策和行动阶段中的任务全部由人完成；当自主性处于最高等级时，观察、判断、决策和行动阶段中的任务均不需要人来辅助或干预。

表 1-4　美国 NASA 的自主等级

等级	观察	判断	决策	行动
8	计算机搜集、过滤数据，并将之分好优先次序，但不显示任何信息	计算机对数据进行预测、解释，并将之综合到结果中，但不显示	计算机进行最后排序，但不显示结果	计算机自动执行任务，不允许人为干预

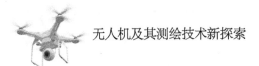无人机及其测绘技术新探索

续　表

等级	观察	判断	决策	行动
7	计算机搜集、过滤数据，并将之分好优先次序，不显示任何信息，但显示"项目功能"	计算机对数据进行分析、预测、解释，并将之综合到结果中，该结果只在其符合项目环境时显示（环境依赖型总结）	计算机进行最后排序，并显示削减后的排列项，但不显示决策原因	计算机自动执行任务，并只在环境要求时通知人。任务执行后允许使用重载能力。人只在发生意外事件时进行干预
6	计算机搜集、过滤数据，并将之分好优先次序，并显示结果	计算机将预测与分析叠加在一起对数据进行解释，并显示所有结果	计算机进行任务排序，并显示削减后的排列项，同时显示决策原因	计算机自动执行任务，并通知人。任务执行后允许使用重载能力。人只在发生意外事件时进行干预
5	计算机负责采集信息，但只显示不分优先顺序、未过滤的信息	计算机将预测与分析叠加在一起对数据进行解释。人只负责对意外事件进行解释	计算机进行任务排序。显示所有结果（包括决策原因）	在执行任务前，计算机根据环境给人以限定时间来否决。人只在发生意外事件时进行干预
4	计算机负责采集信息，并显示所有信息，但加亮显示不分优先顺序与用户有关的信息	计算机分析数据并进行预测，人负责解释数据	人和计算机一起进行任务排序。以计算机结果为主	在执行任务前，计算机根据预编程序给人一个限定时间来否决。人只在发生意外事件时进行干预
3	计算机负责采集信息。并显示未过滤、不分优先顺序的信息。人仍是所有信息的主要监控者	计算机是分析和预测的主要执行者，人只在发生意外事件时进行干预。人负责解释数据	人和计算机一起进行任务排序。以人的结果为主	在人授权后计算机执行决策。人只在发生意外事件时进行干预

· 34 ·

续 表

等级	观察	判断	决策	行动
2	人是采集和监控所有数据的主要执行者，计算机只在发生意外事件时进行干预	人是分析和预测的主要执行者，计算机只在发生意外事件时进行干预。人负责解释数据	人进行所有排序任务，但计算机可以用作辅助工具	人是执行任务的主要执行者。计算机只在发生意外事件时进行干预
1	人是采集和监控(定义为过滤、排序和解释)所有数据的唯一执行者	人负责分析所有数据，进行预测，解释数据	计算机不参与或进行排序任务。人必须独立完成所有工作	人能独立进行决策

借助这些测量表和调查问卷，该领域的专家能对制定要求所需的自主等级进行评估，或为确定系统当前的自主等级提供标准。在为确定系统当前的自主等级提供标准时，NASA 的自主等级与其他自主等级类似（Proud, 2005）。

（八）自主等级分析（ALFUS）

1. 自主等级 0

当自主性处于最低级时，系统完全由人控制。人直接控制基本的运动功能，且系统不能主动发生任何变化。当自主性处于 0 级时，就如同操纵一台遥控汽车或一架飞机一般，人直接控制致动器的速度和位置。

2. 自主等级 1～3(低级)

在自主等级框架中，当任务复杂度处于 1～3 级时，内部态势感知和子系统任务自动化处于极低水平。如果环境展示出使任务具有高成功率的良好特性，环境复杂度也处在该范围内。这种环境具备无人机系统运行所需的静态、简单特征。人—机交互是这些系统的主要组成部分。在大多数情况下，人通过向无人机系统发出行为指令进行干预。就像遥控汽车和遥控飞机一样，操作员将不再直接控制无人机系统。通过速度控制子系统自动化，使操作员明确方向或导航点，并使无人机执行指令。无人机系统将自行控制速度，按照操作员指令及其最低内部态势感知保持姿态。

3. 自主等级 4 ~ 6(中级)

当系统自主等级为中级时，系统与人交互的时间占总时长的50%。人为无人机系统提供目标，然后由系统决定如何实现这些目标。在无人机系统执行任务之前，人必须进行最后授权。低级自主和中级自主在这一方面的差异非常大。任务复杂度和环境复杂度从低级自主到中级自主之间有一个线性过渡。就任务复杂度而言，最大差异是中级自主的无人机系统具备有限的实时规划能力，而低级自主的无人机系统却没有。环境复杂度从低风险、静态环境向中风险和可理解的动态环境过渡。举个简单的例子，在向无人机系统发出寻找目标 A 的指令后，无人机系统会提出完成目标的操作计划，然后由人来授权。环境可能很难转变，目标数量或目标本身可能就是动态的。

4. 自主等级 7 ~ 9(高级)

高自主性无人机系统受人的影响极小，系统不再需要人的授权来执行任务。虽然无人机系统执行操作前会向人发出通知，但并不需要人的授权便可以开始执行计划，除非有人为干预。受高度不确定性和可理解的高动态环境影响，环境复杂度会有很高的失败风险。任务复杂度主要集中在有人系统和无人系统编队上。无人机系统具有高逼真度的态势感知和实时规划，自适应性很强，能够进行复杂决策。有些无人机系统甚至能执行非常复杂的任务，实现复杂目标。

5. 超越 10 级

最高级自主性的无人机系统能像人一样工作。人—机交互不再是为防止意外事件发生，而是从适当个体处采集信息，以保证完成任务。任务复杂度和环境复杂度均处于最高水平。该等级的无人机系统无所不能，能在最高不确定性和最低成功可能性情况下工作(Huang 等，2007)。

目前，对于人或机器的智能还没有统一的定义。根据 ALFUS 的定义，自主性可以归纳为"无人机系统完成指定目标的能力"。这是无人机系统的最低能力水平，就像学习阅读、数学等功课的能力是成年人的最低预期能力一样。然而，人具备在未定义或定义不清楚的环境中，独特的抽象判断和推理能力。因此，具备最高级自主性的无人机系统是否能真正像人类智能一样工作仍未可知。

无人机系统自主等级的主要困难是定义一个有意义的无人系统性能标

准。这正是工作组开始审查标准的原因。无人系统性能测量框架（Perfor-mance Measures Framework for Unmanned Systems，PerMFUS）的目标是为保证能从技术和操作方面掌握无人机系统的性能而提供方法（Huang 等，2009）。汽车工程师协会航空航天系统分会（Society of Automotive Engineers Aerospace Systems Division，SAE AS-4）下设有无人系统技术委员会（Unmanned Systems Technical Committee）。该委员会也在对这些性能标准进行审查。SAE AS-4 的任务是研究无人系统相关事项，目标是提出军事、民用以及商业机构可接受的公开系统标准和架构。AS-4D 分会的主要目标则是提供术语、定义和测量标准，以便更好地评估无人系统性能。

（九）自主系统参考框架

关于自主等级的划分，目前的研究还在继续，但是美国国防部国防科学委员会（Defense Science Board，DSB）特别工作组从另一个角度建议停止对自主等级定义的争论，转而提出了一个包含三个层面的自主系统参考框架（Autonomous Systems Reference Framework，ASRF）。DSB 指出自主能力是无人系统的核心能力，但"世界上并不存在完全自主的无人系统，所有的自主无人系统都是人—机联合认知系统"，提出了一套从认知层次、任务时间轴、人—机系统权衡空间三个视图定义的自主系统参考框架，并期望以此替代无人系统自主等级的划分，强调自主难题的解决要更多地关注指挥官、操作员和开发人员三者的协调问题（Defense Science Board Report, The Role of Autonomy in DoD Systems, 2012）。

1. 自主能力面临的挑战

（1）自主性的内涵

DSB 认为，目前行业内对自主性的错误理解限制了自主能力的应用范围。自主性是无人系统能够自动地完成某种特定行为，或者在程序规定的范围内，实现"自我管理"（self-governing），使得大型人—机系统能够完成给定任务的一种或一组能力。

自主性不是可以脱离平台或任务来单独讨论的"黑箱"。自主能力是特定任务需求、作战环境、用户和平台等共同组成的生态系统（ecology）的一种功能——在没有特定情境条件下，将不可能产生价值。自主性并不是指无人系统独立的完成任务，所有的自主系统都是在操作员的监视下工作，因此，无人系统的设计和使用必须考虑人—机协作问题。

(2) 自主能力的挑战

具有一定自主能力的无人系统在实际应用中出现了各种各样的问题，主要体现在以下三个方面：

①自主能力主要是软件，目前以硬件为导向、以平台为中心的开发与采办流程中，软件开发通常处于被忽视的地位。因此，开发人员要从以硬件为导向、平台为中心的开发过程向创建自主系统、确立软件的首要地位转变。

②指挥官和操作员都缺乏对自主系统的信任，不相信自主系统在任何情况下都能按照预期运行。指挥官没能很好地理解设计空间，以及将自主能力集成到任务中的权衡。任务完成方式上的任何变化都会引起新的作战后果，因而指挥官对此必须了如指掌。对于操作员，使用中的自主能力基本可以等同于"人—机协作"。而在设计过程中，"人—机协作"通常容易被忽视掉。

③无人系统列装仓促，常常针对突发冲突应运而生，缺乏作战概念提炼，带来使用上的困难。作战部队使用过程中往往超出无人系统设计者的预期，出现系统破限现象。

(3) 自主等级作用不大

目前自主能力定义是不统一，自主能力的概念化是基于对自主等级划分的目的的错误理解之上，背离了"所有自主无人系统都是人—机联合认知系统"这一事实。世界上并不存在完全自主的无人系统，就像世界上不存在完全自主的士兵、船员、飞行员或水兵一样。自主能力的定义也并不令人满意，因为它们都不认为自主是大型人—机综合系统表现出的一项关键能力，而认为自主能力是一种系统的独立部件或装饰性部件。

以 NASA 的 Sheridan 定义的自主等级为代表，认为自主就是将整项任务委派给计算机（自主系统）执行，平台在整个过程中只按照一个自主等级运行，而且这些自主等级是离散的，与不同级别的难度相对应。实际上，无人系统任务是由多项动态变化的功能组成，而在这些功能当中，大多数都既可以同时执行，也可以按顺序执行。在给定的时间点上，每项功能在人—机之间的分配都不同。因此，自主可以指在里程碑节点，为达到期望结果，生成的人—机交互的集合。

2. 自主能力关键技术

提高无人系统自主能力，主要涉及六项关键技术：感知、规划、学习、人—机交互、自然语言理解、多智能体协调等。重点需要突破的技术包括：

> 自然用户接口与互信的人—机协作；

> 复杂战场空间的（环境）感知／态势理解；

> 大规模有人—无人系统编队；

> 自主系统测试与评估。

（1）感知

感知（Perception）是实现自主的关键要素，只有通过感知，无人平台才可以达到目标区域，实现任务目标。根据感知的目的，感知可以分为导航感知、任务感知、系统健康感知与操作感知等四类，见表1-5。目前导航感知发展最为成熟，移动操作感知是一个新兴技术领域。主要挑战在于复杂战场感知与态势理解，包括突发威胁／障碍的实时检测与识别、多传感器集成与融合、有人—无人空域冲突消解，以及可靠的感知和平台健康监控的证据推理等。

表1-5 感知功能的分类

分类	功能	特点
导航感知	支持路径规划和动态重规划	提高平台安全性和快速反应性，降低操作平台的工作负担
任务感知	支持任务规划、想定规划、评估与理解、多智能体通信与协调、态势感知	降低数据分析员的需求与网络需求，还可结合导航感知
系统健康感知	应用于故障检测与平台健康管理、重规划与意外事件管理	提高用户对系统的信任度
操作感知	支持远程行动，拆除简易爆炸装置、车辆检查、物流与材料处理	主要用于地面移动机器人

（2）规划

规划（Planning）是指能将当前状态改变为预期状态的行动序列或偏序的计算过程。国防部将规划定义为在尽可能少用资源的前提下，为实现任务目标而行动的过程。目前已制定了一种通用表达语言——"规划领域定义语言（Planning Do-main Definition Language，PDDL）"，结合不确定性、学习、混合主动、知识工程、人工智能等领域，规划系统已经能解决（近似）最优性问题。然而，"没有任何作战计划在与敌手相遇后还有效"，规划技术的挑战在于在物理和计算约束和对现有计划做最小改变条件下，决定什么时候自主重规划、什么时候求助于操作员。

（3）学习

机器学习现已成为开发智能自主系统最有效的办法之一。自主导航学习技术一般应用于地面平台和机器人，一般只能适应非结构化静态环境（DARPA 最初挑战计划的穿越沙漠任务）和结构化动态环境（"Urban Cha-Henge"城市挑战计划的城市导航）；无人机和无人海上平台适应性导航技术的开发水平较低。学习技术挑战在于在友、敌智能体并存的非结构化动态环境中的非监督学习。

（4）人—机交互

人—机（系统）交互（Human—Robot Interaction / Human—System Inter-actio，HRI / HSI）主要解决人与机器人、计算机或工具如何协作的问题，侧重于人与机器人之间双向的认知交互关系。主要有两种方式：远程遥现和任务代理，不同的任务需要采用不同的策略。人—机交互涉及沟通、建模、协作、可用性与可靠性、任务领域、用户特征等关键技术，需要高度关注人—机比例和机器人道德规范。人—机交互的挑战在于自然用户接口，实现可信赖的人—机系统协作，以及可理解的自主系统行为。

（5）自然语言理解

自动语音识别（Automated Speech Recognition，ASR）是将语音信号转化为文本信息的过程，而自然语言理解（Natural Language Understanding，NLU）是在此基础上，将文本信息转化为计算机能理解的正式表述的过程。现有自然语音理解技术仅支持简单的语言指令，有限的词汇量和指令集合不足以满足任务需求。自然语言理解的挑战在于以实际环境直接互动为重点的指令和对话理解，重点关注情景化语言解释、指令语言理解、空间语言理解、情景对话等。

(6) 多智能体协调

多智能体协调（Multi-agent Coordination），需要确保智能体不仅能够同步化，还能适应环境或任务的动态变化。多智能体同步化经常被理解为多智能体系统之间的主动协同（例如：机器人足球赛）或非主动协同（例如：蚂蚁的觅食行为）。多智能体协调研究主要侧重于不同配置的智能体协同机制，而人—机交互则侧重于协作认知。多机器人系统的协同是多智能体协调的一个分支领域。多智能体协调分类见表1-6。多智能体协调需要重点关注针对特定任务，合适协调方案与系统属性的映射，以及正确的紧急行为，干扰下任务重分配以及鲁棒网络通信问题。

表1-6 多智能体协调分类

类型	特征	协调方式	适用范围	样例
无意识系统	各个无人平台并不知道其他无人平台的存在	无	通信不可用的环境下、行为单一的低成本同构无人平台群	"自愈式"雷区、无人值守传感器
弱意识系统	可以感知其他无人平台存在，但无法明确传达行动目的或计划	按照整个编队的平均运动方向与其他成员保持协调	具有足够感知能力的、对网络通信依赖不大	DARPA的城市挑战、分布式机器人和局域网机器人（LANdroid）
强协调分布式系统	使用网络通信保持紧密协调配合	采用基于合同网协议（包括竞标机制）、预先意图传递克服时延	对网络通信要求较高	机器人足球赛
强协调集中式系统	成员在中央控制器的控制下共享信息	从成员中挑选一个作为领导者	对网络通信、计算资源要求高	

本节讨论了以人为中心和以技术为中心的分类法，这两种分类法在对设计和操作功能规范进行定义时非常有用。虽然采用通用分类法在某种程度上具备一定的优势，然而，将技术和人对各领域设计的影响纳入考虑范围的分类法却具有最大的优势。

除分类法以外，本节还讨论了无人机系统自动化的其他问题：操作员工作负荷与操作员态势感知的平衡、系统与操作员之间交流的重要性，以及精确的操作员思维中的系统模型的重要性。最后，本章评估了系统可靠性对操作员信任度的重要性，以及这种可靠性如何改变操作员的偏见。尽管许多自主无人机系统项目（无人在回路中的系统）正在进行，诸如态势感知、工作负荷平衡和系统可靠性等问题仍然存在，系统本身的问题除外。然而，系统内部的复杂性使得故障和缺陷越来越难以准确定位。一篇最近发表的有关自主化系统的文章表示支持这一观点，认为自主系统从各类传感器信息中创建一致的目标表达的不可靠性。例如，当传感器向系统呈现一个汽车的目标表达时，其中一组传感器会将目标呈现为可渗透的，而另一组传感器则呈现目标为不可渗透的。设计人员不仅要继续高度重视系统与操作员之间的交流问题（如在发生系统故障时），还要关注自主系统本身的问题，例如信任度、态势感知、工作负荷和技能。

总之，"许多自动化工程师相信，通过撤离操作员，可以消除人为差错。然而，尽管系统受操作员差错的影响有所降低，系统却更容易受设计人员差错的影响。既然设计人员也是人，这只是简单地将人为差错转移了位置。最终，自主化实际上还是人为的"（Sheridan 和 Parasuraman，2006）。

第三节　无人机测绘以及测绘系统的初步认知

一、无人机测绘的基本概念

无人机测绘是将无人机技术运用于测绘领域而产生的新方向，是新型测绘技术与航空平台技术、信息技术的高度集成，是对传统卫星遥感测绘和有人机航空测绘的有效补充。无人机测绘具有结构简单、操纵灵活、使用成本低、反应快速的特点，可以灵活、快速地获取到高分辨率、大比例尺和高现势性的遥感影像。无人机测绘可广泛用于应急抢险、高危区域调查和军事应用等。

（一）无人机测绘的定义

随着空间技术、计算机技术和信息技术的发展，人类实现了从空中和太空观测和感知人类赖以生存的地球的理想，并能将所感知的结果通过计算机网络在全球发布，为人类的生存和可持续发展服务。在20世纪后半叶，遥感作为一门新兴的科学和技术迅速地成长起来。遥感对地观测主要采用有人飞机航空遥感和卫星遥感方式。遥感卫星因受回归周期、高度等因素影响，遥感数据的时效性难以保证。例如，在我国东部某地点，上午10：30遥感卫星刚刚过顶，10：40就在此地发生了一场事故。可是，该卫星此时轨道已不可能调整回来，两小时后卫星可能到乌鲁木齐上空了，即使卫星变轨，该卫星在短时间内也无法应用于该地的应急救灾。

2008年"5·12"汶川救震时，分辨率最高的卫星影像来自美国的军用侦察卫星，但其获取时间是5月19日，已不能满足应急救灾的实时快速要求。有人机航空遥感灵活性要好很多，但受空域管制和气候等因素的影响很大，使用成本比较高，飞行时间有限，难以完成长时间低空连续监测任务，并且起降地域受到严重制约。

无人机技术正好成为卫星和有人机获取手段的有效补充。一方面，无人机飞行高度低、分辨率高，可以长时间对感兴趣地区进行"凝视"性观测；另一方面，无人机没有人员伤亡危险，布置灵活，操纵简单，对环境要求低，可以在任何危险环境中完成任务。因此，在航空遥感领域，无人飞行器正异军突起，受到广泛关注。航空技术、微电子技术、微电机技术、信息技术、智能技术的飞速发展，使无人飞行器技术趋于成熟，各种数字化、小型化、探测精度高的机载遥感传感器的不断面世，也大大拓展了无人飞行器的应用范围和应用领域，已使其成为军用和民用的主要航空遥感平台之一。

无人机测绘，就是综合集成无人飞行器、遥感传感器、遥测遥控、通信、导航定位和图像处理等多学科技术，通过实时获取目标区域的地理空间信息，快速完成遥感数据处理、测量成图、环境建模及分析的理论和技术。

(二) 无人机测绘的特点

以无人机遥感为基础的无人机测绘系统支持低空近地、多角度观测、高分辨率观测、通过视频或图像的连续观测，形成时间和空间重叠度高的序列图像，信息量丰富，特别适合对特定区域、重点目标的观测。与卫星测绘和有人机测绘相比，无人机测绘具有以下特点。

1. 成本低、无人员伤亡的风险

在大比例尺成图方面，无人机测绘的成本与卫星和有人机测绘相比具

有巨大优势；无人机的安全性使其能够在对人的生命有害的危险和恶劣环境下（如森林火灾、火山、有毒气体等）直接获取影像，即便是设备出现故障，发生坠机也无人身伤害。

2. 作业方式灵活快捷

无人机结构简单，操作灵活，作业准备时间短，对起降场地要求不高，可在云下飞行，特别适合在建筑物密集的城市地区和地形复杂区域、多云地区应用。

3. 高时间分辨率、针对性强

无人机测绘的时效性好，不受重访周期的限制，可以根据任务需要随时起降；另外，无人机测绘针对性强，可以对重点目标进行长时间的凝视监测。

4. 空间分辨率高、可获得多角度影像

无人机飞行高度低，可携带高精度数码成像设备，具备垂直或倾斜摄影的能力。无人机不仅能垂直拍摄获取顶视影像，还能低空多角度摄影，获取建筑物侧面高分辨率纹理影像，弥补卫星遥感和普通航空摄影获取城市建筑物时遇到的侧面纹理获取困难及高层建筑物遮挡问题。

5. 飞行姿态的不稳定性

由于载荷重量的限制，测绘无人机搭载的导航定位与姿态测量系统（position and orientation system，POS）一般精度较低。无人机飞行之前，一般会设计规划飞行航线（包括任务航线），但实际的飞行轨迹受风力和导航系统精度等因素的影响，飞行轨迹一般会一定程度地偏离原来规划的航线，同时飞行过程不能保证姿态稳定，倾斜角较大，对后期数据处理提出了更高的要求。

6. 数据处理的特殊性

无人机测绘获取的影像数据还存在着幅宽较小、整体数据量较大、重叠度不规则等问题，给无人机测绘数据处理带来了一系列的困难。

无人机测绘的这些特点，给测绘技术带来了新的机遇和挑战，传统的测绘技术已无法完全满足无人机测绘的要求，必须针对无人机测绘的特点在影像处理技术上有所突破和创新，形成新的产品体系。

(三) 无人机测绘的作业流程

无人机测绘的作业流程一般包括以下几个步骤。

1. 区域确定与资料准备

根据任务要求确定无人机测绘的作业区域, 充分收集作业区域相关的地形图、影像等资料或数据, 了解作业区域地形地貌、气象条件以及起降场、重要设施等情况, 并进行分析研究, 确定作业区域的空域条件、设备对任务的适应性, 制订详细的测绘作业实施方案。

2. 实地勘察和场地选取

作业人员需对作业区域或作业区域周围进行实地勘察, 采集地形地貌、植被、周边机场、重要设施、城镇布局、道路交通、人口密度等信息, 为起降场地的选取、航线规划以及应急预案制定等工作提供资料。

飞行起降场地的选取应根据无人机的起降方式, 考虑飞行场地宽度、起降场地风向, 净空范围, 通视情况等场地条件因素和起飞场地能见度、云高、风速, 监测区能见度、监测区云高等气候条件因素以及电磁兼容环境。

3. 航线规划

航线规划是针对任务性质和任务范围 (面积), 综合考虑天气和地形等因素, 规划如何实现任务要求的技术指标, 实现基于安全飞行条件下的任务范围的最大覆盖及重点目标的密集覆盖: 航线规划宜依据 1∶5 万或更大比例尺地形图、影像图进行。

4. 飞行检查与作业实施

起飞之前, 须仔细检查无人机系统设备的工作状态是否正常。作业实施过程主要包括起飞阶段操控、飞行模式切换、视距内飞行监控、视距外飞行监控、任务设备指令控制和降落阶段操控。

5. 数据获取

无人机数据获取分实时回传和回收后获取两种方式。如果无人机获取的图像数据是实时传回地面接收站的, 那么通过无人机的机载数据无线传输设备发送的数据包有的是压缩格式, 地面接收站在接收到该数据包后, 需要对其中的图像数据进行解压缩处理。解压缩包括解码、反量化、逆离散余弦变换等几个步骤。

6. 数据质量检查与预处理

为了后续无人机影像数据处理的顺利完成，需要对获取的影像进行质量检验，剔除不符合作业规范的影像，并对影像数据进行格式转换、角度旋转、畸变差改正和图像增强等预处理。

7. 数据处理与产品制作

运用目标定位、运动目标检测与跟踪、数字摄影测量、序列图像快速拼接、影像三维重建等技术对无人机获取图像数据进行处理，并按照相应的规范制作二维或三维的无人机测绘产品。

二、无人机测绘系统

一套典型的无人机测绘系统至少应包括无人机平台、地面控制子系统（任务规划与控制站）、任务载荷子系统、数据链路子系统，以及影像数据处理与测绘成果制作子系统五部分组成。

在无人机执行测绘任务时，地面控制员可利用监视器对其进行操控。当无人机飞临任务区，收集到遥感图像数据后，可由数据链路直接将数据传送到地面用户终端，也可不回传，记录在机上存储卡内。如果用户有了新的任务请求，可随时通知地面控制站，由地面控制员修改指令改变无人机的飞行航线以完成新的任务。

（一）无人机平台

无人机测绘系统中的无人机平台用于搭载任务设备并执行航拍测绘任务。根据 2010 年 10 月发布实施的 CH/Z 3005–2010《低空数字航空摄影规范》，对测绘无人机平台有以下通用要求：

（1）飞行高度。相对航高一般不超过 1500 m，最高不超过 2000 m。满足平原、丘陵等地区使用的无人机平台的升限应不小于海拔 3000 m，满足高山地、高原等地区使用的无人机平台升限应不小于海拔 6000 m。

（2）续航能力。执行测绘任务的无人机平台的续航时间一般须大于 1.5 h。

（3）抗风能力。执行测绘任务的无人机平台应具备 4 级风力气象条件下安全飞行的能力。

（4）飞行速度。无人机平台执行测绘任务时的巡航速度一般不超过 120

km/h，最快不超过 160 km/h。

（5）稳定控制。执行测绘任务的无人机平台应能实现飞行姿态、飞行高度、飞行速度的稳定控制。

（6）起降性能。执行测绘任务的无人机平台应具备不依赖机场起降的能力，起降困难地区使用时，无人机平台应具有手抛或弹射起飞能力和具备撞网回收或伞降功能。

（二）地面控制子系统

无人机测绘系统中地面控制系统的主要功能通用要求如下：

（1）可进行测绘飞行任务规划与设计。

（2）通过数据链，地面控制系统可以向飞控系统发送数据和控制指令等。

（3）可接收、存储、显示、回放无人机的高度、空速、地速、航迹等飞行数据。

（4）能显示任务设备工作状态，显示发动机转速、机载电源电压等数值。

（5）出现机载电源电压不足、GPS 卫星失锁或北斗导航失效、发动机停车、无人机平台失速等危急情况时，有报警提示功能。

（三）任务载荷子系统

无人机测绘中的任务载荷主要用于遥感影像的获取与存储。可根据不同类型的遥感任务，使用相应的机载遥感设备，如高分辨率电荷耦合器件（charge—coupled device, CCD）数码相机、轻型光学相机、多光谱成像仪、红外扫描仪、激光扫描仪、磁测仪、合成孔径雷达等，应具备数字化、体积小、重量轻、精度高、存储量大等特点。

目前比较典型的机载遥感设备包括：德国徕卡公司推出的 2 200 万像素专业相机，配备了自动保持水平和改正旋偏的相机云台；国内制造的数字航空测量相机拥有 8 000 多万像素，能够同时拍摄彩色、红外、全色的高精度航片；中国测绘科学研究院使用五台哈苏相机组合照相，支持多相机图像拼接功能，有效地提高了遥感飞行效率。近年来，激光三维扫描仪、红外扫描仪等小型高精度遥感设备已日益增多，为无人机遥感的应用提供了广阔的空间。

（四）数据链路子系统

无人机数据链路子系统分为空中与地面两个部分，主要用于地面控制系统与无人机飞行控制系统以及其他设备之间的数据及控制指令的双向传输。

无人机测绘系统中的数据链路系统主要性能指标通用要求如下：

（1）数据传输距离应大于 10 km（空地之间没有遮挡）。

（2）传输速率应不低于 2400 bit/s。

（3）误码率应低于千分之一。

（4）机载数传电台应小型化、轻型化，重量不超过 2 kg。

（5）机载数传天线设计与安装，应在重量、阻力和气动性能等方面进行优化设计。

（6）馈线应保证输入、输出端子阻抗匹配，布线应服从电磁兼容性设计。

（7）具有电磁兼容能力，对其他电子设备不产生干扰。

（五）影像数据处理与测绘成果制作子系统

无人机测绘弥补了卫星遥感和有人机遥感之间的空白点，提升了遥感的时效性、连续性和精确性，但受自身性能限制，具有稳定性差、载荷轻、姿态精度不够等缺点，给测绘技术带来了

机遇和挑战。针对无人机测绘的这些特点，在传统测绘技术的基础上，无人机测绘处理全过程及产品应有所创新，其影像数据处理与测绘成果制作子系统通常具有以下功能。

1. 无人机任务规划

无人机任务规则指在地面综合考虑各方面因素，对无人机完成指定任务所要经历的航线、目标区域、任务载荷类型等内容的设定与统筹管理，通常包括设定无人机出动位置、确定任务目标、规划飞行航线、配置任务载荷以及制定任务载荷的工作规划等功能。

2. 无人机目标实时定位与跟踪

无人机执行实时跟踪目标，获取目标坐标任务时，实时回传序列图像和高精度的位置、姿态参数。利用无人机位置姿态参数、传感器成像参数，通过共线方程可以反算无人机序列图像上目标的地面坐标。通过图像目标提取匹配技术，可以从无人机序列图像中自动检测感兴趣的目标（包括运动目标）并实时测定目标的精确坐标，跟踪运动目标并分析目标运动状态，进而预测目标的运动趋势。

3. 无人机航空摄影测量及成图

在无人机平台搭载了高精度的位置和姿态传感器或布设了地面控制点的情况下，参照数字摄影测量的作业流程，利用图像滤波处理、镜头畸变校正、几何校正、相对定向和绝对定向、空中三角测量等技术，可以对无人机图像进行处理以得到无人机正射影像图。

4. 基于无人机序列影像的应急快速成图

受载荷影响，大部分无人机未搭载高精度的位置和姿态传感器，数据达不到数字摄影测量成图的要求。为充分发挥无人机快速反应、灵活方便的优点，可运用图像处理技术，基于无人机实时回传的序列视频图像直接进行图像特征匹配和快速拼接，完成目标的快速成图。

5. 基于无人机影像的三维重建

从无人机序列图像中获取地面三维信息是无人机图像应用的更高层次。无人机序列图像是飞行过程中在不同视角下对场景的连续成像，具有时间上的连续性和成像区域的高重叠性特点，采用计算机视觉及摄影测量的理论和技术，可以基于无人机序列图像完成目标区域三维快速重建功能。

6. 基于无人机的空中全景监测

无人机成像范围是由地面规划的航线决定的，即使可以实时修改上传航线以及多次补充飞行，仍存在视野有限、监测范围小、灵活性不够等缺点，严重制约了无人机执行监测任务的效能。为使无人机既"看得清"又"看得广"，可基于广角传感器进行超宽视场的大范围空中监测。

第二章　无人机系统的构建

　　随着无人机系统在民用和军事领域的应用越来越广泛，无人机系统进入国家空域已经迫在眉睫，制定相应的适航标准已经成为各国适航机构的一个主要任务。人工智能技术的迅猛发展，使无人机（unmanned aerial vehicle, UAV）迎来了在21世纪的新发展。

第一节　无人机系统（UAS）解析

一、无人机系统（UAS）的组成

　　本章将简要讨论无人机系统的各个组成部分。大多数民用无人机系统由无人机或遥控飞行器、人的因素（human element）、任务载荷、指挥与控制单元、发射回收单元以及通信数据链等组成。军用无人机系统可能还包括诸如武器系统平台和支援士兵等。普通无人机系统及组成要素见图2-1。

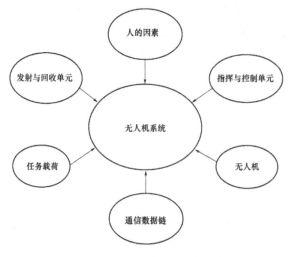

图 2-1　无人机系统的组成要素

二、指挥与控制单元

(一) 自动驾驶仪

自主能力是指无人机系统根据一套预编程的指令，在无需操作员干预的前提下执行任务的能力。全自主无人机系统 (UAS) 可以在无操作员干预的前提下，完成从起飞到着陆的整个飞行过程。不同无人机的自主程度差异也很大，从自主能力为零到全自主不等。自主能力为零的无人机全程都有操作员的参与 (外部飞行员)。飞行器的飞行特性通过自动驾驶仪系统保持稳定，但如果没有外部飞行员的控制，无人机终将坠毁。

全自主无人机的所有事情全部由机载自动驾驶控制系统来实现，包括从起飞到着陆全程都不需要飞行员的干预。负责指挥控制的飞行员可以在出现紧急情况 (意外事件) 时进行干预，必要时通过操控无人机来改变航迹或避开危险物。无人机的自动驾驶仪用于引导无人机按照预定航路点沿指定路线飞行。

近年来，许多商用自动驾驶系统都可用于小型无人机 (Small UASS, SUAS) 上。这些小型自动驾驶系统可集成到现有的无线电控制飞行器或客户定制的小型无人机平台上。用于小型无人机系统的商用自动驾驶系统 (通常称为 COTS, Commercial-Off-The-Shelf, 指商用货架系统。除军事领域外，该术语还广泛用于其他技术领域) 近年来呈现出一种日趋小型化的趋势。它们具有大型无人机自动驾驶系统所具有的诸多优点，价格也便宜得多。例如，云帽技术公司 (Cloud Cap Technology) 的 "皮科罗" (Piccolo) 系列自动驾驶仪可实现多飞行器控制、全自主起降、垂直起降与固定翼支持，以及航路点导航等功能。

无人机自动驾驶系统采用冗余技术编程。按照大多数无人机自动驾驶系统的安全措施，当地面控制站与无人机之间的通信中断时，系统可按不同方法执行 "链路丢失" 程序。大多数程序中都创建了链路丢失剖面，其中任务飞行剖面 (高度、飞行航迹和速度) 会在无人机发射前装载到系统的存储器中。一旦无人机发射后，只要与地面控制站一直保持无线电联络，自动驾驶仪会按照任务剖面飞行。飞行期间如果联系未中断，必要时可以对任务剖面或链路丢失剖面进行修正。如果飞行过程中地面站与无人机失去联络，自动驾驶仪会执行预编程的链路丢失剖面。

平台按照链路丢失剖面执行以下程序：

·首先飞向一个信号强度稳定的航路点，以重新建立联系；

·返回第一个航路点，盘旋或悬停一段时间（时长预定），尝试重新接收信号，如果不成功就返回着陆航路点进行着陆；

·在当前航向上保持一段预定的时间，在此期间可尝试使用其他通信手段；

·爬升，以便重新建立联系：

·在失去链路的地方盘旋，此时外部飞行员用遥控技术（通常用甚高频 VHF（Very High Frequency）视距无线电技术）接管对无人机的控制。

(二) 地面控制站

地面控制站（Ground Control Station，GCS）是指对空中或太空的无人机实施人为控制的陆基或海基控制中心。地面控制站大小不一，小的可能如航空环境公司生产的手持式发射机一般大小，大的则可能是包含多个席位、配套齐全的设备。规模较大的军用无人机系统需要有多人独立操控飞机系统的地面控制站，如"捕食者"无人机地面控制站。实现由单个机组成员从一个地面站操纵多架无人机是未来无人机操控的终极目标之一。

一个地面控制站通常至少由一个飞行员席位和一个传感器席位组成。飞行员席位是飞行员操控无人机及其系统的席位，传感器席位用于操控传感器载荷和无线电通信。根据无人机系统的复杂程度，可能会涉及其他许多操作工作，每种工作都有可能需要增加工作席位。对于简单的小型无人机系统而言，这些工作席位可以合并，因此可能只需一名操作员。而对于自主能力强的大型无人机系统，能够实现多机自主协同作战，也只需一名操作员。

第二节　遥控驾驶飞行器（RPA）的认知

无人机是指飞行时"机上无人"的固定翼、旋翼或轻于空气的飞行器。近年来，一直有人在推动将"无人机"这一术语改成"遥控驾驶飞行器"（Remotely Pilo-ted Aircraft，RPA）（表2-1）或"遥控驾驶平台"（Remotely Piloted Vehicle，RPV）。

"无人机"这一术语确实用词不当，因为在无人机系统运行中人的参与程度仍然至关重要。

表2-1 美国国防部对遥控驾驶飞行器的分类

无人机类型	最大起飞重量	正常飞行高度	航速
第一类	<9kg	<离地高度366m，AGL	<184km/h
第二类	9～25kg	<1 068m，AGL	<460km/h）
第三类	<599kg	<平均海平面5 490m，MSL	<460km/h
第四类	>599kg	<平均海平面5 490m，MSL	任何空速
第五类	>599kg	>5 490m，MSL	任何空速
注：若某型无人机即使只有一项特征符合较高类别，都应划入该类			

一、固定翼

固定翼无人机系统可以执行多种任务，包括情报搜集、监视和侦察（IntelligenceSurveillanceand Reconnaissance，ISR）。部分军用固定翼无人机系统经改装后可执行ISR和武器投射的联合任务，例如通用原子公司生产的"捕食者"无人机系列。"捕食者"无人机最初设计用于执行ISR任务，名称代号为RQ-1。在军用飞机的分类体系中，R表示侦察，Q表示空中无人系统。然而，近年来"捕食者"的名称代号却被改为MQ-1（其中M表示多用途），原因在于它最近曾被用于发射"地狱火"（Hellfire，又译为"海尔法"）导弹。

固定翼无人机平台可以执行长航时任务，以实现持续工作时间和航程的最大化。诺斯罗普·格鲁曼公司（Northrop Grumman）的RQ-4"全球鹰"（Global Hawk）无人机曾连续飞行超过30h，航程超过8 200海里（15 104km）。另外，固定翼平台也具备在裸眼视力外的高度上飞行的能力。

固定翼无人机平台的缺点是发射和回收（Launch and Recovery，L&R）时所需的后勤保障要求很高（被称为"高后勤需求"）。有些固定翼无人机需要跑道进行起降，也有些需要弹射器达到起飞速度进行起飞，然后用网或拦阻索进行回收，还有一些小型固定翼平台（如航空环境公司（AeroVironment）制造的"大乌鸦"无人机）采用手抛发射，回收时则在预定降落点使飞机失速或展开降落伞。

二、垂直起降

垂直起降（Vertical Take Off&Landing, VTOL）无人机系统的应用十分广泛。直升机、可以悬停的固定翼飞机，甚至是倾转旋翼飞机都可以用作垂直起降平台。

诺斯罗普·格鲁曼公司的 MQ-8"火力侦察兵"（Fire Scout）、贝尔公司（Bell）的"鹰眼"（Eagle Eye）倾转旋翼无人机都是垂直起降无人机系统：这些无人机系统的优点是发射与回收（L&R）对于外部的要求较低。这意味着大多数无人机系统都不需要跑道或公路便可进行起降，发射和回收时也不需要使用弹射器或拦阻网等设备。无人直升机与固定翼无人机不同，它可以在固定位置上执行监视任务，只需要很小的活动空间。

用无线电遥控的小型电动直升机由于具备能够快速完成部署的优点，因而成了搜索救援、抢险救灾或打击犯罪的理想工具。简单的无人直升机系统可存放在第一应答器的平台上，数分钟内即可发射。这种小型无人直升机由于没有安装燃油发动机，电动马达噪声非常小，因此在低空执行任务时不易被发现，其隐蔽性非常强。小型电动直升机的缺点是目前的电池技术还不能支持长时间的续航，飞行时间不超过 30~60min。

第三节　通信数据链在无人机系统中的作用

数据链是用于描述无人机指挥和控制信息如何在地面控制站和自动驾驶系统之间进行发送和接收的一个术语。无人机的操作可分为两大类：无线电频率视距内（Line Of Sight, LOS）操作和超视距（Beyond Line Of Sight, BLOS）操作。

一、视距内（LOS）

视距内操作是指通过直接无线电波操作无人机。在美国，民用无人机

LOS 操作通常使用的无线电频率为 915MHz，2.45GHz 或 5.8GHz。这些频率都是无须许可的工业、科研和医学（Industrial，Scientific，and Medical，ISM）频率，按照联邦通信委员会（Federal Communications Commission，FCC）条例第 18 款的规定进行管理。

其他频率，如 310 ~ 390MHz、405 ~ 425MHz 和 1 350 ~ 1 390MHz，为离散的视距内（LOS）频，须经许可才能使用。这些频率的通信距离取决于发射机和接收机的功率以及二者之间的障碍，通常为几千米不等。利用定向跟踪天线，还可提高信号强度。定向天线利用无人机的位置持续调整天线指向的方向，使天线信号始终对准无人机。部分大型无人机上配有定向接收天线，可进一步提高信号强度。

ISM 频段的使用非常广泛，因此容易造成频率拥堵，导致无人机因信号干扰而失去与地面控制站的联系。快速跳频（Rapid Frequency Hopping）成为最大程度上解决这一问题的一项新兴技术。跳频是将信号分散到整个频谱的一种基本的信号调制方法。在无线电传播过程中正是这种频率的重复转换，才最大程度降低了对信号的非授权拦截或干扰。利用这一技术，通过接收机与发射机保持一致的频率，两者便可实现同步工作。在跳频过程中，短时间内会有大量数据传输到窄频载波上，然后发射机调到另一个频率再发射一次，如此往返，不断重复。跳频频率从每秒数次到每秒数千次不等。FCC 准许在 2.45GHz 非许可的频段上采用跳频技术。

二、超视距（BLOS）

超视距内操作是指通过卫星通信或使用通信中继（通常由另一架飞机）来操作无人机。民用用户通过铱星（Iridium）系统实现超视距内通信。大多数小型无人机系统既无必要也无能力使用超视距，因为其任务是在视距内执行的。军用超视距内通信通过卫星在 12 ~ 18GHz 频率范围内的加密 Ku 波段上进行。一架无人机可以按照几乎不发生任何中断的方式使用 Ku 波段工作。在发射阶段通常用视距内通信，然后转用超视距数据链。回收时再转到视距内通信。超视距内通信的一个弱点是当指令发送到无人机时，对指令的响应会有几秒种的延迟。这是由于信号需要经过许多个通信中继 / 系统造成的。过去几年，由于技术的进步，无人机通过超视距数据链实现发射和回收已成为可能。

第四节 无人机系统中的任务载荷与人的因素

一、无人机系统中的任务载荷

研发阶段结束后，大多数无人机系统便升空执行任务，通常需要搭载任务载荷。任务载荷一般与侦察、武器投射、通信、遥感或货物等有关。无人机的设计通常围绕所应用的任务载荷进行。正如前文所述，有些无人机可携带多种任务载荷。任务载荷的大小和重量是无人机设计时最重要的考虑因素。大多数小型商用无人机要求任务载荷的重量不超过5磅（2.3kg）。有部分小型无人机制造商选择采用可快速拆卸和替换的任务载荷。

就侦察任务和遥感任务而言，传感器任务载荷根据不同任务可采用许多不同形式，包括光电（Electro Optical, EO）摄像机、红外（Infrared, IR）摄像机、合成孔径雷达（Synthetic Aperture Radar, SAR）、激光测距仪等。光学传感器组件(摄像机)既可永久安装在无人机上，以便传感器操作员获得固定的视角，也可安装在万向节或转塔上。万向节或转塔安装系统使传感器能够在预定范围内转动，通常绕两个轴(垂直轴和水平轴)转动。万向节或转塔既可通过自动驾驶系统，也可通过独立的接收机来接收输出信号。有些万向节还装有震动隔离装置，可降低飞机震动对摄像机的影响，从而降低电子成像稳定性的要求，提高图像或视频的清晰度。震动隔离的方法有两种；一种是采用弹性／橡胶安装座；另一种是采用电子陀螺稳定系统。

(一) 光电

光电摄像机通过电子设备的转动、变焦和聚焦来成像，在可见光谱内工作，所生成的图像形式包括全活动视频、静止图片或二者的合成。大多数小型无人机的光电摄像机采用窄视场到中视场镜头。大型无人机的摄像机还可使用宽视场或超宽视场传感器。光电传感器可执行多种任务，还可与其他不同类型的传感器结合使用，以生成合成图像。光电摄像机大多在昼间使用，以便最大可能提高视频质量。

(二) 红外

红外摄像机在红外电磁频谱范围内工作（约1~400THz）。红外（IR）传感器也称为前视红外（Forward Looking IR, FLIR）传感器，利用红外或热辐射成像。无人机采用的红外摄像机分为两类，即冷却式和非冷却式。现代冷却式摄像机由低温制冷器制冷，可降低传感器温度到低温区域（零下150℃）。这种系统可利用热对比度较高的中波红外（Midwave Infrared, MWIR）光谱波段生成图像，还可设计成用长波红外（Longwave Infrared, LWIR）波段工作。冷却式摄像机的探头通常装在真空密封盒内，需要额外功率进行冷却。总体而言，冷却式摄像机生成的图像质量比非冷却式摄像机的质量要高。

非冷却式摄像机传感器的工作温度与环境温度持平或略低于环境温度，当受到探测到的红外辐射加热时，通过所产生的电阻、电压或电流的变化工作。非冷却式传感器的设计工作波段为波长 7 ~ 14 μm 的长波红外波段。在此波段上，地面温度目标辐射的红外能量最大。

（三）激光

激光测距仪（Laser Range Finder）利用激光束确定到目标的距离。激光指示器利用激光束照射目标。激光指示器发射不可视编码脉冲，脉冲从目标反射回来后，由接收机接收。然而，利用激光指示器照射目标的这种方法存在一定的缺点。如果大气不够透明（如下雨、有云、尘土或烟雾），则会导致激光的精确度欠佳。此外，激光还可能被特殊涂层吸收，或不能正确反射，或根本无法反射（例如，照射在玻璃上）。

二、无人机系统中人的因素

人是无人机系统组成中最重要的因素。当前无人机的操作都需要人的参与。无人机操作员包括飞行员、传感器操作员和地面支持人员等。正如前文所述，有些位置可以根据系统的复杂程度进行合并。未来随着技术能力的提升，无人机使用中人的因素会越来越少。与过去的民航系统一样，随着自动化的提高，对人为干预的需要会越来越少。处于指挥控制位置的无人机飞行员负责无人机的飞行安全。

人的因素（Human Factors, HF，简称人因）这一学科主要起源于第二次世界大战期间的航空需求。人因科学的先驱（如 Alphonse Chapanis 和 Paul Fitts）将航空心理学的原理推广到人—机交互领域。研究与设计方法从将人与机器分别视作独立实体转变为将人—机视作一个系统。这一变化使研究人员能够以经验为主地评估人—机系统的各个方面，并为界面设计人员提出适当的建议。今天，人因学与人类工程学（ergonomics，地方术语）领域涵盖的学科有心理学、人体测量学、人种学、工程学、计算机科学、工业设计、运筹学以及工业工程等。在 20 世纪后期，人因工程原理已经在世界范围内的工业和政府部门应用于产品和工业设计。

在过去的 20 年中，人因科学回归本意，广泛应用于无人机系统领域。本书前几章向读者介绍了无人机的历史、监管、程序、设计以及工程等方面的内容。在这些章节的内容中，无人机平台的变化是显然的。通过在线搜索可以发现，全球 40 多个国家在过去和现在一共拥有数以成千上万的平台。大量无人系统为美国军方所有，不同的分支都制定了多层的分类模式，粗略地基于高度（空军）、使用距离（陆军）和飞机大小（海军和海军陆战队）进行划分。

无人机系统的多样性使其能应用于很多军用、商用和民用领域。许多无人机使用团队都包括任务规划员、内部飞行员、外部飞行员和有效载荷操作员。对于自动化的大型无人机，例如空军的"全球鹰"无人机，任务规划比实时控制更为关键。另一方面，对于小型和微型的无人机，如空军的"蝙蝠"（Bat）、海军和海军陆战队的"黄蜂"（Wasp）以及陆军的"大乌鸦"（Raven）等，则在起降的某些飞行阶段要求有外部飞行员。有些无人机还需要内部飞行员遥控完成剩余任务。

无人机系统多样性的另一个原因，是使用环境和任务相关目标推动了基本的实用主义设计，这是无人机系统设计背后的主要驱动力。结果，系统不可避免地在操作员需求和工作负荷方面存在差异，导致现有平台需要考虑不同的人的因素。

在 1999 年首次举行的无人机系统技术分析与应用中心（TAAC）会议上，一位国际参会者谈到了多种无人机系统相关问题，其中就包括人的因素。首个针对认问题的无人机系统学术研讨会，是由亚利桑那州立大学的认知工程研究院发起的。除了正式会谈和海报，参会者按不同议题被分成若干小组：认知与感知、选择与训练、仿真显示与设计、编队过程以及系统安全（Connor 等，2006）。McCarley 和 Wickens（2004）也曾提出一种类似的分类方法，即显示与控制、自动与系统故障，以及机组编成、选择和训练等。

前文所述的不安全行为分类系统和人的因素分析与分类系统（HFACS）（Wiegmann 和 Shappell，2003），包括无人机系统操作中最重要的人的因素和相关人—机系统构成要素。通过对军用／民用无人机事故报告的分析发现，一个简单的因素是无法降低无人机系统性能的。此外，操作环境、人—机系统集成、系统自动化、机组编成以及机组训练可大大降低人的因素对系统性能的影响。

（一）操作环境

对人—机接口的严格要求主要由使用环境决定。无人机系统的操作必须遵循任务环境的规定准则。截至目前，已经设计出了大量无人机系统，可填补军事、执法、民用以及学术性领域的空白。军事行动环境直接影响操作员的工作量和态势感知，影响机组人数和所需的系统自动化程度（Cooke 等，2006）。虽然把工作量减小到最低程度或分散化，是所有晃面设计人员的一般目标，但这种目标在性命攸关领域是特别值得的，这时操作员必须在高压态势下做出决定，有效、高效地执行程序。

（二）人—机系统集成

2004 年，网络在线发行的"国防采办指南"（Defense Acquisition Guidebook）强调了不同美国联邦项目的系统方法。其第 6 章专门讨论了人—系统集成（Human—Systems Integration，HSI）方面的内容，并建议在系统设计和全程开发过程中采用以用户为中心的方法。

HSI 是对复杂组织行为进行的系统级分析，涉及对工程、人的因素和工效学、人事、人力、训练、机组编成、环境可居住性和可生存性，以及系统安全视角等进行可行性集成（国防部，2003、2004）。HSI 的基础概念是考虑某个系统全寿命周期各方面中的人的因素，以便减少资源利用和降低来自低效的系统成本，同时显著提高系统的性能和生产力（Tvaryanis 等，2008，第 2 页）。

人的因素（例如，感知能力、认识能力、态势感知，以及在压力或需要高认知能力情况下的能力）有助于人—机系统的效能。McCauley（2004）指出了将继续应用于无人机系统领域的六项 HSI 事项：

（1）人类的作用、责任和自主水平；

（2）军事行动的指挥控制／概念；

（3）人员配备、选择、培训和杂役；

（4）恶劣的操作环境；

（5）程序与工作辅助手段；

（6）移动的控制平台。

不能只通过改进用户使效能和效率最大化，还应提高人与系统之间的链接。显示器、控制器与整个的人—机界面设计都是尊重用户的 HSI 构成。通过使用以用户为中心的设计技术，保证把人类工程学原则建立在真实世界系统中，设计人员能够创造出发挥人的真正潜能的无人机系统（国防部，2005）。但是，就像 McCauley（2004）观察到的那样，虽然人类工程学设计原则是短期目标，但引入高度成功的自动化必须是无人机系统设计人员的长期目标。

（三）系统自动化

不同无人机系统在内建的自动化程度上有很大不同。高度自动化系统，如"全球鹰"无人机，在飞行前需要装订大量的任务规划结果，其中需要预先规划任务的每个细节，这一过程可能需要花费数天时间。而单人便携式无人机系统则在几分钟内就能部署。

自动化操作程序明显的好处是降低了操作员的工作量，因而提高了态势感知能力，机组人员可以把精力集中在关键性任务上。但无人机系统的自主能力通常是不完善的。不可靠性将导致界面操作员丧失信任，特别是当操作员的态势感知与自主化系统不符时（Parasuraman 和 Riley，1997）。而且，人对于自动化系统的同意程度是不同的，当后者陈述一个关键事件已经发生（服从）要比后者陈述一个关键事件未发生（依赖）分歧要大（Schwark 等，2010）。虽然自主能力在无人机系统上的使用增加了，但它对系统性能只产生了效益（注：目前状态）。未来在该领域的工作需要对自动化设备的用途进行经验分析。

（四）机组规模、编成和训练

机组的大小和编成对操作团队执行任务的能力有很大影响。虽然某些微小型无人机可以单人操作，但多数无人机系统要求飞行机组包含几个成员（外部和／或内部飞行员）、有效载荷／侦察操作员，有时还需要任务规划员（Cooke 等，2006；Mc-Carley 和 Wickens，2004；Williams，2004）。为了保证在这种情形下顺利完成任务，操作团队必须在非最佳环境以及寻常情景中进行训练。

现代武器系统的自主能力等级和其他特性不同，基本驾驶技能是否是训练效能、效率和任务成功率所需考虑的最重要因素？根据 Deptula（2008），"21 世界飞行员需要的最重要的战术技能，是在联军以及战争的所有层面能够快速获取、开发和共享信息的能力。"一旦涉及武器，就需要有更高水平的判断和理解能力（Deptula，2008）。

新的无人机系统和技术并不适应当前的训练项目，这些正在生产的飞行系统比现有的飞行训练制度更能对飞行员起作用。同时，功能相似的新技术系统看起来并不一样，操作员与这些系统的互动常常大相径庭（Hottman 和 Sortland，2006）。

一种以意识（相对于经验）为基础的方法，已经确定面向四个独立的技术标准相关的航空体，提出了对无人机操作员的要求。美国试验与材料协会（ASTM）F38 建议以"类别"认证模型（Goldfinger，2008）为基础，类似于有人机，飞行员收到的证书因特定的无人机和该无人机平台内特定的操作岗位而有所区别。有些岗位需要有美国联邦航空管理局的商用或仪表等级，有些则不要。2010 年，FAA 与 ASTM 建立了合作关系，制订了与无人机系统相关的许多标准。汽车工业协会（SAE）花费了四年多的时间制订考生训练大纲，已经开发了一份基础大纲和针对无人机系统任务特定参数的细化纲要（Adams，2008）。此外，航空无线电技术委员会（RTCA）主动与 FAA 合作，致力于发展多种无人机系统技术和包括操作员的子系统。最后，FAA 的小型无人机系统航空规则制定委员会（ARC）正在积极寻求建立小型无人机系统的规则。

北大西洋公约组织（North Atlantic Treaty Organization，NATO，简称北约）也已着手制定无人机系统操作员的标准，最近通过了标准化协议（Standardization Agreement，STANAG）（2006）。对于指派的无人机系统操作员，STANAG 列出了若干技能，包括科目知识、任务知识和任务性能，即知识、技能和能力（KSA）。这些 KSA 会根据无人机系统的类型和作用进行调整（NAT0，2006）。

FAA（2008）对无人机系统飞行员的资格要求，主要取决于无人机系统的飞行剖面、大小和复杂程度，以及飞行操作是否靠近公共机场。虽然每份授权证书（COA）都能设定特殊限制，但 FAA 最近一直要求指挥无人机系统的飞行员持有私人飞行员证书（即操作离地高度大于122m 或距离飞行员1.6km 以远）。由于大多数无人机系统是超视距内操作的，在最基本无人机操作之外，操作员还必须具备所有能力。FAA 还要求无人机系统操作员具有在各种条件（可能遭遇有人机）下操作使用的能力。今天，无人机系统的主要用户是军队，不同军种也一直在训练。把无人机系统用于更多的民用、商用的领域能，它们也能从大部分军用经验中获益，但考虑到民用管制机构的责任，有些经验还是有所保留（Hottman 和 Hansen，2007；Hottman 和 Zaklan，2007）。

（五）未来研究方向

人的因素分析和以用户为中心的设计是每家现代人—机企业的关键组成部分。在无人机系统领域，经过十多年的研究，采集了大量可能影响无人机性能的潜在的人的因素。虽然无人机的事故率部分原因是飞机的推进系统不完备，但仍须把无人机系统的可靠性提高大约两个数量级，才能与有人机相比（国防部长办公室，2003；国防部负责采购、技术和后勤的副部长办公室，Office of the Under Secretary of Defense for Acquisition, Technology, and Logistics 2004）。Manning 等（2004）和 Tvaryanas 等（2005、2008）的人的因素分析与分类系统（HFACS）分析表明，人的因素的错误在组织和监督层次处于隐性状态。组织和监督的错误可能导致不安全的前提条件，产生显性错误和不安全行为。在每个层面都强调人的因素，无人机系统的安全和性能才能大幅提高。

人的因素和训练，与许多人—机系统密切相关，所有无人机都一样。根据自主水平的差异，操作员更倾向于监督系统，而不是人在回路操控。警觉是无人机系统操作的内容之一。人类对自主化的相信程度、工作量、态势感知以及其他人—机事项，都对训练有重要影响。操作使用无人机系统的整体KSA（知识、技能和能力）是否需要飞行员证书，以及操作相关的任务（如遥感）需要什么技能，这些争论仍在继续。

最近有一份报告估计，美军的无人机系统市场规划的增加速度从2010年到2015年的年增长率为10%，相当于620亿美元（Market Research Media,

2010）。最近一期的政府问责局报告说，国防部正在快速构建一支数量可观的无人机机群，对支持性的人员、设施和通信构架却没有鲁棒的计划（GAO，2010）。政府问责局建议联邦机构（美军各部门、国土安全部 DHS 以及联邦航空管理局）进行协作，确保无人机系统的安全，扩大其在国家空域系统中的潜在用途（GAO，2005）。该报告建议 FAA 采取的措施包括两项任务：

（1）最终确定发布无人机项目计划，阐述无人机的未来；

（2）对 FAA 采集的有授权证书的无人机操作数据进行分析，建立针对无人机研究、开发和操作使用的国防部数据分析程序。

尽管类似的无人机系统目标已经由国防部路线图初步建立（DoD，2001、2005），但到目前为止，只有部分目标达到了。

虽然近期无人机系统开发项目多数属于军事领域，但无人机系统在非军事领域的应用会更为普遍。美国正在出售 11 架商用无人机系统（McCarthy，2010；Wise，2010）。虽然非军用无人机系统的操作所面临的挑战与军用系统类似，但正如《欧洲联合航空管理局无人机任务力量报告》（European Joint Aviation Authorities UAV Task Force Report，2004）所述，非军用无人机系统将涉及更多的监管问题。

美国联邦航空管理局正在制定综合发展蓝图，旨在把军用、公用、商用和民用无人机系统引入美国的国家空域系统，预计在 2020 年初到位。对无人机飞行中人的因素的研究会继续起着关键性作用，以确保提高此类系统在美国乃至全世界空域的安全水平。随着数据采集和记录技术（Manning 等，2004）以及相应标准的广泛应用（如 HFACS）（Wiegmann 和 Shappell，2003），无人机系统研发人员和设计人员将确保这些系统能够达到相关技术发挥全部潜力所需的性能等级。

第五节　无人机系统中的发射与回收

无人机系统的发射与回收单元（Launch and Recovery Element，LRE）通常是无人机使用过程中"劳动力最为密集"的单元之一。有些无人机系统设有非常详细的发射与回收程序，而有些则基本上没有。较大的无人机系统有专门的程序和工作人员负责无人机的准备、发射和回收。这些无人机系统可能需要长达3050m的跑道和诸如地面拖车、加油车、地面电源等支持设备。小型垂直起降无人机系统所需的发射与回收程序和设备一般比较简单，大多数情况下只需要一个适合起降的区域。也有一些无人机（如航空环境公司制造的"大乌鸦"无人机）的发射与回收单元非常小，因为这种无人机可以通过手抛发射，用机载降落伞回收。

目前无人机的发射与回收方法很多。最常用的发射方法是利用弹射系统使无人机在非常短的距离内获得飞行速度。波音下属公司因斯图（Isitu）制造的"扫描鹰"Scan Eagle）利用弹射器起飞，并利用被称为"天钩"（Skyhook）的设备进行回收。这个系统中，无人机的翼尖上安装有一个钩子，利用精度极高的双全球定位系统引导其飞入悬挂的绳索内进行回收。

航空探测仪公司（AAI Aerosonde）制造的"马克"4.7（Mark）无人机则可采用不同的方式进行发射和回收。它既可放置在车顶发射器上，利用车辆的速度使无人机达到飞行速度进行发射，也可用弹射器进行发射。在着陆阶段，它既可以在草地或硬地上"机腹着陆"，也可用移动挂网进行回收。

第六节　无人机系统感知与规避

一、概述

(一) 检测、看见与规避：有人机

尽管已经出现了应答机或雷达系统，美国联邦航空管理局依然长期依赖于飞行员的视力，以此作为避免空中相撞的主要方法。无人机系统由于没有飞行员，不具备这一机载感知与规避的安全特性。随着军用、民用和商用无人机应用数量的不断增加，空域将会变得越来越拥挤。

联邦航空管理局承担着制订国家空域规则的职责，也参与研究无人机系统检测、看见与规避（Detect, See, and Avoid, DSA）的解决方案。根据技术报告《美国联邦法规》的14CFR 91.113和航空无线电技术委员会的 RTCA DO—304（《关于无人机系统导航材料及考虑的指南》），当无人机系统与有人机共享空域时，自动"感知与规避"Sense and Avoid）系统必须提供与有人机

水平相当或更高的安全性。美国材料与试验协会（American Society for Testing and Materials，ASTM）于 2004 年 7 月发布的 F2411-04 号标准文件（后改为 F2411—04el）《机载感知与规避系统的设计与性能标准规范》（Standard Specification for Design and Performance of an Air borne Sense and Avoid System）提出了"同等安全水平"（equivalent level of safety）的要求。该文件发布后，随即成为无人机系统开发与研究人员的指导方针。

然而，该文件并没有涵盖无人机系统在国家空域系统中的使用。直到最近，联邦航空条例才纲要性地提出了系留气球、装备、无人火箭以及无人自由气球（14CFR 第 101 部分）的使用规则，但仍未提及无人机系统。为此，联邦航空管理局在 2005 年 9 月 16 日发布了一份标题为《ASF-400 UAS 政策 05—01》的备忘录，更新了以前的指南。FAA 使用这一最新政策确定无人机能否在国家空域系统中使用的条件，并明确提出无人机应履行"感知与规避"其他飞机方面的职责。国家空域系统中达不到这一要求的飞行活动将无法得到授权，包括无人机系统。

（二）飞行员的看见与规避职责：有人机

联邦航空条例和航行资料手册中规定了飞行员负有若干职责，其中之一就是检测、看见与规避。对于无人机系统而言，这一职责需要通过技术方法或由无人机系统之外的人员观察方能得以履行（RTCA DO-304）。"看见与规避"其他飞机对于普通航空飞行员也是一项艰巨的任务（FAA，2006）。普通航空飞行员必须能够监视仪表、调整无线电并实施通信、调整导航设备、阅读航图、导航以及操作飞机。许多飞行员使用便携式全球定位系统（GPS）。它能提高态势感知能力，并把飞行员的注意力从飞机外面转移到飞机内部。大多数飞行员都已认识到了自身在"看见与规避"飞机方面的局限性，因此依赖于规定程序（如着陆进近模式），以保持与其他飞机的距离。

（三）检测、感知与规避：无人机系统

如前文所述，授权证书（COA）由联邦航空管理局颁发，用以确保无人机系统具有与有人机"同等安全水平"。FAA 声明：无人机系统（机上没有飞行员）需要遵从在限飞区、禁飞区或告警区之外使用的特别规定。这一规定可以通过地基或机载视觉观察员予以执行。观察员必须像机载飞行员一样，履行同样的职责，检查是否有可能冲突的航线，评估飞行路径，决定交通路权，并实施机动规避。

在国家空域系统中，检测和感知的目标是确定所属空域中是否出现目标，而不必要识别目标。这是一个感知与判断的双重任务。飞行员或视觉观察员必须首先确定目标是否确实存在，然后确定检测到的目标是否为威胁或靶标，在正确判断后再决定执行何种程序。这三个环节，定义了自主系统在模仿人类观察员进行检测、看见与规避（DSA）时所必须完成的步骤。

二、检测、看见与规避的信号检测方法

信号检测理论（Signal Detection Theory，SDT）长期以来一直是刻画人类在目标识别过程中的表现的手段。它伴生于20世纪早期的雷达和通信设备的开发工作，其模型描述了人类的感觉和感知系统对模糊刺激的检测过程。由 Green 和 Swets（1966）撰写的《信号检测理论与心理物理学》（Signal Detection Theory and Psycho-physics）对该模式和历史基础进行了完整阐述。

SDT 假设决策者主动工作，与持续变化的环境互动。例如，观察员在特定目标（引导飞行）的引导下，会做出许多新的决策。检测、看见与规避便是其中之一。观察员在观察一个物体时，许多因素会对其感知造成影响。可能同时出现许多其他物体，包括内部的、外部的。这些非目标的物体一般被视为噪声。外部出现的干扰检测的物体称为外部噪声（如雾或闪电）。内部出现的干扰检测的物体称为内部噪声（如疲劳或用药）。在 DSA 过程中，观察员必须首先判定物体是否存在。表 2-2 列出了这一决策的四种结果。

表 2-2　信号检测决策的四种结果

		信号出现	信号未出现
决策	可见	命中（Hit）（例如：观察员报告天空中有星星，事实上也确实有）	虚警（False Alarm）（例如：观察员报告天空中有星星，其实并没有）
	不可见	漏警（Miss）（例如：观察员报告天空中没有星星，事实上有）	正确拒绝（Correct Rejection, CR）（例如：观察员报告天空中没有星星，事实上也没有）

（一）响应偏差与响应准则

人类对于是否接受或拒绝感知信息的响应决策取决于偏差。获取相同

感知信息的人会根据偏差（β）做出不同的决策。偏差存在很大区别，具体取决于态势和决策的推理。如果感知输入大于β，人会接受肯定识别的结果（目标出现）。如果感知输入小于β，人会接受否定识别的结果（目标没有出现）。

偏差可以绘制成分布图，如图2-2所示。中性偏差（neutral bias）在1.0左右有一个β级。当否定识别和肯定识别势均力敌时，则有可能出现这种情况。

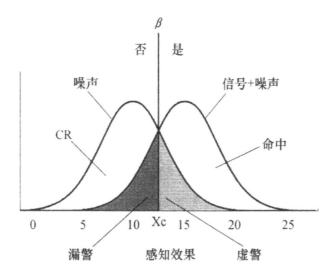

图2-2　中性偏差：肯定响应或否定响应的机会均等

保守偏差（conservative bias）的β级大于1.0。在这种情况下，人更倾向于否定识别（未检测到物体）（图2-3）。当虚警（报告发现目标，而事实上并无目标出现）带来的后果超过命中（报告发现目标，事实上也确实有目标出现）的利好条件时，则有可能出现这种情况。

开明偏差（liberal bias）的β级小于1.0。在这种情况下，人更倾向于肯定识别（检测到物体）（图2-4）。当漏警（报告未发现目标，而事实上有目标出现）的后果超过虚警（报告发现目标，而事实上并无目标出现）的后果时，则有可能出现这种情况。

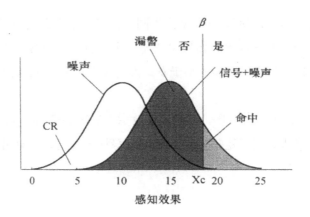

图 2-3　保守偏差：否定响应的机会更大

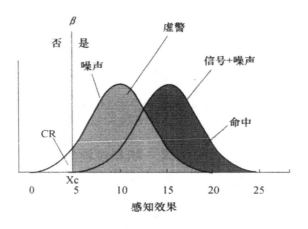

图 2-4　开明偏差：肯定响应的机会更大

（二）可辨性

噪声（内部、外部）的量可用分布图表示，偏差也可用信号分布图表示。噪声与信号分布均值之间的距离则为可辨性（Discriminability）测量（d'）。可辨性可通过标准偏差或通过命中与虚警率进行评估。d' 越大，检测信号的灵敏度越高。但随着灵敏度的升高，误差概率也会上升。在这个问题上，信号检测理论（SDT）非常有助于量化和比较不同系统之间的灵敏度。自主系统的可辨性与系统的灵敏度（用 d' 测定）之间必须实现平衡。许多正在开发或已投入使用的有人机飞行员辅助技术，都在开发无人机系统的自动 DSA 系统方面取得了重大进步。

三、检测、感知与规避技术

(一) 协作式技术

1.交通预警和防撞系统

对多种空域用户来说，加装交通预警和防撞系统（TCAS）是一种首选的协作式防撞系统，可以通过应答机传送信息。TCAS被认为比其前身——交通咨询系统（traffic advisory system）更为优越，后者只能提供关于入侵飞机的有限信息和一个可能碰撞的时间（Wolfe，2006）。设计带有TCAS发射器应答机的飞机，允许进行通信以避免碰撞。然而，TCAS系统的一个问题就是当没有应答机的飞机靠近时，可能无法识别，从而导致冲突。

TCAS会使无人机系统重量增加，因此是一项富有挑战性的设计方案。根据RTCA DO-304，小型无人机系统由于尺寸较小，会使TCAS的功能受限，或导致完全不能加装TCAS。TCAS的听觉指令也存在一个问题。操作员、地面飞行员和空管之间的语音通信，在无人机系统中就变成一个复杂问题，引入四维（空间加时间）的概念会使问题更加复杂。此外，由于不可靠的系统自动化，导致其复杂性进一步上升（参考Doyle和Bruno，2006）。

2.广播式自动相关监视

广播式自动相关监视（ADS—B）是一项相对较新的技术。利用这项技术，地面站和飞行员能检测空域中其他有类似装备的飞机。以卫星为基础的GPS能计算出飞机的位置、高度、速度、飞行编号、类型，判断是否转弯、爬升或下滑。这一信息每秒更新若干次，然后通过广播发送给通用接收机，大约241.4km半径内的飞机可以在驾驶舱交通信息显示器上的看到这些信号所包含的信息，地面站也可以在常规交通显示屏上看到相关信息。

佳明国际公司（Garmin International Inc）（2007）（自1989年起，该公司一直在全球定位与导航系统领域居领先地位）（Hidley，2006）以及森西斯公司（Sensis Corp）（2006a、2006b）详细列述了将ADS—B用于无人机系统的检测、感知与规避的许多优点。其主要优点就是ADS—B能近实时地向操作员提供准确而可靠的信息，以及额外的导航参数（如速度、航向等）。ADS—B提供的服务距离更大，预留出的时间更多，从而达到避免相撞的目的。卫星的应用意味着在雷达无效或没有雷达的地方仍能获取信息。ADS—B能通过其自动特性提供更深层次的安全，例如相撞警告。由于使用经过验证的技术，ADS—B 比其他系统更快、成本更低。

ADS—B 允许安装灵活的软件架构，因而具备适应未来技术的能力。走在 ADS—B 技术最前沿的是产业部门与美国联邦航空管理局在阿拉斯加（Alaska）联合制定的顶层计划（Capstone）。该计划成功降低了无人机系统在阿拉斯加的事故率，验证了 ADS—B 在 UAS 中的效能。

3. UAS 应用协作式技术的推论

协作式技术在降低有人机空中相撞的概率方面有可靠而公认的记录，但用在无人机系统的感知与规避（SAA）系统中却有若干缺点。感知与规避系统成本过高，而且只有当空域中的所有飞机都装有该系统时才能发挥作用，与地面障碍物（如高地或高塔）可能相撞时则无法发挥作用。开发感知与规避系统时，假设系统运行的每一步都有人类操作员参与（即人在回路），由人识别警告和采取相应措施。这些技术经改进后如若用于无人机系统，则需要重新获取合格证，才能确保达到"同等安全水平"。

（二）非协作式技术

在调查可能用于无人机系统感知与规避系统的技术当中，有一部分是大有前景的非协作式技术，例如雷达、激光、运动检测、光电（EO）以及红外（IR）等。非协作式技术指无需其他飞机拥有相同技术的系统，可用于检测包括飞机在内的地面、空中的障碍物。

非协作式技术可分为两类：主动系统和被动系统。主动系统（例如雷达和激光）能发射信号来检测障碍物，而被动系统（例如运动检测和红外）则用于检测从障碍物散发的信号。

1. 主动系统

（1）雷达

雷达是主动检测系统。它利用反射的电磁波的到达时间差生成物体的图像。对无人机系统有价值的是合成孔径雷达（SAR）。SAR 通过综合若干雷达脉冲来生成图像，对于飞机来说是特有的，因为它所依赖的是飞机的运动记录数据，因此无需大型天线。平台的移动距离起着合成孔径的作用，其生成的分辨率高于普通雷达（Sandia 国家实验室，2005）。目前，SAR 技术正在改进中，包括三维（3D）SAR。三维 SAR 利用若干天线生成三维图像进行变化检测，通过对比同一区域的新旧图像查找地面物体的变化（Sandia 国家实验室，2005）。SAR 的应用领域包括运动检测、确定地面移动目标的位置、速度和大小。

雷达用于检测、感知与规避（DSA）既有优点也有缺点。光学视力受阻时（如恶劣天气），雷达系统是理想的设备。雷达脉冲能穿透风暴和其他天气条件。但雷达也有缺点，例如：传统雷达系统尺寸偏大、成本偏高、不能提供与光电系统同样程度的实时影像等。

规避地面障碍物是无人机系统感知与规避应用中关系最密切的部分。从这个意义上来看，特别是考虑到大部分空中碰撞事件的发生地点均在距离机场 4.8km 以内，50% 在高度 305m 以下，雷达在所有飞行阶段都是有用的（Narinder 和 Wiegmann，2001）。

声呐设备使用声波的方法与雷达使用电磁波的方法非常类似。但由于声波的速度低于飞机的速度，声呐技术在无人机系统感知与规避系统中的应用并不理想（Lee 等，2004），但仍可在小范围内或局部使用。

（2）激光

激光系统（例如：SELEX 通信公司的激光障碍物规避与监视系统，Laser Obstacle Avoidance and Monitoring，LOAM），利用对眼睛安全的激光，按一定的时间间隔扫描周围的空域，然后再利用回波分析软件对扫描图进行分析。在飞机飞行航线上出现障碍物时会发出警告，以提醒操作员（SELEX Communications，2006）。目前，自动导引平台（Automated Guided Vehicles，AGV）使用了激光系统。这些系统用红外激光扫描特定区域，靠反射光检测障碍物，并向 AGV 发出避碰的减速或停止信号。系统虽然增加了 AGV 的最初成本，但降低了维护成本，提高了生产效率，同时降低了事故率（Iversen，2006）。

以激光为基础的感知与规避系统有很多优点，例如能以高分辨率检测非垂直面、区分直径小到 5mm 或大如建筑物的物体（SELEX Communications，2006）。激光系统还具有高度的可配置性，可补偿变化的大气条件，有助于消除错误信号检测的可能性。

2. 被动系统

（1）运动检测

飞机可以利用运动检测器来感知物体的方向和速度。在不同的角度安装摄像机，生成若干视图，然后将各视图联合起来可计算物体的运动矢量（Shah 等，2006）。经过图像比较，如果满足像素阈值的偏差，就可计算出一个运动矢量。在此期间，无人机系统自身也在移动。许多公司已经独立开发出了公式和算法，以应对这一挑战（Lee 等，2004；Netter 和 Franceschini，2004；Nordberg 等，2002；Shah 等，2006）。利用这些算法，可消除无人机系统的运动噪声以及无人机自身的振动噪声。传感器能以物理特性和矢量为基础，来识别物体，并处理碰撞冲突。

（2）小透镜模型（昆虫模式）

小透镜模型（Lenslet Model）是一项新兴的技术。它利用生物技术，以飞行昆虫的眼睛为感知模式，复制飞行昆虫所使用的光流（Netter 和 Franceschini，2004）。昆虫眼睛里的光流利用多个眼睛传感器（即所谓的小透镜），可对照地检测出相对运动。这些对照的组合就生成了可辨别的运动模式。昆虫的骨髓（medulla）细胞，被称为基本运动检测器，已被研究人员所复制，可用于计算对照物的速度。

（3）光电

光电（EO）系统是一种要利用光线来检测物体的传感器。光电系统受光线需求的限制，同时无法检测目标的亮度（intensity）或亮度的变化速率。红外类型传感器可以克服这一问题。能同时使用雷达和光电系统的未来雷达系统被称为基于主动电子扫描阵列（Active Electronically Scanned Array，AESA）雷达的系统（Kopp，2007）。利用光电系统，可以进行 AESA 扫描，记录图像，切换雷达模式。AESA 还配备了监视传感器。在改变代码后，监视传感器可转为侦察传感器。然而，系统需要大型的天线阵，无人机系统必须额外携带3000 磅（1363kg）的负载，加之最低空速高达 200 海里／h（368.4km／h），因而使无人机系统变成了低高度飞行的卫星。

（4）红外

红外（IR）技术主要检测两种形式的热量：白热物体（White Hot Objects，WHO）和黑热物体（Black Hot Objects，BHO）。IR 需要物体发出的热量，但不需要光，因此是夜间使用的最佳手段。在 WHO 或 BHO 视野中，不发热的物体是黑色或灰色的。这种机载传感器已经具备应用于检测、感知与规避的可能性。

（5）声音

科学应用与研究协会（Scientific Applications and Research Associates, Inc，SARA）开发了一种可用于小型无人机的紧凑型声学传感器系统。被动声学非协协作式碰撞告警系统（Passive Acoustic Noncooperative Collision Alert System，PANCAS）配备了一列麦克风，通过检测和跟踪发动机、螺旋桨或转子的声音来检测冲突航线上的飞机。PANCAS 必须应对大气效应、风况和信号处理错误等导致的误差。利用相关算法，可以确定冲突航线上的决策阈值，并减少虚警。由于系统能够通过方位和高度等来检测潜在的碰撞事故，因此，即使在有人机的盲区（例如：当一架飞机被后面的另一架飞机追上时），也能避免碰撞（Milkie，2007）。

3. 被动系统与测距

一般来说，被动系统在简易应用过程中可能不会考虑到重要的测距能力。然而，为解决这个问题，研究人员提出了若干个概念。例如，空军研究实验室（Air Force Research Laboratory，AFRL）提出了一个在被动光电传感器中检测距离的方法，即通过使无人机机动，建立一个物体的基线，然后用光电传感器计算角度，通过三角测量确定距离。所需基线机动（baseline maneuver）的类别（Grilley，2005），以及避免无人机系统与非协作目标突然相撞所需的能力（Kim 等，2007）仍在进一步的研究过程中。

（三）检测、感知与规避的演示验证与测试

在原本不是为无人机系统开发的技术当中，有一部分技术经改造之后，也可以用来解决无人机检测、感知与规避问题。瑞士实验室研究人员利用苍蝇的复眼概念，制造了一种光学传感器，可使非常小的无人机避免与固定障碍物相撞（Zufferey 和 Floreano，2006）。生物传感器的这种改造量很小、很简单、处理需求也很小。

2005 年的美国国防高级研究计划局（Defense Advanced Research Projects Agency，DARPA）挑战赛汽车（Challenge Vehicle）（斯坦福大学，Stanford University，2006）是由斯坦福智能实验室生产的，其提供的技术和处理算法也适用于无人机系统近地飞行，通过若干传感器实现自主检测、感知与规避功能。此外，杨百翰大学（Brigham Young University）的 MAGICC 无人机系统（McLain，2006；Saunders 等，2005）也掀起了一场技术变革。该大学改装了一台光学计算机鼠标传感器，能为小型自主无人机上提供避撞能力。杨百翰大学的团队还把摄像机传感器和测距激光形成一个融合系统。这些案例充分说明，大量商用传感器和技术也可用于无人机系统的检测、感知与规避。

近年来已经演示验证或测试了大量用于 DSA（检测、感知与规避）的传感器、技术和概念，这说明学术界和产业界已经开发了大量的相关应用项目。德国先进技术试验飞机系统（Advanced Technologies Testing Aircraft System, ATTAS.Frieh.melt, 2003）是一架全尺寸的商用喷气机，可在"伪无人机"（pseudo-UAV）模式下使用，可用于测试、分析系统和程序。该飞机能携带各种系统，面向无人机飞行应用和 DSA 应用，实施无人机系统的性能测试评估和练习。"普罗透斯"（Proteus, 希腊神话中一个能任意改变自己外形的海神）是一架与前者具有类似大小的可选有人驾驶飞机，在美国用于 Sky-watch 测试（Hottman, 2004; Wolfe, 2002a, 2002b）。在无人机型谱另一端与之相对应的是重 30g 的复眼瑞士无人机（Zufferey 和 Floreano, 2006）。它主要用于测试简易光学传感器规避障碍物的能力。

在声学 DSA 系统的测试过程中，美国科学应用与研究协会（SARA）吸收了许多普通航空活塞发动机和典型涡轮动力直升机的信号，用于测试在最差条件下检测所需的时间。当两架飞机以最大速度相对飞行时，采集出声音延时和程序计算等数据，然后由研究人员根据所采集的数据，计算实施规避机动所需的时间（Milkie, 2007）。除了 SARA 在研究领域取得了进步，空军研究实验室（AFRL）的光电系统已经完成了整个研发过程，在传感器系统上所取得的成果在不久的将来能够在空军的高海拔、长航时（HALE）的无人机系统中应用。虽然它并不完全符合在国家空域系统（NAS）中飞行对无人机在检测、感知与规避（DSA）的要求，却能有效降低碰撞的风险。

多家研究院所参与了新技术的测试。杨百翰大学开发并成功试飞了装有创新型商用传感器的小型无人机（Saunders 等, 2005; Theunissen 等, 2005）。斯坦福人工智能实验室的 DARPA 挑战赛汽车在地面成功演示了检测、感知与规避（DSA）的能力，有可能应用于无人机系统（Stanford University, 2006）。卡内基梅隆大学（Carnegie Mellon University）通过使用以 Tl—C40 为基础的视觉系统，演示了 DSA（检测、感知与规避）在自主直升机中的应用（Carnegie Mellon University, 2010）。

有些系统正在开发、测试过程中，并正在准备投入使用，例如"感知与规避显示系统"（Sense—and—Avoid Display System，SAVDS）主动地基雷达系统（Zajkowski 等，2006）。此类系统可以有效增强态势感知，并且适用于特定的小型无人机，可用于监视和检测限定范围与高度内的飞机。该系统主要面向地面操作员，尚不适用于自主无人机系统。

到现在为止，用来演示无人机的检测、感知与规避系统只涉及了单一类型的传感器。有几篇论文（Flint 等，2004；Suwal 等，2005；Taylor，2005）已经提出了多传感器系统，以及协作式与非协作式系统混合的概念，其目的是为了提高全方位的 DSA 能力。为了使大型自主无人机系统从起飞到18 300m 再到着陆的整个过程中，都能在国家空域系统中运行，需要应用多传感器系统。在完成一套完整 DSA 系统的开发之前，无人机 DSA 系统的性能标准以及全面测试设施也需要优先开发。

（四）能见度替代方案

利用非机载的其他程序性或技术性方法，也可以增强无人机系统在国家空域系统中的能见度（visibility）或感知力（awareness）。目前，美国国防部（DoD）所开展的许多能见度研究项目都聚焦在军用无人机系统的应用上。这些研究项目致力于降低飞机在雷达系统和人类视觉中的能见度。而从无人机的操作准则，以及无人机与有人机在国家空域系统中编队的安全性而言（特别是在执行民用任务时），无人机的理想状态应具有高度的可观测性。研发人员必须注意当前能见度研究的起源和目标。

1. 电磁能见度增强

2004 年之前，美国联邦航空管理局允许将地基雷达作为在国家空域系统中飞行的无人机系统感知与规避的手段。国家雷达测试中心（National Radar Test Facility，NRTF）受命用不同电磁测试设备在几个不同的距离上描绘飞机雷达能见度特性。国防部的目标是最大程度缩小雷达上所看到的飞机散射截面积（crosssection）或降低它的可推测性，对于民用无人机，目标则是尽量减少使用雷达吸收材料，增加平台内部的反射边缘，在不影响气动性能的前提下采纳雷达可探测性最高的设计方案。

2. 增强能见度的其他方法

为对飞机进行伪装、降低飞机的可探测性，国防部已采用喷涂方案。但与此同时，喷涂方案也可用于提高飞机的可探测性。喷涂方案经优化，可以适应不同的地势和其他环境因素。此外，也可以通过优化照明，提高其他空域用户对无人机的感知力。虽然联邦航空管理局并不要求无人机运行时，平台必须有机载灯光，但视野中最佳或最亮的照明将有助于人类或特定类型的DSA（检测、感知与规避）传感器在视觉上检测到无人机。

3. 增强能见度的流程和程序

无人机的特定程序由于只适用于特定飞机的运行（例如：高速或军事训练航线），因此可能无法检测或感知到低速或非协作式飞机。这些程序主要是基于隔离空域的（segregation），为空域用户提供一种隔离机制。这就意味着无人机必须在机场之间高密度交通流量中，按照预定航线上飞行。这些无人机航线（与喷气机航线类似）将是隔离无人机的可行程序。

如何告知空中交通管制人员其空域内的某架飞机是无人机，也是一个值得研究的课题。Hottman 和 Sortland（2006）更改了数据块和飞行进度条，其目的是增加发送给 ATC 人员的信息，使他们理解（在仿真中）特定飞机（无人机）的独到之处。这种方法等同于把传统飞机的信息提供给 ATC 人员。

四、结论

为了在美国国家空域系统中操作使用无人机、减小空中相撞的风险，无人机系统操作员必须能够检测并跟踪空中交通，其安全的程度应等同于或优于联邦航空管理局的要求。大多数普通有人机是按照目视飞行规则操作，并未配备避撞系统，这就完全依赖于飞行员的视力和空中交通管制人员的无线电联系，来跟踪接近的空中飞行器。

给无人机加装 TCAS（交通预警和防撞系统）的无线电发射机应答器，并使装有发射机应答器的飞机彼此进行通信，可以降低空中相撞的概率。但 TCAS 只能降低与协作式飞机相撞的概率。没有安装用于避撞的发射机应答器的非协作式飞机在目视飞行规则下飞行时仍有极大的风险。因此，无人机系统操作员必须配备"感知与规避"系统，对协作式和非协协作式空中飞行器实施定位，并在一定的距离上进行跟踪，保持安全的空域间隔距离。

有些空域用户（如飞机、伞兵、气球）可能并没有配备机载协作式系统或系统不能发挥作用。而且对于飞机而言，地基威胁对于飞机而言始终存在。在这种情况下，需要有非协作式技术来实施检测、感知与规避其他空域用户，并利用现代 GPS 提供地形规避的信息。适用于无人机的协作式系统有固定的尺寸、重量和功耗（Size, Weight, and Power, SWaP）。鉴于协作式系统运行对 SWaP 的需求，这项技术可能并不适用于小型无人机系统。

非协作式系统有许多局限，包括环境、SWaP 和操作约束等，这就限制了对无人机的尺寸或种类有特殊要求的技术的应用。例如，仪表气象条件（Instrument Meteorological Conditions, IMC）对光电技术有操作限制，而昼间或夜间却并没有这种限制。雷达系统上的 SWaP 通常比基于摄像机的系统要高得多。现有的无人机设计存在一定的局限性，因为就空间或配置而言，可能无法容纳其他系统。重量上升会影响气动重心，或导致无法满足过高的功率要求。

此外，通过喷涂、提供照明、增强平台的雷达可观测性等方法，也可以在实际无人机平台不需应用其他技术的前提下，提高系统的能见度。此外，空域中对无人机进行隔离具有重大价值。通过数据块和飞行进度条通知空中交通管制人员，也有助于空域用户类型的感知能力。

如果只采用上述方法中的一种方法，则有可能无法满足无人机对 DSA 的要求。操作无人机时，为了确定 DSA 方案，必须综合考虑无人机的尺寸、技术 SWaP 以及技术能力等因素。

第三章　无人机系统的工作原理解析

一个典型的无人机系统主要包括飞行器、地面控制设备、任务载荷和通信链路发射与回收装置、地面支援与维护设备等六部分。本章将介绍空气动力学和空气静力学的基本原理，然后分别介绍飞行器的各个组成部分（包括飞行平台、动力系统、飞行控制系统）以及发射与回收系统的工作原理，最后介绍无人机系统数据链路的组成及工作原理。

第一节　无人机系统工作原理中的空气动力学基础

重于空气的无人机平台依靠与空气相对运动所产生的空气动力完成在空中飞行。本节简要讨论气体的运动及其与机体相互作用的基本规律，即无人机升力和阻力的产生及变化规律。

一、飞行环境

飞行环境对飞行器的结构、材料、性能等都有十分明显的影响。只有熟悉飞行环境并设法克服或减少飞行环境的影响，才能保证飞行器飞行的准确性和可靠性。这里指的飞行环境包括从地球表面到大气层边界。

航空器的飞行活动环境是大气层（空气层）。大气层包围着地球，其厚度在 2 000 ~ 3 000 km。由于大气的成分和物理性质在垂直方向上有显著的差异，因此可按大气在各个高度的特征分成若干层：

（1）对流层。对流层是大气圈的最底层，其下界是地面，上界因纬度和季节而异。对流层的平均厚度在低纬度地区为 17 ~ 18 km，中纬度地区为 10 ~ 12 km，高纬度地区为 8 ~ 9 km。对流层是大气圈中与一切生物关系最为密切的一个空间，其对人类的生产、生活的影响也最大。

（2）平流层。从对流层顶至 55 km 左右为平流层。

（3）中间层。从平流层顶至85 km高空是中间层。

（4）电离层（暖层）。从中间层顶到800 km高空属于暖层。

（5）散逸层。电离层顶之上，即800 km高度以上的大气层，称为散逸层。

大气层的各种特性沿铅垂方向上的差异非常明显，例如空气密度和压强都随高度增加而减小。在10 km高空，空气密度只相当于海平面空气密度的1/3，压强约为海平面压强的1/4；在100 km高空，空气密度只是地面密度的0.000 04%，压强只是地面的0.000 03%。

二、关于气流的重要定律

可流动的介质称为流体，流体是液体和气体的总称。在物理学中，流体是由大量分子组成的，每个分子都在不停地做无规则的热运动。彼此不时碰撞，交换着动量和能量。分子之间距离很大，分子的平均自由程（指一个分子经一次碰撞后到下一次碰撞前平均走过的距离）比分子本身的尺寸大得多。以空气为例，在标准状况下，每立方厘米的空间内约有2.7×10^{19}个空气分子，空气分子的平均自由程约为6×10^{-6} cm，而空气分子的平均直径约为3.7×10^{-8}cm，两者之比约为170∶1。液体虽然比气体稠密得多，但分子之间仍然有相当的距离。因此，从微观上说，流体是一种有间隙的不连续介质。无人机飞行时引起的流体运动，一般是大量流体分子一起运动的。因此，不需要详细地研究流体分子的个别运动，而是研究流体的宏观运动。采用连续介质假设，即把流体看成连绵一片的、没有间隙的、充满了其所占据的空间的连续介质。流体绕流物体时，各物理量如速度、压力和温度等都会发生变化。这些变化必须遵循的基本物理定律包括质量守恒定律、牛顿运动第三定律、热力学第一定律（能量守恒与转换定律）和热力学第二定律等。用流体流动过程中的各个物理量描述的基本物理定律，就组成了空气动力学的基本方程组，这是理论分析和计算的出发点，也是用试验方法获得无人机空气动力特性与规律的基础。

（一）稳定气流

要研究空气动力，首先要了解气流的特性。气流特性指空气在流动中各点的流速、压力和密度等参数的变化规律。气流可分为稳定气流和不稳定气流。稳定气流指空气在流动时，空间各点上的参数不随时间而变化。如果空气流动时，空间各点上的参数随时间而改变，这样的气流称为不稳定气流。

在稳定气流中，空气微团流动的路线叫作流线。一般说来，在流体流动的流场中，在某一瞬时可以绘制出许多称为流线的空间曲线，在每条流线上的各点的流体微团的流动速度方向与流线在该点的切线方向重合。流体流过物体时，由许多流线所组成的图形，称为流线谱（见图3-1），流线谱真实地反映了空气流动的全貌，可以看出空间各点空气流动的方向，也可以比较出空间各点空气流动速度的快慢。

在流场中取一条不为流线的封闭曲线 OS，经过曲线 OS 上每一点做流线，由这些流线集合构成的管状曲面称为流管，如图3-2所示。

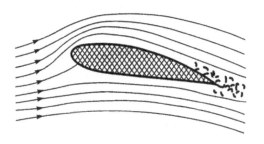

图 3-1　翼剖面的流线谱

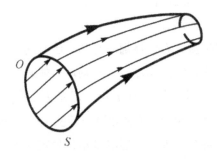

图 3-2　流管

流管由流线构成，因此流体不能穿出或穿入流管表面。在任意瞬时，流场中的流管类似真实的固体管壁。流线越稠密，流线之间的距离缩小，流管变细。相反，流线越稀疏，流线之间的距离扩大，流管变粗。

如果流动是稳定的，由于同一流线上的空气微团都以同样的轨道流动，那么流管的形状不随时间而变化。这样在稳定流动中，整个气流可认为是由许多单独的流管组成。

（二）连续性定理

当流体连续不断而稳定地流过一个粗细不等的流管时，在管道粗的地方流速比较慢，在管道细的地方流速比较快，如图3-3所示，这是由于管中任一部分的流体既不能中断也不能堆积。因此在同一时间，流进任一截面的流体质量和从另一截面流出的流体质量应该相等，这就是流体的质量守恒定律。

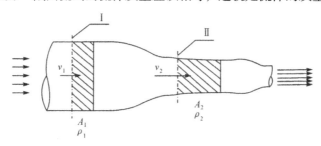

图3-3　气流在不同管径中流速的变化

在单位时间内，流过任一截面的流体体积等于流体流过该截面的速度乘以该截面的面积；体积与流体密度相乘为单位时间内流过该截面的流体质量，即质量流量 q_m。

$$q_m = \rho \upsilon A \qquad (3.1)$$

式中，q_m 为单位时间内流过任一截面的流体质量，kg/s；ρ 为流体密度，kg/m³；υ 为流体速度，m/s；A 为取截面面积，m²。

在单位时间内通过截面 I 和截面 II 的流体的质量流量应该相等，即

$$\left.\begin{array}{l} q_{m_1} = q_{m_2} = \text{常数} \\ \rho_1 \upsilon_1 A_1 = \rho_2 \upsilon_2 A_2 = \text{常数} \end{array}\right\} \qquad (3.2)$$

这就是质量方程，或称为连续方程，说明通过流管个横截面的质量流量必须相等。

对于不可压缩的流体，$\rho_1 = \rho_2 = $ 常数，则式（3.2）变为

$$\upsilon_1 A_1 = \upsilon_2 A_2 \qquad (3.3)$$

由式（3.3）可知，对于不可压缩流体，通过流管各横截面的体积流量必须相等。故而，流管横截面变小，平均流速必然增大；反之，流管横截面变

大，平均流速必然减小，否则将违背质量守恒定律。也就是说流体流速的快慢与管道截面的大小成反比，这就是连续性定理。

日常生活中，常常可以发现连续性定理的例子：在河床浅而窄的地段，河水流得比较快；在河床深而宽的地段，河水流得比较慢；山谷里的风通常比开阔平原的风大等。

(三) 伯努利定理

1738 年，瑞士物理学家丹尼尔·伯努利阐明了流体在流动中的压力与流速之间的关系，后来科学界称之为伯努利定理。该定理是研究气流特性和在飞行器上的空气动力产生和变化的基本定理之一。

日常生活中常常可以观察到空气流速或液体流速发生变化时，空气或液体压力也发生相应变化的例子。例如向两张纸片中间吹气，两张纸片不是彼此分开，而是互相靠拢。这说明两张纸片中间的空气压力小于纸片外的大气压力，于是两张纸片在压力差的作用下靠拢。又如，河中并排行驶的两条船，会互相靠拢。这是因为河水流经两船中间因水道变窄会加快流速而降低压力，但流过两船外侧的河水流速和压力变化不大，这样两船中间同外边形成水的压力差，从而使两船靠拢。

从上述现象可以看出流速与压力之间的关系，概括地讲，流体在流管中流动，流速快的地方压力小，流速慢的地方压力大，这就是伯努利定理的基本内容。

下面从能量的角度来讨论上述现象。根据能量守恒定律，能量既不会消失，也不会无中生有，只能从一种形式转化为另一种形式。在低速流动的空气中，参与转换的能量有两种：压力能和动能。一定质量的空气，具有一定的压力，能推动物体做功。压力越大，压力能也越大。

此外，流动的空气还具有动能，流速越大，动能也越大。

在稳定气流中，对于一定质量的空气而言，如果没有能量消耗，也没有能量加入，则其动能和压力能的总和是不变的。所以流速加快，动能增大，压力能减小，则压力降低；同样的，流速减慢，则压力能升高。它们之间的关系可用静压、动压和全压的关系说明。

静压是静止空气作用于物体表面的静压力，例如大气压力就是静压。动压则蕴藏于流动的空气中，没有作用于物体表面，只有当气流流经物体，流速发生变化时，动压才能转换为静压，从而施加于物体表面。当人们逆风前进时，感到迎面有压力，就是这个原因。空气的动压大小与其密度成正比，与气流速度的平方成正比，这也就是说，动压等于单位体积空气的动能。

全压是空气流过任何一点时所具有的静压和动压之和。根据能量守恒定律，无人机飞行时，相对气流中的空气全压等于当时飞行高度上的大气压加上相对气流中无人机前方的空气所具有的动压。用数学表达式表示为

$$p_i + \frac{1}{2}\rho v^2 = p_q \tag{3.4}$$

式中，p_i 为静压；$p_i + \frac{1}{2}\rho v^2 = p_q$（常量）为动压；$p_q$ 为全压。

应当注意，以上定理在下述条件下才成立：

(1) 气流是连续的、稳定的。

(2) 流动中的空气与外界没有能量交换。

(3) 气流中没有摩擦，或摩擦很小，可以忽略不计。

(4) 空气的密度没有变化，或变化很小，可认为不变。

由式 (3.4) 可以看出，当全压一定时，静压和动压可以互相转化；当气流的流速加快时，动压增大，静压必然减小；当流速减慢时，动压减小，静压必然增大。

综合连续性定理和伯努利定理，可总结出如下结论：流管变细的地方，流速加大，压力变小；反之，流管变粗的地方，流速减小，压力变大。

三、升力和阻力的产生

作用在飞行器上的基本力包括推力、升力、阻力和地心引力，如图 3-4 所示。

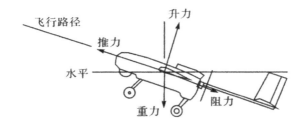

图 3-4 飞行器受力原理

其中，推力由飞行器的动力系统产生，地心引力由地球的引力产生，即为重力。飞行器的升力、阻力等统称飞行器的空气动力。飞行器的升力、阻力主要由机翼产生，机翼升力、阻力的产生和变化与机翼的外形有关。下面将具体介绍升力、阻力的产生。

(一) 升力的产生

1. 机翼升力的产生

空气流过机翼的流线谱如图 3-5 所示，从图中可以看出，空气流到机翼前缘，被分成两股，分别沿机翼上、下表面流过，在机翼后缘重新汇合向后流去。

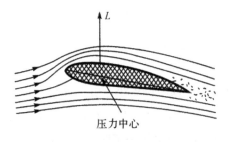

图 3-5 空气流过机翼的流线谱

因为机翼上表面凸起的影响，流管变细，根据连续性定理和伯努利定理，流管细处流速快，压力低；在机翼下表面，流管相对比上表面粗，流速也比较慢，压力也较大，这样机翼上、下表面产生压力差。垂直于相对气流方向的压力差的总和，就是升力。机翼升力的作用线与翼弦的交点叫压力中心。

2. 机翼表面的压力分布

机翼表面上各点的压力大小，可以用箭头长短来表示，如图 3-6 所示。

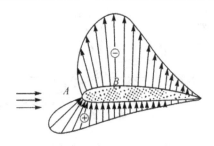

图 3-6 用向量法表示机翼压力分布

箭头方向朝外，表示比大气压力低的吸力或称负压力，箭头指向机翼表面，表示比大气压力高的正压力，简称压力。把各个箭头的外端用平滑的曲线连接起来，这就是用向量表示的机翼压力分布图。图上吸力用"↑"表示，压力用"↓"表示。B点的压强最小、吸力最大，称为最低压力点；A点的压强最大、吸力最小，位于前缘，这里的流速为零，动压全部变成静压，这一点称为驻点。

从压力分布图可以看出，由于机翼上表面吸力形成的升力在总升力中占主要部分，为60%～80%，而下表面的压力所形成的升力，只占总升力的20%～40%。所以，不能简单地认为无人机主要是由空气从下面冲击机翼而被支托在空中的。

3. 机翼的迎角

相对气流与机翼之间的相对位置，可用迎角表示，如图3-7所示。

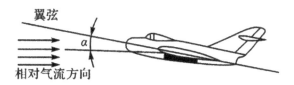

图3-7　机翼的迎角

迎角 a 指翼弦与相对气流方向（无人机运动方向）所夹的角。相对气流方向指向机翼下表面，为正迎角；相对气流方向指向机翼上表面，为负迎角；相对气流方向与翼弦重合，迎角为零。正常飞行中经常使用的是正迎角。

无人机在飞行中，会有不同的飞行姿态变化。飞行姿态不同，迎角的正负、大小一般也不同。机翼的迎角改变后，流线谱会改变，压力分布也随之改变，压力中心发生前后移动。

（二）阻力的产生

阻力是与无人机运动方向相反的空气动力，起阻碍无人机前进的作用。阻力的方向与升力的方向垂直，与相对气流方向一致。阻力对无人机增速是不利的，但减速时，又需增大阻力。因此，学习阻力的产生和变化，对分析飞行速度的变化，具有重要意义。

无人机的阻力按其产生的不同原因主要可分为摩擦阻力、压差阻力和诱导阻力等。

1. 摩擦阻力

空气是有黏性的，当其流过无人机表面时，产生摩擦阻力。空气流过无人机时，在贴近表面的地方，由于空气黏性的影响，有一层气流速度逐渐降低的空气流动层，称为附面层。从图3-8可以看出附面层的底部速度为零，往外速度逐渐增大，到附面层边界，速度不再变化，等于附面层外主流的速度。附面层的厚度随着气流在机翼上流动距离的加大而增厚，在机翼前缘驻点，附面层厚度为零，离前缘越远，附面层越厚。附面层内压力沿法线方向是不变的，且等于法向的主流压力。

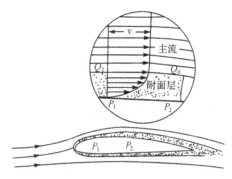

图 3-8 机翼表面的附面层

图3-8中P_1点的压力与附面层边界上Q_1的压力是相等的（因摩擦影响，动能变热能）。

摩擦阻力的大小应与空气的黏性、无人机表面的粗糙程度、无人机表面与空气的接触面积有关。为了减小摩擦阻力，应尽量减小无人机的表面积，并把无人机的表面做得平整光滑。例如，机体表面采用埋头铆钉或整体壁板等。

2. 压差阻力

运动的物体因前后压力差而形成的阻力，称为压差阻力。飞行中，空气流过机翼时，在机翼前缘受到阻挡，流速减慢，压力增大；在机翼后缘，由于气流分离形成涡流区，流速加快，压力减小，因此形成压差阻力，如图3-9所示。

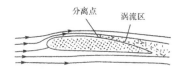

图 3-9　压差阻力示意

现在分析机翼后缘出现气流分离的原因。在黏性摩擦的作用下，附面层气流的速度总比主流的速度小得多；而在机翼上表面最低压力点以后，直到后缘，主流速度逐渐减小，而压力逐渐增大，这对附面层气流也起阻滞作用，使其速度进一步减小，以致停滞下来而无力继续向后缘流去。这种沿途递增的压力，甚至会迫使机翼后部的附面层中出现逆流。于是，附面层中逆流而上的空气与顺流而下的空气顶碰，使附面层气流脱离机翼表面而卷进主流，形成旋涡的气流分离现象，气流脱离机翼表面的位置，称为分离点。

机翼表面的气流分离形成涡流区以后，压力会减小。一方面因为旋涡区速度大所以压力小；另一方面空气迅速旋转，发生摩擦，气流中部分能量变成热能而散失，因而涡流区的全压比机翼前部的全压小，这也是产生压差阻力的原因。高速行驶的汽车后面会扬起尘土，就是车后涡流区的空气压力小，吸起灰尘的缘故。

压差阻力和物体的形状有很大关系。物体的形状流线程度越高，对气流的阻挡作用越小，后部的涡流区也越小，所产生的压差阻力也最小。现代无人机采用了很多措施，保持无人机机体各部分的流线型。

3. 诱导阻力

伴随升力的产生而产生的阻力称为诱导阻力，诱导阻力主要来自机翼。当机翼产生升力时，下表面的压力比上表面的压力大，下表面的空气会绕过翼尖向上表面流去，使翼尖气流发生扭转而形成翼尖涡流。日常生活中，人们有时可以看到，飞行中的飞机翼尖处拖着两条白雾状的涡流索。这是因为旋转着的翼尖涡流内压力很低，空气中的水蒸气因膨胀冷却，凝结成水珠，显示出翼尖涡流的轨迹。

四、旋翼机的飞行原理

与普通固定翼无人机相比，旋翼机不仅在外形上，而且在飞行原理上都有所不同。一般来讲，旋翼机没有固定的机翼和尾翼，主要靠旋翼产生气动力。这里所说的气动力既包括使机体悬停和举升的升力，也包括使机体向前后左右各个方向运动的驱动力。旋翼机旋翼的桨叶剖面由翼型构成，叶片平面形状细长，相当于一个大展弦比的梯形机翼，当其以一定迎角和速度相对于空气运动时，就产生了气动力。但是，旋翼的运动与固定翼无人机机翼的运动方式不同，因为旋翼的桨叶除了随无人机一同做直线或曲线运动外，还要围绕旋翼轴旋转，因此桨叶空气动力现象比固定翼无人机机翼的复杂得多。因为，即使是定常前飞，当旋翼桨叶旋转一周时，由于桨叶有迎风和顺风的区别，桨叶在旋转平面内同一半径的不同方向上，其相对风速的大小和方向都不一样。如果再考虑桨叶运动所引起的附加气流速度（诱导速度），桨叶各个剖面与空气之间的相对速度情况更不一样。

旋翼机旋翼围绕旋翼转轴旋转时，每个叶片的工作类同于一个机翼。旋翼的截面形状是一个翼型，如图3-10所示。

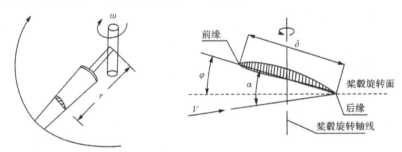

图 3-10 旋翼机的旋翼

翼型弦线与垂直于桨毂旋转轴平面（称为桨毂旋转平面）之间的夹角称为桨叶的安装角，以 φ 表示，有时简称安装角或桨距。各片桨叶的桨距的平均值称为旋翼的总距。操纵员通过旋翼机的操纵系统可以改变旋翼的总距和各片桨叶的桨距，根据不同的飞行状态，总距的变化范围为 $2° \sim 14°$。

气流 V 与翼弦之间的夹角即为该剖面的迎角 α。显然，沿半径方向每段叶片上产生的空气动力在桨轴方向上的分量将提供悬停时需要的升力；在旋转平面上的分量产生的阻力将由发动机所提供的功率克服。

旋翼除了提供旋翼无人机的升力和前进力外，还具有操纵面的作用，通过改变其空气动力的大小和方向，产生改变旋翼无人机位置和姿态的力和力矩。

旋翼机飞行的特点：①能垂直起降，对起降场地要求较低；②能够在空中悬停，即使直升机的发动机空中停车时，操纵员可通过操纵旋翼使其自转，仍可产生一定升力，减缓下降趋势；③可以沿任意方向飞行，但飞行速度较低，航程相对来说也较短。

第二节　无人机系统工作原理中的飞艇空气静力学基础

飞艇是一种轻于空气的航空器，其有别于其他飞行器的明显特征是依靠轻于空气的气体的静升力升起。热气球不属于飞艇范畴，飞艇与热气球最大的区别在于具有推进和控制飞行状态的装置。本节主要介绍飞艇静升力产生的原理以及如何控制飞艇的静升力。当飞艇依靠动力飞行时，其与周围空气有相对运动就产生了空气动力，遵循上节所述的空气动力学原理。

一、飞艇静升力原理

飞艇靠装载轻于空气的浮升气体 (氢气、氦气、热空气等) 在空气中产生的静升力而升空；靠安装在飞艇上的动力装置推进飞行；同时，依靠副气囊，以及辅助的俯仰操纵控制上升和下降；在飞行中，通过尾部结构的水平、垂直动力翼面控制飞艇的飞行方向。

(一) 飞艇在大气中的静升力

在这里给出使用的符号及定义，主要有：

(1) 总静升力 L_g；

(2) 净静升力 L_n；

(3) 飞艇艇囊和其所有附件的质量 W_o；

(4) 飞艇总质量　　；

(5) 飞艇艇囊体积 V；

(6) 艇囊浮升气体体积；

V_n (V_n =飞艇艇囊总体积 $V_{艇}$ -副气囊体积 $V_{副}$)

(7) 压力 P, N/ m^2；

(8) 空气密度 ρ_a, kg/ m^3；

(9) 飞艇艇囊浮升气体密度 ρ_g, kg/ m^3；

（10）净密度或升力密度 ρ_n, kg/ m³, $\rho_n = \rho_\alpha - \rho_g$。

一般地说，物体在气体中的浮力等于部分或全部浸没物体排开同体积流体的重量；该浮力的方向与重力方向相反，即垂直向上。但是，术语"浮力"主要在流体静力学中使用，而在空气静力学中均使用"静升力"（static lift）这一术语。为了保持一致性，在本节阐述飞艇工作原理时，将统一使用静升力，而不使用浮力。

充以浮升气体的飞艇，在空气中产生的总静升力等于艇囊体积排开的空气质量，由式（3.5）给出

$$L_g = V \rho_\alpha \qquad\qquad (3.5)$$

在飞艇的实际飞行使用中，应该计算出整个飞艇获得的实际升力。因此，提出了净静升力这一概念，由下式给出

$$L_n = L_g - W = V_n \rho_n \qquad\qquad (3.6)$$

由于艇囊本身质量一般很小，与大气中作用在飞艇艇囊上的静升力相比，可以忽略不计。

飞艇飞行在大气中所处的高度范围内，其空气密度随高度升高呈非线性变化。在实际的飞艇飞行中，其静升力受到诸多因素的影响。这些因素分为两类：第一类是参数（艇囊体积、副气囊体积、内部静升气体的温度和压力等）测量不精确引起的变化；第二类是当地高度决定的大气参数变量引起的影响。在第二类影响因素中，高度对飞艇的这些影响如图 3-11 所示，部分充满的艇囊从海平面 A 点开始上升，以不变的升力爬升到高度 B，假设温度完全相同。

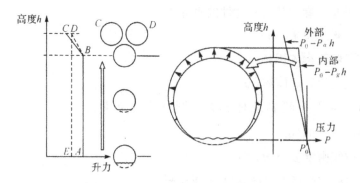

图 3-11　飞艇飞行的空气静力学原理

从图 3-11 中可见，自海平面 A 点向上，艇囊内外压力将随高度的增加而下降，下降的程度与艇囊内外各气体的密度成正比。在离基准面高度 h 处，内压力为 $P_g h$，外压力则为 $P_a h$。

显然后者下降的幅度较大，压力差 $(\rho_a - \rho_g)h$ 将向外作用在艇囊蒙皮上。例如，在海平面以上 30m 高度，氢气艇囊顶部的压力只达到 335 N/m²，约是大气压力的 1/300。对于氦气艇囊来说，其压力差 $(\rho_a\ \rho_g)$ 比氢气艇囊小 7%。艇囊内表面上的这种楔形的压力分布，将会防止艇囊褶皱，以及产生净静升力表示的向上合力。

(二) 飞艇的浮升气体

飞艇艇囊中容纳的浮升气体可以是氦气、氢气等。以氦气为例，一般情况下，飞艇中的氦气不可能是完全纯净的，含有的杂质往往是空气。由于制造飞艇艇囊织物的多孔性，以及其部件连接点的某些泄露因素，氦气纯度的变化，会直接引起浮升气体密度的变化。

在实际使用中，常遇到计算浮升气体氦气的密度问题。计算海平面标准大气压下氦气的密度 ρ_g，使用

$$\rho_g = K \times 0.169 + (1\ k) \times 1\ 225 \tag{3.7}$$

式中，系数 1.225 为海面标准大气压下的空气密度，kg/m³；K 为氦气纯度百分数。

对于软式飞艇艇囊体积为 V 的密封柔性艇囊，飞艇的总质量 W 为

$$W = V\rho_g + W_0 \tag{3.8}$$

在实际情况中，W_0 中的结构部分体积与产生浮力的艇囊体积比较起来很小，所以结构本身产生的浮力可以忽略不计。将式 (3.6)、式 (3.7) 和式 (3.8) 组合起来得到飞艇净静升力表达式

$$L_n = V(\rho_a - \rho_g) - W_0 = L_g - W_0 \tag{3.9}$$

式中，$(\rho_a - \rho_g)$ 实际上表示艇囊浮升气体和艇囊外空气相互比较产生的单位体积静升力，或称单位静升力，在飞艇实际设计计算中是一个很实用的重要数据。

飞艇在飞行中，由于艇囊中的浮升气体能自由膨胀，并且浮升气体和空气温度保持相同，则由式 (3.9) 给出的飞艇可用升力 (净静升力) L_n 将不

随高度的变化而变化。当飞艇升高时，浮升气体和空气密度随大气压力的下降而减小。与此同时，浮升气体的体积 V 却以相同的比例增加。相反，随飞艇升高，大气温度是下降的，这使气体密度增加，体积减小，于是这两种效应又可相互部分抵消。

在真实的大气中，随高度增加，压力的下降比温度的下降更明显，于是在飞艇上升的过程中，因大气密度下降而使艇囊中浮升气体不断膨胀。为保障艇囊不致破裂，需要降低浮升气体向外的内部压力，采用的方法一般是排出飞艇副气囊中的一部分空气，直到副气囊中空气排空，此刻的高度称为飞艇的压力高度，也称飞艇的限制高度。值得注意的是，一定要把飞艇的压力高度与大气的压力高度两个概念加以区别。飞艇的压力高度指飞艇副气囊中空气完全释放变瘪时的高度，因此也是飞艇不使艇囊浮升气体超压（或放泄）时能爬升的最大高度。而大气的压力高度，则是飞艇被包围于地球表面大气层中，随高度升高的自然大气的压力值。

二、飞艇静升力的控制

(一) 飞艇的静升力控制系统

飞艇在飞行使用上，与其他飞行器一样都要有必要的操纵系统，飞艇的一个重要特点是其副气囊在飞艇飞行操纵上的作用。飞艇依靠艇囊排挤空气形成的空气浮力（静升力）升起，也依靠其副气囊协助操纵人员实施对飞艇的升降操纵。所以，飞艇的副气囊是飞艇实施浮空飞行中极其重要的组成部分。

如图 3-12 所示，当飞艇上升时，副气囊的排气阀门是自动打开的。如果飞艇艇囊中的浮升气体体积膨胀，副气囊就被挤压，通过排气阀门排出空气来泄压，直至调节到浮升气体的压力变小，恢复原状态为止。飞艇下降时，借助发动机推进器（螺旋桨、风扇）的冲压空气或专门的电风扇供气，可经软管向副气囊充以新空气，副气囊空气量增加并膨胀，以使艇囊中浮升气体的压力保持一定值。目的是使飞艇艇囊保持外形不被压扁，特别是艇首在迎面气流压力下，保持艇囊形状和一定的刚性尤为重要。

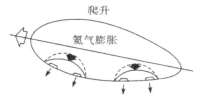
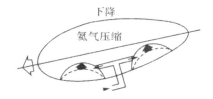

阀门释放副气囊中空气　　　　　空气强迫充入副气囊

图 3-12　副气囊的工作原理

飞艇副气囊的容积大小实际上决定了飞艇的压力高度，也就决定了飞艇的实用升限。当副气囊的空气完全排空时，就达到了飞艇的实用升限（即飞艇的压力高度）。所以，飞艇的载重越大，需充的浮升气体越多，副气囊的充气容积越小，则允许浮升气体膨胀的体积越小，飞艇的升限就越低。一般情况下，副气囊的容积大约为主气囊（艇囊）容积的 25% 为宜。飞艇的副气囊数量一般为 1~4 个。对于小型飞艇，设计一个副气囊就足够。低空飞行的中型或大型飞艇，一般采用两个副气囊，每个副气囊之间可以实施轮换（一个副气囊膨胀，另一个副气囊放气收缩）调节。对于在高空和热天飞行的飞艇，将需要更大的副气囊容量以适应飞艇的压力平衡调节。这种情况下，可采用在飞艇艇囊外面两侧增设吊挂的吊篮式副气囊增加副气囊容量。

（二）飞艇的空气动力控制

飞艇是一种低速飞行器，其飞行速度一般在 100~150 km/h，一般飞艇上限速度为 130~150 km/h。飞艇的飞行速度设计得过高，会导致飞艇结构质量和燃料消耗量的显著增加，而且要承担更高的空气动力载荷。飞艇飞行的需用功率大致与其空速的立方成正比，所以随着飞艇的加大，飞艇动力装置的质量也随其需求功率的增加而大大增加。飞艇虽然有精致的流线型外形并低速飞行，但由于其庞大的艇囊迎风截面，其气动阻力仍然还是很大的。典型的流线型飞艇艇体和尾翼类型如图 3-13 所示。

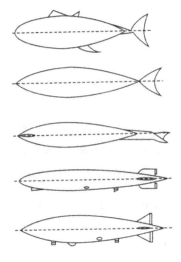

图 3-13　典型流线艇体和尾翼

经典流线型艇体在飞艇飞行方向上是不稳定的，总是趋向于转弯运动。在水平面内，这种偏离由艇囊垂直尾翼面调节；在垂直平面内还存在自由爬升或下降的俯仰趋势，这种趋势受吊舱等悬挂装置摆动效应的影响，可操作水平尾翼进行调节。

飞艇在进行机动飞行中，有时则要通过飞艇的动力升力补偿飞艇静升力的不平衡气动力操纵。常规设计的飞艇艇体，因飞艇的飞行速度很低，使其气动效率较低。在飞艇飞行中，如果艇囊迎角（即艇形体轴线相对航线的抬头角）超过临界角，则可能使飞艇艇体"失速"，这时可用飞艇艇体的气动升力控制解决。飞艇飞行中形成的空气动力升力，随飞艇迎角的大小和飞艇飞行速度的平方成比例地变化。所以重型飞艇在这些情况下，起飞或降落期间的飞行速度不能太低；过低的飞行速度可能使飞艇接近危险的失速状态。为了在飞艇起飞时获得必要的抬头离地高度，飞艇艇囊下部的垂直尾翼可做得比上部垂直尾翼小些；或者可以采用对角线为 X 形或倒 Y 形构型。这些飞艇的操纵翼面，需要协调运动才能实行飞艇的转弯、爬升或下降操纵。

经典的流线型飞艇艇体形状（轴对称拉长橄榄形）对于飞艇飞行运动，应是其结构和空气动力要求之间较为理想的综合平衡方案。但这种相对庞大的艇体造型也给飞艇的地面操作带来相当多的问题，例如飞艇艇首与系留装置的连接、飞艇吊舱及压舱物等的影响等。被系留的飞艇，当风向改变时，飞艇会像风标一样绕系留装置自动地转动。尤其是当飞艇系留出现阵风影响时，阵风的能量将通过系留装置传递给飞艇，给予飞艇严重的振荡危害。

第三节 无人飞行器构造以及无人机动力系统

无人飞行器的结构是无人飞行器各受力部件和支撑构件的总称，就像人的躯体一样把无人飞行器上的机体、任务载荷、控制系统和动力装置等连接成一个整体，形成良好的气动力外形，保护其内部所安装的设备。本节不介绍动力装置和机载设备，只对无人飞行器机体结构、构成、特性等给予描述。无人飞行器中的无人机与飞艇平台的构造差别较大，所以分别介绍。

一、无人机平台结构的基本组成

由于无人驾驶，无人机上省去了驾驶员座舱、生命保障系统等大量的设备和空间，在机体结构上与有人机相比有重大变化和调整：无人机平台的结构形式虽然在不断变化，但大多数无人机平台结构通常仍由机身、机翼和尾翼组成，如图3-14所示。

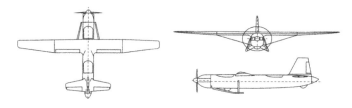

图 3-14 无人机平台三视图

(一) 机身

机身是无人机主体结构，包括任务舱、油舱（电池舱）、控制舱、发动机舱等，部分机型还有伞舱。机身主要用来装载任务设备、燃油、电源、控制和操纵系统（包括导航设备）、发动机、数据链路设备和武器系统等，并通过其将机翼、尾翼、起落架等部件连成一个整体。

飞行中，机身的阻力占整个飞行器阻力的绝大部分，因此要求机身具有良好的流线型、光滑的表面、合理的截面形状以及尽可能小的横截面积。在飞行和着陆过程中，机身不仅要承受作用于其表面的局部空气动力，还要承受起落架和机身上其他部件传来的作用力，所以机身结构必须具有足够的强度和刚度。

（二）机翼

机翼是无人机飞行时产生升力的主要部件，固定翼无人机的机翼一般分为左右两个翼面，无人直升机使用旋翼，扑翼无人机使用像鸟或昆虫翅膀一样的扑翼。机翼是无人机的主要气动面，是主要的承受气动载荷的部件，起着重要的稳定和操纵作用，后文将详细介绍机翼的相关知识。

（三）尾翼

尾翼分垂直尾翼和水平尾翼两部分。垂直尾翼垂直安装在机身尾部，主要功能是保持机体的方向平衡和方向操纵，通常垂直尾翼后缘设有用于操纵方向的方向舵，主要用于转弯。水平尾翼水平安装在机身尾部，主要功能是保持俯仰平衡和俯仰操纵，用于上升和下降。对于一些特殊结构的无人机，会不设计垂直尾翼或水平尾翼。

二、无人机的机翼和尾翼

当无人机在空中飞行时，作用在无人机上的升力主要由机翼产生；同时机翼上也会产生阻力。机翼上的空气动力的大小和方向，在很大程度上又取决于机翼的外形，即机翼翼型（或翼剖面）几何形状、机翼平面几何形状等。

（一）机翼的形状

机翼的平面几何形状指机翼在水平面内投影的形状，常见的机翼形状有矩形、梯形、后掠、三角形等，如图 3-15 所示。

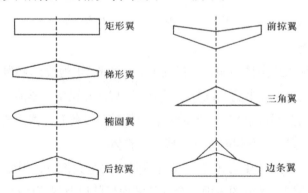

图 3-15　几种机翼的平面形状

如图 3-16 所示，表示机翼平面形状的主要几何参数有以下几种：

（1）机翼面积 s。机翼平面形状面积，是影响无人机性能的最重要的参数，大的机翼面积能够产生大的升力。

（2）展长（或称翼展）L。机翼在 z 方向上的最大长度。

（3）弦长 $b(z)$。机翼展向剖面弦长，是展向位置 z 的函数，有代表性的弦长是根弦长 $b_0(z=0)$ 和尖弦长 $b_1(z=\pm\frac{1}{2})$。

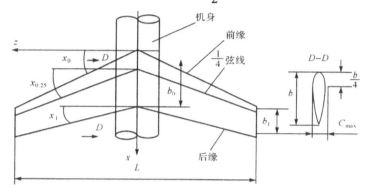

图 3-16　机翼平面形状的几何参数

（4）展弦比 λ。机翼翼展的平方与机翼面积之比 $\lambda=\dfrac{L^2}{s}$，或者翼展与机翼平均弦长的比值，$\lambda=2\dfrac{L}{b_0+b_1}$。当机翼面积和 $\dfrac{S_{wet}}{S_{ref}}$（其中，wet 代表浸润，ref 代表参考）保持不变时，无人机的最大亚声速升阻比近似随着展弦比的平方根增加而增加。另一方面，机翼的质量也大约以相同的因子随着展弦比的变化而变化。改变展弦比的另外一个效果是失速迎角的变化，小展弦比的机翼比大展弦比的机翼失速迎角大。

（5）根梢比 η。$\eta=\dfrac{b_0}{b_1}$，机翼的根梢比影响其沿展向的升力分布，当升力是椭圆形分布时，升致阻力或诱导阻力最小。

（6）后掠角 x。前缘、后缘、翼弦 $\frac{1}{4}$ 点（或 $\frac{1}{2}$ 点）连线与 z 轴的夹角分别称为前缘后掠角 x_0、后缘后掠角 x_1、$\frac{1}{4}\left(\frac{1}{2}\right)$ 弦线后掠角 $x_{\frac{1}{4}}\left(x_{\frac{1}{2}}\right)$。机翼的后

掠角主要用于减缓超声速流的不利影响，可以改善无人机的稳定性。

(二) 尾翼

无人机尾翼的主要功用是保证无人机的纵向 (俯仰) 和方向 (偏航) 的平衡，使无人机在纵向和横向两方面具有必要的稳定和操纵作用。

一般的尾翼包括水平尾翼 (简称平尾) 和垂直尾翼 (简称垂尾或立尾)。通常低速无人机的尾翼分成可动的舵面和固定的安定面两部分，如图 3-17 所示。

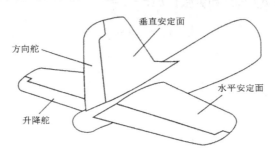

图 3-17 尾翼的组成

但是在超音速无人机飞行时，舵面的操纵效能大大降低，有时甚至降低一半，要恢复尾翼的操纵能力，必须使整个尾翼都偏转，于是在高速无人机上就出现了全动尾翼。

由于无人机的功用、空气动力性能和受力情况的不同，尾翼有不同的布置型式，如图 3-18 所示。

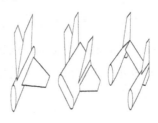

(a) 单垂尾式

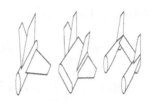

(b) 双垂尾式一

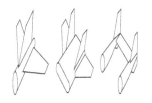

（c）双垂尾式二

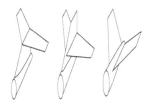

（d）"T"字型后掠式

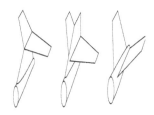

（e）"十"字型后掠式

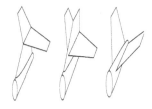

（f）"V"字型

图 3-18　不同型式的尾翼

　　多数无人机采用图 3-18（a）的单垂尾式，这种型式的垂直安定面可与机身做成一个整体，因而刚度大，重量轻。对单台发动机的螺旋桨式无人机，还便于利用螺旋桨的滑流提高尾翼的工作效率。其主要缺点是垂直尾翼上的空气动力使机身受到扭矩影响。在某些跨音速或超音速的三角翼无人机上，只装有一个垂直尾翼，而将水平尾翼取消，以减少阻力和结构重量。另外在三角翼上常使用升降副翼，以代替一般的副翼，升降副翼既可起副翼的作用，又可起升降舵的作用。

图3-18（b）为双垂尾式的一种，用于双发动机或多发动机的螺旋桨无人机，可使垂尾尽可能处于螺旋桨滑流之中，提高其工作效率。另一种装在双机身（或双尾撑）上的双垂尾如图3-18（c）所示，由于垂尾直接连接在机身（或尾撑）上，因而平尾承受外力较小。

在跨音速或超音速无人机上，为了延缓局部激波的产生或减弱波阻，一般都采用后掠式尾翼，同时为了避开随着机翼局部激波而产生的大量漩涡，往往将水平尾翼安置在垂直尾翼上，构成"T"字型或"十"字型，如图3-18（d）和图3-18（e）所示。这两种型式虽有如上的好处，但平尾上所受的载荷必须通过垂尾传到机身，因而使垂尾上的载荷加大，重量增加，而且垂尾受力时对机身产生的扭矩也较大。此外，在大迎角飞行状态下，平尾仍有可能受到机翼的下洗流和漩涡的影响，所以有些超音速无人机采用平尾低置布局，使平尾低于机翼。

在无人机上还有一种不常见的尾翼形式——"V"字型，如图3-18（f）所示。"V"字型尾翼的舵面如果同时向上或向下，就起升降舵的作用。例如同时向上，两边舵面都产生向下的力，它们的合力对飞机重心产生一个抬头力矩，使飞机抬头，同升降舵向上偏转所起的作用一样。如果两个舵面一上一下，产生的侧向力使飞机向左或向右转弯，同方向舵所起的作用一样。这种尾翼易于避开机翼的下洗流和漩涡；而且它的面积和重量也比正常式尾翼小。但当它作方向舵使用时，会对机身产生一个很大的扭矩，增加了机身的受力和重量。

（三）无人机翼型的确定

翼型的确定主要应综合考虑无人机的类型、性能、功用以及寿命周期费用比等众多因素。

确定翼型主要有两种方法，选择法和设计法。

（1）选择法是根据无人机的性能要求，从已有的成功翼型中选择一个合适的翼型，如美国国家航空与航天局（National Aeronautics and Space Administration，NASA）系列翼型或德国的哥廷根（Goettingen）系列翼型都是可以使用的数据。这一方法的优点是效率高。

（2）如果对无人机的性能有"非大众化"的特殊要求，则已有的翼型往往很难满足其性能要求。此时，可使用设计法重新设计一种合适的、专用的翼型。

现代翼型设计技术和计算流体力学（computational fluid dynamic，CFD）工具可以帮助设计任意形状的翼型。但为了保证所设计的机翼符合要求，需要随后进行风洞验证。现代翼型的设计主要有以下两种思想：

（1）杂交设计的思想。跨声速的高巡航效率与亚音速的高升力性能始终是相互矛盾的气动要求，在设计民航机时由超临界翼型和低速的高升力增升装置实现折中。无人机受价格、重量和简易性等方面因素的影响，无法这样折中，所以一种合适的折中设计方法就是采用杂交设计的思想设计翼型，如图 3-19 所示，为无人机在跨声速巡航和亚声速飞行范围提供最大升力，横轴表示飞行速度，单位为马赫（Ma），纵轴表示翼型的最大升力系数 $C_{L\max}$

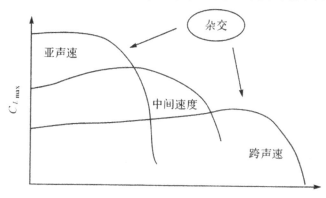

图 3-19　杂交设计思想示意

（2）基于 CFD 技术的多目标多点优化设计思想。设计翼型在设计条件下有最优值，但对流动条件变化极为敏感，在非设计条件下性能大幅度下降，这是翼型设计中的难点，也使单设计点翼型不实用，应综合考虑设计和非设计状态的性能，即采用多设计点翼型设计的方法。

（四）几种典型机翼的特性

1. 大展弦比机翼

空气动力学理论及风洞试验说明，低速情况下，大展弦比平直翼的升力系数大，诱导阻力小。流体力学计算结果显示，在亚声速（$Ma \leqslant 0.8$）时，机翼阻力（零升阻力和诱导阻力）中的诱导阻力占80%，大展弦比机翼是无人机获取特大升阻比的最直接而有效的措施。最大升阻比近似随着展弦比的平方根增加而增加，在合适翼型组合配合下，特大展弦比机翼飞机的升阻比可达20以上，所以在长航时无人机中多采用大展弦比机翼。"全球鹰""捕食者"等中、高空长航时无人机的机翼都有着较大的展弦比，多采用平直型机翼。另外，寻求稳定飞行姿态的无人机也大多采用大展弦比的机翼设计。

2. 后掠型机翼

机翼后掠的程度用后掠角的大小表示，机翼后掠角在25°以上称为后掠型机翼，后掠角较小的机翼仍称平直机翼。当飞机飞行速度接近声速时，机翼上表面局部气流速度超过声速，这将出现激波并引起激波后面的气流分离，使阻力急剧增加。对于后掠型机翼，垂直机翼前缘的气流速度分量低于飞行速度，从而可以在飞行速度已达到或超过声速时，垂直机翼前缘的气流速度分量却还未达到声速。所以与平直机翼相比，后掠型机翼只有在更高的飞行速度下才会出现激波，从而推迟了激波的产生。即使产生激波，后掠型机翼也能减弱激波强度，减小飞行阻力。所以后掠翼一般用于超声速无人机中，美军的 X–45A 就采用了后掠型机翼。

3. 三角机翼

当后掠翼的后掠角大到一定程度后又会出现一些新的问题，如机翼翼尖部分容易失速的问题变得更加突出，机翼的空气动力弹性变形更加严重，将大大增加机翼的结构重量。另外，如果后掠翼的后掠角不够大，飞机的阻力系数在 $Ma>1.3$ 以后反而有可能增大。研究表明，飞机的超声速阻力问题可以通过采用小展弦比和相对厚度很薄的机翼来解决。与一般的后掠翼相比，在机翼面积相同的情况下，三角机翼的相对厚度比较小，机翼前缘后掠角大（一般为50°~60°），可以降低超声速阻力。所以，采用三角机翼可以满足速度和机动性两方面的综合要求，一般用于无人战斗机或快速灵活的小型无人机中。

4. 新概念的无人机机翼

随着技术的发展，一些新概念的无人机机翼技术已被提出，并且进入试验验证阶段。预计不久的将来，可以在正式装备的无人机上见到这些新概念的机翼。这里简单介绍可变形机翼和充气机翼。

（1）变形机翼。所谓变形机翼，指在飞行中利用控制等技术，自动改变机翼的面积、弦长、后掠角和展弦比。变形机翼技术与折叠机翼技术的不同之处在于，前者的机翼面积可通过弦长的增减独立于后掠角改变，而后者是通过改变后掠角，使一部分翼面收入或移出机翼固定部分或机身来实现机翼面积的改变。2006年8月，美国已成功进行了机翼在飞行中改变外形的演示验证试飞，采用柔性蒙皮变形机翼，并将面板结合到接头上安装有做动器的铰接栅格结构，在185～220 km/h的速度下成功将翼展改变了30%，机翼面积改变了40%，后掠角从15°变为35°。这是世界上首次实现在飞行中改变机翼的面积、弦长、后掠角和展弦比。

（2）充气机翼。所谓充气机翼，指无人机的机翼在平时处于非展开状态，需要飞行时，通过给其充气使其展开并保持外形。2007年2月，一架充气机翼无人机的原型机已在美国30 000 m上空进行了测试飞行。该机长2.1 m，重约6.8 kg，可充气机翼翼展约2.1 m。飞行中，由一个气象气球携带该无人机原型机上升到空中，上升期间对机翼充气，到目标高度后进行脱离，并展开降落伞，随后丢弃降落伞开始自由飞行。充气机翼技术可用作士兵和突发事件工作者使用的背包携带式无人机，机翼可以放气储存，充气使用。

三、飞艇平台结构的基本组成

（一）飞艇的结构

飞艇的主要结构包括艇囊、副气囊、飞艇吊舱（包括任务设备吊舱、动力吊舱等）、尾部和艇首等，如图3-20所示。

图3-20 飞艇结构

1. 飞艇艇囊

飞艇的艇囊也称气囊，是飞艇进行浮空飞行的浮力源，也是最能反映飞艇特点的主体结构之一。飞艇艇囊的形状对于飞艇的整体性能有很大的影响，理想的形状是常规的椭圆形或橄榄形。目前，多数软式充氢气飞艇的艇囊，是用涂有涂料的织物或织物与薄膜夹层材料制成。这些材料的性能设计，应满足能容纳浮升气体和能适应飞艇工作区域极端的大气环境条件。制造艇囊所用基本材料经裁剪和胶接，制成用作容纳浮升气体的软气袋（艇囊），然后充以压缩的浮空气体（如氢气），可以稳定地保持飞艇艇囊"旋转体"的气动外形。

飞艇对艇囊的主要要求是流线型外形，以减小空气阻力和提高飞艇的操纵性能；能承受飞行中的空气静力、动力和推进装置产生的载荷。

2. 飞艇副气囊

随着飞艇飞行高度的变化，艇囊承受的大气压力有较大的变化。为了保持压力变化条件下飞艇的浮力平衡，主要通过与艇囊组合的副气囊控制。最典型的飞艇副气囊是一个充以空气的气袋，它被组合在飞艇艇囊之中或组合在艇囊的外部。副气囊中的气体（空气）与艇囊中的浮升气体（氢气等）相隔绝，它们通过软管和阀门与外部空气连通。软管用来给副气囊充气或放气，副气囊可被完全充满或部分地充满空气，这要由飞艇艇囊所需的工作状态而定。副气囊底部的阀门是用来排气的，空气被排出后副气囊就瘪了。

3. 飞艇吊舱

飞艇吊舱也称吊篮，是飞艇载荷的主要承力结构，是飞艇的核心任务部件。吊舱是有空气动力外形的硬式容器结构，在原理上与重于空气的低速无人机机身相似，可以是一个整体，也可以是几个独立的部分。飞艇吊舱应包括飞行控制设备、燃料系统、任务载荷、动力装置和着陆装置等。

4. 飞艇尾部结构

艇囊的尾部结构是实施飞艇气动操纵舵面的部分，即尾翼。飞艇尾翼一般由一组固定于艇囊上的操控翼面组成，每个翼面的后缘部分可在一定的角度范围内摆动，与无人机尾翼的构造形式类似。在飞艇飞行时，通过控制操控翼面后缘的摆动角度，实现对飞艇飞行的操纵。

（二）飞艇的分类

1. 按结构分类

飞艇按其结构特点可分为软式、半硬式和硬式三类。

（1）软式飞艇，也称轻型飞艇。其艇囊由特殊材料热焊而成，艇囊内充满轻于空气的浮升气体，艇囊的外形由该浮升气体的压力保持。在艇囊的下面由绳索悬挂一个吊舱，吊舱内有动力装置及工作系统等。软式飞艇一般为小型飞艇。

（2）硬式飞艇，也称重型飞艇。其外形由刚性骨架保持，外罩由特殊材料形成艇囊外蒙布或由薄铝皮包围保持飞艇的整个形状；在艇体骨架内再放置一系列密封的浮升气体小气囊。

动力装置、操纵系统和机组的舱室设置在飞艇刚性骨架的主结构上。不管艇囊充气与否，飞艇的外部形状保持不变。硬式飞艇结构适用于大型飞艇。

（3）半硬式飞艇。综合硬式飞艇和软式飞艇的优点，既在艇囊内增加刚性龙骨，又靠艇囊内充满浮升气体保持外形。艇囊直接附着在龙骨上，龙骨内可容纳动力装置。放气时，只需将艇囊折叠。半硬式飞艇艇囊的压力是软式飞艇艇囊压力的30%～50%。这类飞艇的框架或龙骨的内部或外部结构，一般是沿飞艇底部从艇头延伸到尾部。在这些框架或龙骨上，安装头部框架、尾翼、吊舱、燃料箱、发动机和机械部件。半硬式飞艇的框架或龙骨加强了飞艇艇囊的薄弱点，有助于承受飞艇的静升力与气动力载荷。

2. 按浮升气体分类

按飞艇所充浮升气体类型，可将飞艇分为冷式浮升气体飞艇和热式浮升气体飞艇两类。

（1）冷式浮升气体飞艇，也称浮升气体飞艇。该型飞艇指常温下向艇囊内充入轻于空气的浮升气体，如氢气、氦气等，产生飞艇上升的静升力。上述各种结构的飞艇实际上大多是冷式浮升气体飞艇。现代飞艇已基本采用安全的氦气作为冷式浮升气体，即所谓氦气飞艇。

（2）热式浮升气体飞艇，也称热气飞艇。热式浮升气体飞艇具有热气球和冷式浮升气体飞艇的综合特性，它将取之不竭的空气加热后作为浮升气体。这样可以使艇囊内的气体轻于艇囊外的大气，进而产生浮力。一般的方法是，由专门为热气飞艇设计的燃烧器向艇囊内不断地喷热气，由螺旋桨产生的气流将热流引入艇囊内。显然，热气飞艇留空时间也受到所载燃油的限制，且抗风性差，目前应用较少。

四、无人飞行器结构的基本要求

(一) 空气动力要求和设计一体化要求

无人飞行器结构应具有良好的空气动力外形以及表面质量。气动外形主要是根据无人飞行器性能要求和飞行品质 (操纵性、稳定性等) 要求决定的。如果无人飞行器结构达不到必要的气动要求，将会导致飞行阻力增加、升力降低以及飞行性能下降。

为了提高无人飞行器的生存力和战斗力，各无人飞行器大国正努力发展低可见度的隐身技术，提出无人飞行器设计向综合性和一体化发展，对无人飞行器结构提出隐身—结构一体化的要求。其中飞翼型无人飞行器要求机翼、机身圆滑过渡融合为一体，并要求机身沿轴向的形状符合面积律规律，大大改善无人飞行器的气动性能，但增加了结构的复杂性。无人飞行器—发动机的一体化设计，要求对既是机体结构一部分又是推进系统组成部分的进气道、喷管，强调其形状、结构与发动机的匹配设计，用以优化控制无人飞行器与发动机之间气动性能的相互影响。飞控—火控结构一体化设计等发展趋势使无人飞行器结构设计在满足气动和无人飞行器性能等方面增加了新的内容和难度。

(二) 结构完整性要求

结构完整性指关系到无人飞行器安全使用、使用费用和功能的机体结构强度、刚度、损伤容限及耐久性 (或疲劳安全寿命) 等结构特性的总称。

强度指无人飞行器结构在承受外载荷时抵抗破坏的能力。刚度指结构在外载荷作用下，抵抗变形的能力。强度不够，会引起结构破坏。刚度不足，不仅会产生过大变形，破坏气动外形，而且在一定的飞行速度下会发生很危险的振动现象。

(三) 最小重量要求

现代无人飞行器在尺寸、重量上差别很大。在阿富汗和伊拉克战争期间，美军使用的"指针"微型无人飞行器只有 4 kg 重，携带的全部载荷只有大约

50 g，主要用于执行短程的战术侦察任务；"影子200"等低空近程无人飞行器重量为150~500 kg，所携带载荷重量为20~100 kg；"捕食者"等中空长航时无人飞行器重量为500~3 000 kg，所携带载荷重量为250~500 kg；"全球鹰"等高空长航时无人飞行器重量约为10 000 kg，携带载荷重量约1 000 kg。

随着无人飞行器航程加大和电子设备的增多，无人飞行器的载油系数和设备系数是增加的，结构和发动机重量系数在下降，对无人飞行器结构重量提出了更高的要求。

合理的结构布局是减轻结构重量最主要的环节。在保证无人飞行器性能的前提下，结构重量减轻1%可以减轻无人飞行器总重的3%~5%。在满足无人飞行器的空气动力要求和结构完整性的前提下，应尽量使用复合材料使结构的重量尽可能减轻，即达到最小重量要求。因为结构重量的增加，在总重量不变的情况下，就意味着有效载荷的减小，或飞行性能的降低。

(四) 使用维修要求

良好的维修性可以提高无人飞行器在使用中的安全可靠性和保障性，并可以有效地降低保障使用成本。无人飞行器的各部分（包括主要结构和无人飞行器内的电子设备、燃油系统等），须按规定周期检查、维护和修理。为了使无人飞行器有良好的维修性，在结构上需要布置合理的分离面与各种舱口，在结构内部安排必要的检查、维修通道，增加结构的敞开性和可达性。

(五) 工艺要求

无人飞行器结构要求有良好的工艺性，便于加工、装配。这些要求须结合产品的数量、机种、需要的迫切性与加工条件等综合考虑。对于复合材料等新材料，还应对材料、结构的制作和结构修理的工艺性予以重视。

(六) 经济性要求

经济性要求过去主要指制作生产和使用成本。近年来提出了全寿命周期费用概念（也称全寿命成本）。全寿命周期费用主要指无人飞行器的概念设计、方案论证、全面研制、生产、使用与保障五个阶段直到退役或报废期间付出的一切费用之和。其中生产费用与使用、保障费用约占全寿命周期费用的85%，而减少生产费用最根本的是结构设计的合理性；影响使用和保障费用的关键是可靠性和维护性，也与结构设计直接有关。

(七) 测绘要求

测绘无人机的主要目的是完成测绘成图、应急成图以及三维重建等测绘作业，对飞行平台有较高要求，要求无人机平台具有较好的稳定性、较强的抗风性，同时飞行速度也不宜过快。

五、无人机动力系统

动力系统是为无人机提供推力的整套系统，由发动机、推进剂或燃料系统以及保证发动机正常有效工作所需的附件和仪表等组成。动力系统的核心部件是发动机，通常用发动机指代动力系统。飞行器的飞行速度、高度、航程、机载重量和机动能力等在很大程度上取决于发动机的性能水平。

航空发动机主要包括活塞式发动机、喷气式发动机和特种发动机，喷气式发动机又分燃气涡轮发动机、无压气机式喷气发动机、火箭发动机和组合式发动机。航空发动机具体分类如图 3-21 所示，其中绝大多数类型的航空发动机都可以在无人飞行器上使用。

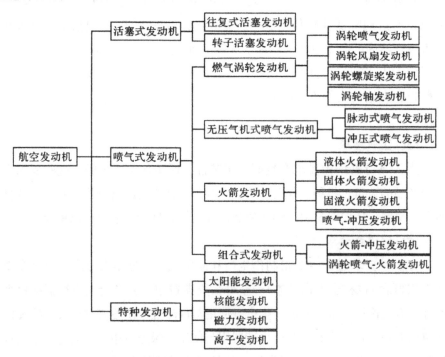

图 3-21 航空飞行器发动机分类

（一）活塞式航空发动机

活塞式航空发动机是一种以汽油为燃料的内燃机，是无人机使用最早、最广泛的动力装置，其技术目前已较为成熟。无人机用活塞式航空发动机单台功率小至几千瓦，大至几十千瓦。活塞式发动机的适用速度一般不超过300 km/h（用于靶机除外），高度一般不超过 8 000 m，应用机型的续航时间从几小时（靶机除外）到几十小时不等。

活塞式航空发动机必须带动螺旋桨等推进器才能为飞行器提供动力。螺旋桨剖面与机翼剖面相似，从空气动力学原理看，螺旋桨拉力的产生和机翼上升力的产生在原理上是相同的。

根据活塞的运动形式又分为往复式活塞发动机和转子活塞发动机。

1. 往复式活塞发动机

往复式活塞发动机是使用最早、应用最广泛的无人机动力装置。往复式活塞发动机一般都用汽油作为燃料，它的每一循环包括五个过程：①进气过程；②压缩过程；③燃烧过程；④膨胀过程；⑤排气过程。往复式活塞发动机的这五个过程可以在两个行程内完成，称为两冲程发动机，也可以在四个行程内完成，称为四冲程发动机。往复式活塞发动机大都为四行程，并且大都带有增压器，使空气进入汽缸前先经过增压器增压，从而增加进入汽缸的空气量。

随着无人机技术的快速发展，大功率、多冲程往复式活塞发动机在高空长航时无人机上的应用日益增多，高空空气稀薄、压力低、发动机散热等是需要解决的关键技术问题。现在通过往复式活塞发动机与增压器组合，可使无人机的升限达到 11 000 m 以上。国外用往复式活塞发动机生产无人机的代表性制造商有奥地利的罗泰克斯公司（Rota 系列活塞式发动机）、英国的洛特斯·卡斯公司（Lotus 系列）和德国的 Limbach 公司（L 系列）。

2. 转子活塞发动机

转子活塞发动机的活塞在汽缸内做旋转运动，不需要曲柄连杆机构，它通过气 1∶1 换气，不需要复杂的气阀配气机构，因而旋转活塞发动机的结构大为简化，而且明显地具有重量轻、体积小、比功率高、零件少、制造成本低、运转平衡、高速性能良好等优点，因此在 20 世纪 80 年代后期发展迅速。在相同功率范围内，转子活塞发动机质量只是往复式活塞发动机的一半。转子活塞发动机若用于高空无人机，需解决发动机高空补氧燃烧、冷却等技术问题。

（二）喷气式发动机

在 20 世纪 40 年代以前，航空动力由活塞式发动机一统天下。但当飞行速度提高到接近声速，需要突破声障时，活塞式发动机便显得无能为力。喷气式发动机的出现，才使得飞行器的飞行性能有了质的飞跃，开创了一个新的飞行时代。喷气式发动机产生推力，是作用力和反作用力在喷气发动机工作时的一种表现。无人机用的喷气发动机主要包括涡桨、涡扇、涡喷和涡轴发动机。

1. 涡桨发动机

涡桨发动机中，涡轮内燃气的大部分剩余势能转变为无人机螺旋桨的传动功率，继而转换成螺旋桨的拉力，剩余的则转换成喷气流的动能，即喷气推力。因而涡桨发动机的推进力由两部分组成，其中以螺旋桨的拉力为主，拉力和排气推力之比一般为 9∶1。涡桨发动机主要应用于高空长航时无人机。美国的"捕食者"B 无人机采用涡桨发动机作为动力，发动机型号为霍尼韦尔（与联信公司 1999 年合并）的 TE331-10T。

2. 涡扇发动机

涡扇发动机是在涡桨发动机基础上发展起来的，它将螺旋桨直径大大缩短，增加桨叶数目（增加到 2～4 排），取消减速器，同时把所有桨叶用一个大圆筒包起来，就成了一种新的发动机部件——风扇。这时螺旋桨已起了质的变化，成了一个叶片较长的压气机，可以在超声速气流中很好地工作。涡扇发动机主要用于高空长航时无人机以及未来的无人战斗机。美国最先将涡扇发动机应用于无人机，主要生产和供应商包括罗罗·艾利逊公司、GE 公司、霍尼韦尔公司和威廉姆斯公司。美国"全球鹰"长航时无人机选用 AE3007 H 发动机是涡扇发动机应用于无人机的一个典型代表。

3. 涡喷发动机

涡喷发动机工作时，燃气在喷管内膨胀，几乎全部剩余势能都转换成了动能，燃气流加速到很高的速度而产生推力。涡喷发动机主要应用于高空、高速无人机。在涡喷发动机研制和生产方面，具有代表性的制造商有英国的 NT 公司（NT 系列涡喷发动机）、法国的微型涡轮（Microturbo）公司和美国的特里达因公司（CAE 系列）。

4.涡轴发动机

涡轴发动机主要应用于短距与垂直起降无人机，特别是无人直升机。涡轴发动机的工作过程与涡桨发动机相似，但结构上差别较大。涡轴发动机利用一个不与压气机相连的自由涡轮带动无人直升机的旋翼，从发动机尾部把功率传出去。国外具有代表性的制造商有美国的罗罗·艾利逊公司（Allison250 发动机）和威廉姆斯公司。

（三）无人机动力的选择

一种无人机选用何种动力装置由飞机的任务和各种动力装置的特点决定。罗罗·艾利逊公司在一份有关无人机动力技术的研究报告中对同一种无人机选用涡扇发动机、涡桨发动机和活塞发动机进行了对比研究。假设无人机的尺寸、推力要求和载油量一定，首先通过计算获得无人机选用活塞式发动机的性能指标，包括续航时间、航程、巡航速度和平均大修间隔时间，并以此作为基础进行性能比较。如果换装涡扇发动机，飞机的最佳巡航速度会提高 70% 左右，由此可大大改善飞机的响应时间和生存能力。与活塞发动机相比，涡扇发动机不足之处是航程和续航时间短，其主要原因是涡扇发动机的耗油率比活塞式发动机高。如果换装涡桨发动机，飞机的航程和续航时间会略微加长，续航速度提高（但不及涡扇发动机），大修间隔时间类似涡扇发动机。

通过对已投入使用的各型无人机发动机适用情况进行统计分析，列出现有各型发动机的适用范围，如表 3-1 所示。

表 3-1　各型航空发动机的适用情况

发动机的类型	速度（km/h）	使用高度 /m	续航时间 /h	适用无人机
往复式活塞发动机	130～260	3 000～8 000	1～60	靶机、侦察无人机、长航时无人机
转子活塞发动机	110～320	3 000～6 000	1.5～12	多用途小型无人机、长航时无人机
涡轮轴发动机	140～330	300～7 600	3～24	无人直升机

续 表

发动机的类型	速度（km/h）	使用高度 /m	续航时间 /h	适用无人机
涡轮螺旋桨发动机	—	13 000～16 000	8～42	长航时无人机
涡轮喷气发动机	500～1 100	3 000～14 000	0.2～2.5	靶机、高空高速无人机
涡轮风扇发动机	550～640	14 000～20 500	8～42	长航时无人机

从目前国内外已经投入使用和正在发展的各种无人机来看，虽然其选用的动力装置类别不同，但都倾向于采用技术已经成熟的航空动力系统，并在已有发动机基础上针对无人机特性进行相应改进。最典型的例子是美国的"捕食者"和"全球鹰"。"捕食者"选用的是奥地利罗泰克斯公司生产的Rotax912 型四缸活塞式发动机，其改进型"捕食者"B 选用了霍尼韦尔 / 联信公司生产的 TPE-10T 涡桨发动机，"全球鹰"的动力装置是在罗罗·艾利逊公司生产的民用支线客机用涡扇发动机 AE3007 基础上改进的。为适应高空工作条件，只对燃油系统做了很小的改动，同时对高压涡轮导向叶片的后缘略加调整，并对润滑系统进行了改进。

当然，在无人机动力系统的选择上，是在已有发动机上改进还是发展一种全新的发动机，还取决于飞机对发动机性能的要求和用户经济可承受性。用户经济可承受性包括发动机的采购和使用成本两个方面。发动机性能和用户可承受性两者作为一个对立统一体，只有达到一种相对的平衡才是最佳解决方案。

第四节　无人机发射与回收的工作原理

无人机的发射和回收必须根据任务需求和自身机体的特点采用最适合自身系统的技术，并没有哪种发射或回收技术适用于所有无人机。

一、无人机发射

对于无人机的发射，通常要求发射设备具备简单、距离短、可靠性高等特点。无人机的发射方式多种多样，归纳起来主要有起落架滑跑起飞、母机投放、车载发射、火箭助推、滑轨式发射、垂直起飞、容器发射、手抛起飞等几种类型。

(一) 起落架滑跑起飞

起落架滑跑起飞方式即通过一定长度的跑道助跑，实现滑跑起飞。大展弦比机翼的长航时无人机，通常采用起落架滑跑起飞方式，例如美国的"捕食者"和"全球鹰"系列无人机。

这种起飞方式与有人机相似，其区别在于以下几点：

(1) 起飞滑跑跑道短，对跑道的要求不如有人飞机苛刻。

(2) 航程较远和飞行时间较长的大型无人机用收缩型起落架，中、小型无人机采用非收缩型起落架。

(3) 有些无人机采用可弃式起落架，在无人机滑跑起飞后起落架便被扔下，回收无人机时则采用别的方式，如伞降回收。

(二) 母机投放

母机投放方式是先由有人驾驶飞机 (母机) 把无人机带到空中，当飞到预定的高度和速度时，在指定空域启动无人机的发动机，然后投放，称为空中投放。

固定翼母机携带无人机，一般采用翼下悬挂或机腹半隐蔽携带方式。这种方法简单易行，只需要在母机下增加若干个挂架，机内增设测控操纵台和通往无人机的油路和电路即可把无人机带到任何需要的地方，提高了使用的灵活性。

母机投放发射方式的主要优点是机动性高，发射点活动范围大，在不增加无人机燃油载量要求的条件下，增大无人机的航程。大、中、小型无人机均有采用这种发射方式的，例如美国的"火蜂"无人机由"大力神"母机携带，在空中投放。

(三) 车载发射

车载发射，就是将无人机安装在一部起飞发射车上，车在公路或较为平坦的路面上迅速滑行，当车速增大时，作用在无人机上的升力也增大，当升力达到足够大时，无人机便可脱离发射车腾空而起。

起飞发射车可分为无动力发射车、动力发射车和轨道式发射车三种。

无动力发射车就是车上无动力，靠无人机的发动机推动。动力发射车是在汽车上装有自动操纵系统，载着无人机自动地在跑道上滑跑，并掌握无人机离地时机，随时向发射操作人员显示工作情况，出现事故时自动采取应急措施。轨道式发射车是将起飞发射车设置在专用的环形跑道上滑跑，起飞前，用一条钢索将起飞发射车和位于环形跑道中央的地面固定桩子连接。起飞发射车在环形跑道上绕桩子旋转、加速，当速度达到足以使无人机升空时，无人机就断绳离地起飞。

在起飞发射车的滑跑过程中，如果偏离了跑道中心线，机上的航向控制系统会自动发出信号，操纵起飞发射车在跑道中心线上滑跑；当速度接近无人机离地速度时，机上的自动控制系统会发出信号，无人机做好离地准备，如解下扣环，抬起机头，一旦速度达到，无人机抛弃起飞发射车，独立升空，起飞发射车惯性滑行一段后自行停止。澳大利亚的"金迪维克"和英国的 GTS 7901"天眼"都采用这种发射方式。

（四）火箭助推

将无人机装在发射架上，借助固体火箭助推器的动力和高压气体实现零长度发射起飞的方法称火箭助推。

固体火箭助推器是一部固体燃料火箭发动机，这种起飞方法是现代战场上使用较多的机动式发射起飞方法，某些小型无人机也可不用火箭助推器，而靠火箭筒或压缩空气弹射器弹射起飞。

无人机的火箭助推发射装置，由装有导轨的发射架、发射控制设备和车体组成，有些装置没有导轨，也叫零长发射架。发射之前，无人机发动机点火并开足马力，当固体火箭助推器点火时，无人机从导轨后端，沿导轨加速滑动至前端。无人机离开导轨时，速度可达 10～40 m/s，离轨后，有些固体火箭助推器短时间内可以继续帮助无人机加速，直至机上舵面产生的空气动力能够操纵并稳定住无人机的速度时，火箭助推器的任务就完成了，并自动脱离。以后，无人机便靠自己的发动机维持飞行速度，固体火箭助推器从点火到自行脱离的时间一般只有 1～3 s。

火箭助推发射起飞装置可以在车、船上装载，其展开和撤收迅速简便，所需的发射场地很小，适合在冲突前沿地区、山区或舰上使用。

(五) 滑轨式发射

无人机安装在轨道式发射装置上，依靠自身助飞发动机或发射装置上的动力装置(如液压和橡皮筋等)作用下起飞。

发射装置上的动力装置有弹力式、液压式和气动式。发射之前，无人机发动机已点火开足马力，无人机飞离发射装置后，在主发动机的作用下完成飞行任务。这种发射方式主要适用于小型无人机，例如，英国的"不死鸟"无人机是在液压弹射器作用下由车载斜轨上发射，法国的"玛尔特"MK Ⅱ无人机是在弹簧索弹射装置作用下从斜轨上发射。

(六) 垂直起飞

无人机垂直起飞方式有两种类型：一是旋翼无人机垂直起飞；二是固定翼无人机垂直起飞。

旋翼无人机垂直起飞方式是以旋翼作为无人机的升力工具，旋转旋翼使无人机垂直起飞。

目前，主要有四种类型旋翼式无人机：主旋翼与尾旋翼式(如美国ARC003无人机)、共轴反旋双旋翼式(如加拿大的"哨兵"无人机、美国的QH-50无人机)、单旋翼式(如德国的DO-34无人机)和倾斜旋翼式(如美国的"瞄准手"无人机)。这种起飞方式不受场地面积和地理条件的限制，适用范围十分广泛。

固定翼无人机垂直起飞方式分两种情况：一种情况是无人机在起飞时，以垂直姿态安置在发射场上，由无人机尾支座支撑无人机，在机上发动机的作用下起飞；另一种情况是在无人机上配备垂直起飞用的发动机，在发动机推力的作用下，无人机实施垂直起飞。例如，美国格鲁门公司设计的754型无人机，机上装两种发动机，一种是巡航飞行用涡轮风扇发动机，沿无人机纵轴方向安装于机下发动机短舱内，另一种是起飞(降落)用涡轮喷气发动机，装于机身内重心处。另外，飞艇一般都采用垂直起飞的方式。

(七) 容器发射

容器发射式装置，是一种封闭式发射装置，分单室式和多室式两种类型，兼有发射与储存无人机的功能。发射时，将无人机安放在容器内发射轨道上，靠容器内动力设备开启室门，将无人机推出轨道，也可同时齐发无人机。容器发射装置常用于发射小型无人机，或用于在舰船和潜艇的狭小区域

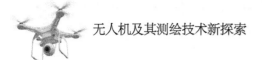

内发射无人机。例如,德国 KDAR 无人机采用单室式容器装置发射;美国的"勇士"200 无人机采用多室式容器发射装置,此装置可同时发射 15 架无人机。

(八) 手抛起飞

手抛起飞的发射方式源于航模的"手抛发射"。

这种方式仅适用于重量相对较轻、对起飞初速度要求不高的无人机,这类飞行器载重量低、动力小。这种起飞方式不受场地面积和地理条件的限制,适用范围比较广泛,实用性很强。

二、无人机回收

大多数无人机可以重复使用,称为可回收式无人机,也有些无人机只能使用一次,称为不可回收式无人机。无人机的回收方式多种多样,回收过程非常重要并且容易出现事故,因此无人机回收技术也已经成为影响无人机发展的关键技术之一。常见的回收方式主要有以下六种。

(一) 舱式回收

舱式回收是只回收无人机上高价值的部分,如任务舱等。美国的 GTD-30 型高空超音速无人机就是采用这种回收方法,当完成侦察任务,返回到预定地点上空时,便弹出照相舱,照相舱自动打开降落伞,徐徐下降回收,机体部分自行坠毁。由于回收舱与无人机分离难度较大,而被抛弃的无人机造价较高,这种回收方式已不使用。

(二) 起落架滑轮着陆

起落架滑轮着陆方式即通过一定长度的跑道滑跑,依托起落架滑轮实现着陆,主要用于大型无人机的回收。这种回收方式与有人飞机相似,不同之处有:①滑跑跑道短,对跑道道面质量要求也不如有人飞机苛刻;②为进一步缩短着陆滑跑距离,有些无人机(如以色列的"先锋""猛犬""侦察兵"等)在机尾装尾钩,在着陆滑跑时,尾钩钩住地面拦截绳,这样大大缩短了着陆滑跑距离。

(三) 网式回收

网式回收即当无人机返航时,地面指挥站用无线电遥控引导无人机降低高度,以小角度下滑,使其最大速度不超过 120 km/h,操作人员通过电视监视器监视其飞行，并根据地面接收机接收到的无人机信号，确定返航路线偏差，半自动地控制无人机机动并不断修正飞行路线，使其对准地面摄像机的瞄准线，撞向回收网。该回收方式主要应用于回收场地十分有限的条件，如舰船用板上。

网式回收系统一般由回收网、能量吸收装置和自动引导设备组成。回收网由弹性材料编织而成，分横网和竖网两种架设形式；能量吸收装置与回收网相连，其作用是吸收无人机撞网的能量，使无人机速度迅速减为零，以免无人机触网后在网中继续运行而损坏。自动引导设备通常为一部置于网后的电视摄像机，或装在回收网架上的红外线接收机，由它及时向指挥站报告无人机返航路线的偏差。

无人机触网时的过载，一般不能大于6g（过载表述物体受力的大小，它等于物体在某个方向受到的力与它自身重量之比，用重力加速度 g 表示），以免回收网遭到较大损坏。一般性损坏的回收网，可稍加修补后再次使用。以色列的"侦察兵"、美国的"苍鹰"等无人机都采用此回收方式。

(四) 伞降回收

伞降回收也是目前比较普遍采用的回收方法。无人机用的回收伞与空降用伞几乎一样，开伞程序也大致相同。伞降回收方式可分为地面着陆、空中回收（见图3-22）和水上溅落三种。

(a) 地面着陆

（b）空中回收

图 3-22　两种伞降回收方式

其主要流程是无人机按照预定程序或在遥控指挥下到达回收区上空，根据风力和地面情况关闭发动机，同时自动开伞或根据遥控指令开伞，降落在陆地上或水面上。英国的"不死鸟"无人机、美国的"龙眼"无人机、"指针"无人机等都是采用这种回收方式。

1. 地面着陆

无人机在触地前的一瞬间，其垂直下降速度仍达 5 ~ 8 m/s，由于冲击过载较大，无人机触地时常常会损坏。为此，无人机要加装减震装置，如液压减震杆、充气垫（囊）等。无人机可在触地前放出充气垫装置，并由发动机供气，起到缓冲作用。

有些无人机在起落架上设计出较脆弱的局部，允许着陆时撞地损坏以吸收能量。例如，英国的"大鸦"Ⅰ型无人机，这是一种机重 15 kg、翼展 2.7 m、机长 2.1 m 的小型无人机，机身下有着陆滑橇，机翼有翼尖滑橇，翼尖滑橇较脆弱，回收时允许折断，以吸收撞击力。

2. 空中回收

采用空中回收方式时，母机上必须配备中空回收系统，无人机上除了有阻力伞和主伞之外，还需有钩挂伞、吊索和可旋转的脱落机构。其回收过程是地面站发出遥控指令，阻力伞开伞，同时关闭发动机，阻力伞引开主伞，此时钩挂伞高于主伞，使母机便于辨认和钩住钩挂伞。当钩住时，主伞自动脱离无人机，母机用绞盘绞起无人机，空中悬挂运走。这种回收方式不会对无人机造成损伤，可避免因无人机落在树上或屋顶难于回收的弊病。但是在回收时必须要求出动大型有人机，费用较高，同时对有人机驾驶员驾驶操纵技术要求较高。

3. 水上溅落

水上溅落时无人机受到的撞击比地面着陆要小，但是必须迅速打捞和烘干，以免无人机沉入水中，使机体及内部设备受侵蚀。采用这种回收方式的无人机必须具有良好的密封防水性，一般海军无人机采用这种回收方式较多。

（五）垂直降落

旋翼无人机、无人飞艇一般都采用垂直着陆的方式，其工作原理与垂直起飞的工作原理类同。这种回收方式特别适合于回收场地小的场合，如舰艇。

（六）解体式降落

有些体积小的便携式无人机采用解体式降落着陆的方式，其工作原理是着陆时通过机身解体为多个部件来缓冲撞击力，避免机体受损。美军"大乌鸦"无人机就是采用这种降落方式。

第五节　无人机数据链路的工作原理

无人机的数据链路用于无人机整个飞行过程，是连接无人机平台和地面操控指挥人员与设备的信息桥梁，以实现地面控制站与无人机之间的数据收发，能够根据要求间断或持续地提供双向通信。数据链路的基本功能是向无人机传递地面遥控指令，遥测接收无人机的飞行状态信息和传感器获取的各类数据。

数据链包括安装在无人机上的机载数据终端和设置在地面的地面数据终端。无人机数据链可分为上行和下行两路信道（链路），如图 3-23 所示。

（1）上行链路提供对无人机飞行路线的控制及对其有效任务载荷下达指令，也可称为遥控链路，频率带宽为几千赫兹。地面站请求发送命令时，上行链路必须保证能随时启用。但在无人机执行前一个命令期间（如在自动驾驶仪的控制下从一点飞到另外一点期间）可以保持静默。

（2）下行链路则用于接收传感数据及传输无人机的飞行状态信息。下行链路提供两个通道（可以合并为单一的数据流）：一条状态通道，也称遥测通道，用于向地面站传递当前的飞行速度、发动机转速以及机上设备状态（如指向角）等信息，该通道需要较小的带宽，类似于指挥链路；第二条通道用于向地面站传递传感器数据，它需要足够的带宽以传送大量的传感器数据，其频率带宽范围为 300 kHz ~ 10 MHz，一般下行数据链路都是连续传送的。

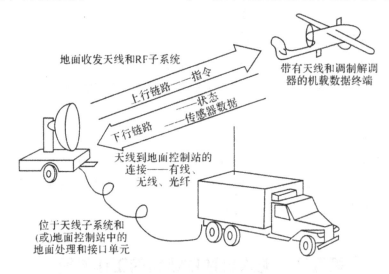

图 3-23　数据链路的基本组成

可以看出，无人机数据链的上下行信道数据传输能力明显不对称，传输任务传感器信息和遥测数据的下行信道的数据速率远高于传输遥控指令的上行信道。作用距离、数据传输速率和抗干扰能力是数据链最主要的技术指标。

作用距离决定了无人机的活动半径，也是影响无人机系统规模的最主要因素。按照作用距离，分别有近程、短程、中程和远程无人机数据链。机载数据终端和地面数据终端之间必须满足无线电通视条件，不具备无线电通视条件时则要采用中继方式，因此根据中继方式，无人机数据链路可分为视距数据链、地面中继数据链、空中中继数据链、卫星中继数据链以及一站多机数据链。数据链路根据传输信号方式不同可分为模拟数据链和数字数据链。

在战场上，无人机系统可能面临各种电磁威胁，如锁定地面数据终端辐射源的反辐射武器，下传信息的电子欺骗、电子截获和情报利用，对数据链的无意干扰和蓄意干扰。因此，数据链需要有良好的电磁兼容性、低截获概率、高安全性和抗击电磁干扰的能力。

一、无人机数据链路的结构

(一) 无人机数据链机载部分

数据链的机载部分包括机载数据终端 (aerial data terminal，ADT) 和天线。机载数据终端包括 RF 接收机、发射机以及用于连接接收机和发射机到系统其余部分的调制解调器。

有些机载数据终端为了满足下行链路的带宽限制，还提供用于压缩数据的处理器。天线一般采用全向天线，有时也要求采用具有增益的有向天线。

(二) 无人机数据链地面部分

数据链的地面部分也称地面数据终端 (ground data terminal，GDT)，主要包括测控车辆 (可以放在离无人机地面控制站有一定距离的地方)、操纵设备、遥控发射机、遥控编码电路、遥测解码电路、遥测和任务信息接收机、上行功放单元、收发天线、连接地面天线和地面控制站的数据线、供电电源等。

若传感器数据在传送前经过压缩，则地面数据终端还需采用处理器对数据进行重建。如果无人机作用距离较远，则地面部分还包括天线伺服和跟踪设备。

以"全球鹰"为例，地面数据终端具备强大的收发、指挥控制能力，既可进行宽带卫星通信，又可进行视距数据传输通信，能与现有的联合部署智能支援系统 (joint deployable intelligence support system，JDISS) 和全球指挥控制系统 (global command and control system，GCCS) 连接，图像能实时地传给各级指挥官使用，用于指示目标、预警、快速攻击与再攻击、战斗评估等。

二、无人机数据链路的通信方式

无人机数据链路用于完成对无人机的遥控、遥测、跟踪定位和视频图像信息传输，其性能和规模在很大程度上决定了整个无人机系统的性能和规模。无人机数据链路按通信方式可以分为地空视距链路、空中中继链路和卫星中继链路。

(一) 地空视距链路

为了克服地形起伏的影响，地空视距链路通信采用地面中继方式，一般用来实现近程和短程无人机的遥控、遥测、跟踪定位和任务信息传输。近程无人机系统的地面控制站除了主站外，一般还有一个小型机动地面控制站。

美国的"影子"200、400和600，以色列的"侦察兵"(Scout)，南非的"探索者"(Seeker)，意大利"米拉奇"(Mirach-150c)无人机，都属于近短程无人机，目前国内外大部分固定翼无人机和无人直升机都采用了近短程的数据链路。

(二) 空中中继链路

为了实现更远距离的信号传输，空中中继设备可以放置于某种航空器上，由于空中平台高度远超过地面中继，能够明显地延伸作用距离，但要求安装定向天线并彼此对准，如图3-24所示。

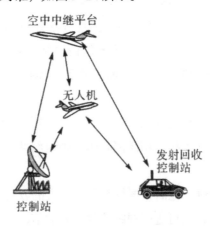

图3-24　中程无人机空中中继链路

采用空中中继链路可使作用距离显著增大，如美国的"猎人"无人机，采用空中中继机通信方式，使通信距离达到几百千米以上。

(三) 卫星中继链路

为了实现超远距离乃至全球范围内的信号传输，可采用卫星中继链路，其作用距离可达几千米至上万千米，作用距离主要依据通信卫星的数量和分布情况。

数据链路作用距离越大，要求装备该数据链路的无人机的续航能力越强。例如美国的"全球鹰" RQ–4A 的最大续航时间为 36 h 以上，最大航程可达 22 224 km。

第四章　无人机测绘任务设备与测绘任务规划

无人机测绘任务设备是无人机完成其测绘任务所必需的各种设备的集合，主要包括机载测绘任务载荷和地面控制与处理站两部分。机载测绘任务载荷和地面控制与处理站之间通过数据链路连接。

第一节　无人机测绘任务载荷

无人机测绘任务载荷指搭载于无人机上，用于完成测绘任务的设备的总称，主要包括光电任务载荷、成像雷达任务载荷和位置姿态测量装置等设备。其中，光电任务载荷包括可见光量测型相机、可见光非量测型相机、彩色视频成像系统和热成像设备等。

目前，一些大、中型无人机系统能够执行常规的测绘任务，其搭载的任务载荷几乎涵盖传统航空测绘的全部设备，如大型量测型相机、激光雷达（Light detection and ranging, LiDAR）等。但与常规航空测绘使用的有人机平台相比，无人机平台稳定性欠佳，获取的航摄像片尚不能完全满足传统航空测绘的要求，所以无人机测绘尚不能提供传统航空摄影测量与遥感的全部测绘产品，而是重点提供应急测绘和快速测绘产品，主要有两大类：一类是生产各种专题影像图，另一类是生产和更新大比例尺数字线划图。围绕测绘任务需求，本节主要介绍数字相机、组合数字相机、红外热像仪和位置姿态测量装置。此外，因为雷达成像已成为无人机测绘的一项独特的重要能力，本节也将介绍成像雷达任务载荷的相关内容。

一、测绘任务载荷相关指标参数

测绘任务载荷相关指标参数主要包括：像场角、比例尺、地面采样距离、影像重叠度和基高比等。

（一）像场角

根据不同的应用需要，像场角（field of view，FOV）有不同的定义方法。图 4-1（a）是以可视范围直径确定的像场角，称为全像场角；图 4-1（b）是以成像面长度方向可拍摄范围确定的像场角，称为长度方向像场角。令相机主距为 f，线段 ab 为物理成像面上镜头的可视长度，记为 l，则像场角 ω 可按照式（4.1）计算

$$\tan\frac{\omega}{2}=\frac{l}{2f} \tag{4.1}$$

由式（4.1）可见，对于选定的相机，像场角取决于相机主距 f 的大小。按照全像场角的大小，航空相机分为常角、宽角和特宽角三种。$\omega \leqslant 75°$ 为常角相机，$75° < \omega < 100°$ 为宽角相机，$\omega \geqslant 100°$ 为特宽角相机。

航空摄影对于像场角的选择，要顾及影像上投影差的大小以及高程测量精度对摄影基高比的要求。一般情况下，对于大比例尺单像测图（如正射影像制作和地形图修测），应选用常角相机；对于立体测图，则应选用宽角和特宽角相机。

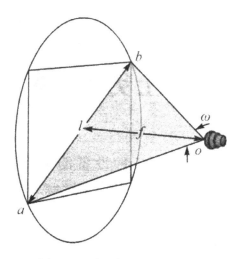

（a）以可视范围直径确定的像场角

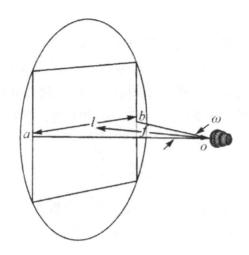

（b）以成像面长度方向可拍摄范围确定的像场角

图 4-1　像场角的定义

（二）比例尺

航空影像的比例尺指影像上的一个单位距离与其所代表的实际地面距离的比值。对于平坦地面拍摄的垂直摄影影像，影像比例尺 S 为相机主距厂和摄站相对航高 H 的比值，即

$$S = \frac{f}{H} \tag{4.2}$$

当影像有倾斜、地面有起伏时，影像比例尺的计算比较复杂，实际影像比例尺在影像上处处不相等。一般用整幅影像的平均比例尺表示航空影像的比例尺。

影像比例尺越大，地面分辨率越高，越有利于影像的解译和提高成图的精度。实际工作中，影像比例尺要根据测绘地形图的精度要求与获取地面信息的需要确定。

（三）地面采样距离

数字影像的地面采样距离（ground sample distance, GSD）指影像上单个像素所对应的地面实际距离。若相机物理成像面上的像素尺寸为 s，由影像比例尺关系式（4.2），平坦地面的垂直摄影影像上地面采样距离的计算公式为

$$GSD = \frac{s}{S} = \frac{H}{f}s \qquad (4.3)$$

式中，S 为影像比例尺；H 为无人机相对航高；f 为相机主距。

由式（4.3）可见，对于选定的相机和主距，无人机的相对航高决定了影像的分辨率。一般认为，对于大比例尺测图，数字影像的分辨率应满足

$$GSD \le 0.01M(cm) \qquad (4.4)$$

式中，M 为成图比例尺分母。CH/Z 3005—2010 规定，成图比例尺 1：500、1：1 000、1：2 000 所需的数字影像地面采样距离分别为小于等于 5 cm、8～10 cm、15～20 cm。

（四）影像重叠度

一般情况下，连续拍摄的航空影像应该具有一定程度的重叠度。要完成对于摄影区域的完整覆盖，航空摄影影像除了要有一定的航向重叠外，相邻航线的影像间也要求具有一定的重叠，以满足航线间接边的需要，称为旁向重叠。这种重叠不仅确保了一条航线上的完全覆盖，而且从相邻两个摄站可获取具有重叠的影像构成立体像对，是立体测图的基础。传统航空摄影测量作业规范要求航向应达到 56%～65% 的重叠，以确保各种不同的地面至少有 50% 的重叠。CH/Z 3005—2010 要求航向重叠度一般应为 60%～80%，最小不应小于 53%。

传统作业要求旁向重叠一般应为 30%～35%，地面起伏大时，设计重叠度还要增大，才能保证影像立体量测与拼接的需要。CH/Z 3005—2010 适当放宽了旁向重叠度的要求，要求一般应为 15%～60%，最小不应小于 8%。

图 4-2 为某个测区的航空影像重叠度示意图。图 4-3 为相邻摄站影像航向重叠示意图。

ω_x 为影像长度方向像场角，f 为相机主距，l 为影像长度方向可视长度，$P\%$ 为航向重叠度，b 为相邻摄站之间的像方距离，也被称为像方摄影基线。

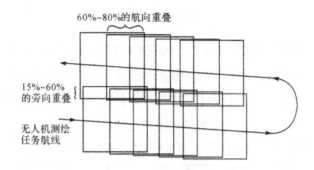

图 4-2　无人机航空影像重叠度

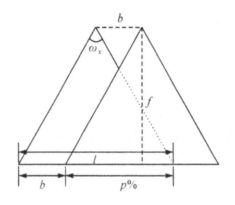

图 4-3　影像航向重叠

由图 4-3 中的几何关系，可得像方摄影基线与航向重叠度之间的关系

$$b - (1 - p\%)l \tag{4.5}$$

可得

$$b - (1 - p\%) \cdot 2f \tan\frac{\omega_x}{2} \tag{4.6}$$

理论上，可以通过设定像方摄影基线 b 的大小控制影像重叠度。基线越短，影像重叠度越大。实际中，通过设定相邻摄站之间的物方距离，即物方摄影基线得到满足要求的影像重叠。

由影像比例尺关系式 (4.2)，物方摄影基线 B 与航向重叠度之间的关系为

$$B = \frac{h}{S} = (1 - p\%) \cdot 2H \tan\frac{\omega_x}{2} \tag{4.7}$$

类似地，可以通过设定相邻航线之间的距离控制影像旁向重叠度。

(五) 基高比

基高比是摄影基线与相对航高的比值。基高比越大，组成立体像对的同名光线之间的交会角越大，立体测量的高程精度越高。所以当利用立体测量方法成图时，除了要保证影像的重叠度之外，还要求相邻影像之间满足一定的基高比条件。对于无人机低空大比例尺测图，由于数码相机的像幅一般较小，基高比一般小于传统航空摄影。

由式 (4.6) 和式 (4.7)，相邻影像之间的基高比公式为

$$\frac{B}{H} = \frac{b}{f} = 2(1 - \quad \%)\tan\!-\!- \tag{4.8}$$

式 (4.8) 表明，在保持影像重叠度不变的条件下，基高比与影像像场角相关，像场角越大，基高比越大。另一方面，像场角越大，影像边缘的投影差也越大。因此，在实际工作中，对于相机像场角的选择，要综合考虑投影差和基高比的要求。当测区不是用立体测量的方法成图时，一般应选择长焦距小视场摄影，以限制影像的投影差。当测区采用立体测量方法成图，特别是对高差不大的测区进行立体测图时，一般选短焦距大视场摄影。但是，在城市低空摄影时，地物容易受高层建筑物的遮挡。所以，在城市和坡度较大的地区摄影时相机焦距的选择，应同时顾及立体测量精度和避免低处地物被遮挡等因素。

二、数字相机

数字相机是测绘型无人机最重要的任务设备，可分为量测型相机和非量测型相机。

量测型相机是专门为航空摄影测量制造的，具有几何量测精度高的特点，装有低畸变高质量的物镜和内置滤光镜，镜头中心与成像面具有固定而精确的距离。航空摄影时，由于无人机的飞行速度很快，地物在成像面上的投影将在航线方向上产生位移，导致影像模糊。为了消除像移的影响，在量测型相机上往往加装像点位移补偿装置和陀螺稳定平台。量测型相机一般较重，多搭载在大型无人机平台上。

由于载荷重量的限制，中、小型无人机还难以承载量测型相机，而大量采用非量测型相机作为有效载荷。非量测型相机不是专门为航空摄影测量

设计的相机，因而不配置像移补偿装置，但一般应配置陀螺稳定云台以保证近似垂直摄影。为了保证影像的清晰度，除了缩短曝光时间外，还必须限制无人机的巡航速度。

表4-1列举了几种典型的可用于无人机测绘成图的非量测型数字相机的型号及相关参数。

表4-1 几种数字相机及其参数

相机类型	短边像元数	长边像元数	像元尺寸 / μm	焦距 /mm	像片基线宽度 /mm	像片基线长度 /mm	成图比例尺	相对航高 /m
Rollei DB45	4 080	5 440	9	50	12.85	17.14	1：500	278
							1：1 000	556
							1：2 000	1 111
Rollei DB57	5 428	7 228	6.8	50	12.92	17.20	1：500	368
							1：1 000	735
							1：2 000	1 471
Canon EOS 5D Mark Ⅱ–24 mm	3 744	5 616	6.4	24	8.39	12.58	1：500	188
							1：1 000	375
							1：2 000	750
Canon EOS 5D Mark Ⅱ–35 mm	3 744	5 616	6.4	35	8.39	12.58	1：500	273
							1：1 000	547
							1：2 000	1 094
Canon EOS 450D	2 848	4 272	5.2	24	5.18	7.78	1：500	231
							1：1 000	462
							1：2 000	923

注：航向重叠度按65%计算；1：500、1：1 000、1：2 000成图时航摄地面采样距离分别按0.05m、0.1m、0.2m计算。

三、组合特宽角数字相机

非量测型单数字相机存在像场角窄的问题，导致航空摄影测量时高程精度偏低、数据量偏大，因此可以考虑在无人机上使用组合特宽角数字相机。由于无人机任务载荷的限制，组合相机的数量不宜过多，其中典型代表是中国测绘科学研究院研制的四相机（LAC04）和双相机（LAC02）系统。

下面以双相机系统为例说明。特宽角相机通过对多个单相机进行外场拼接的方式达到增大像场角的目的。最理想化的双相机拼接模型为两相机的投影中心完全重合，如图4-4所示，S 为投影中心，SO_1 和 SO_2 为两相机的主光轴。

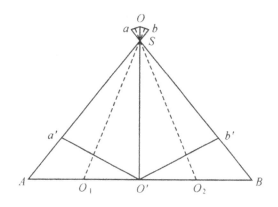

图4-4　理想双相机拼接模型

图4-4的拼接方式，采用内视场拼接才有可能实现，但内视场拼接的难度在于多块 CCD 的接连处理及分光镜的安装。目前国内外航空相机主要的拼接方式是外视场拼接，如数字成图相机（digital mapping camera，DMC）。外视场拼接是利用现有成型单相机（包括相机后背和镜头）进行拼接，每个相机机械尺寸不完全一致，因此两相机的投影中心 S_1 和 S_2 难以重合，采用同款相机能够较好解决问题。外视场拼接有内倾式和外倾式两种方式，内倾式是两个相机镜头均向内倾斜，如图4-5（a）所示；外倾式是两个相机镜头均向外倾斜，如图4-5（b）所示。

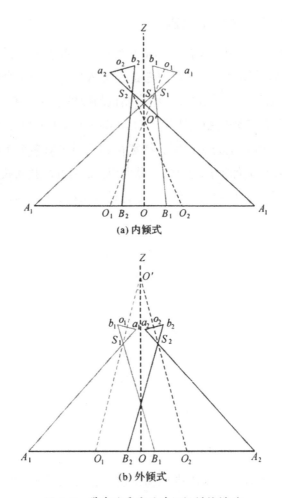

图 4-5 带有重叠度的外视场拼接模型

无论采取内倾式还是外倾式拼接，从原理上都要保持两个相机主光轴的倾角一样，也就是 $\angle O_1O'O_2$ 保持不变。

四、位置姿态测量装置

位置姿态测量装置用来记录成像时相机的姿态参数。

(一) 位置姿态测量装置的作用

（1）用于满足影像地面采样距离、重叠度和基高比等要求。无人机测绘对地摄影时，要事先规划好无人机飞行航线和相机曝光位置，并通过设置曝光时间实现航摄区域覆盖。为了便于后续的摄影质量检查和立体测绘处理，需要记录飞行航线和相机曝光位置。另外，安装有自动曝光控制单元的航空摄影机也需要位置姿态测量装置。

（2）获得影像倾角小的近似水平影像。无人机测绘对地摄影时，摄影物镜的主光轴偏离铅垂线的夹角，称为航摄影像倾角。在实际的航空摄影过程中，应尽可能获取影像倾角小的近似水平影像，因为应用水平影像测绘地形图的作业比应用倾斜影像方便得多。传统航空摄影要求影像倾角保持在 0 以内。考虑到无人机姿态稳定性较差，CH/Z 3005—2010 要求影像倾角一般不大于 5°，最大不超过 12°，出现超过 8° 的影像不多于总数的 10%；特别困难地区一般不大于 8°，最大不超过 15°，出现超过 15° 的影像数不多于总数的10%。此外，在航空摄影过程中，为了抵抗交叉风向的作用，无人机的实际朝向会与飞行的地面航迹之间产生一个角度，称为影像旋角。影像旋角过大会减小立体像对的有效作业范围和立体观测的效果。CH/Z 3005—2010 要求影像旋角一般不大于 15°，在确保影像航向和旁向重叠度满足要求的前提下，个别最大旋角不超过 30°，在同一条航线上旋角超过 20° 的影像不应超过 3幅，旋角超过 15° 的影像数不得超过分区影像总数的 10%。影像倾角和旋角不应同时达到最大值。一般通过在无人机上安装陀螺稳像云台获取满足倾角和旋角要求的影像。

（3）利用无人机对地面目标进行快速定位。位置姿态测量装置可以动态快速地给出反映载体运动的运动参数，据此可以连续测量成像时传感器的位置和姿态，而不必通过控制点解算影像的外方位元素。这为无人机目标快速定位提供了一种全新的技术途径，可以极大地提高目标快速定位的效率。

（二）GPS/INS 位置姿态组合测量系统

应用于航空遥感等领域的导航及姿态测量系统主要有卫星无线电导航定位系统（如 GPS）以及惯性导航系统（inertial navigation system，INS）。GPS的基本定位原理是卫星不间断地发送自身的星历参数和时间信息，用户接收到这些信息后，经过计算求出接收机的三维位置以及运动速度和时间信息。INS 姿态测量主要利用惯性测量单元（inertial measurement units，IMU）感测飞行器的加速度，经过积分等运算，获取载体的速度、位置和姿态等信息。

虽然 GPS 可量测传感器的位置和速率，具有精度高、误差不随时间积累等优点，但其易受干扰、动态环境中可靠性差（易失锁）、输出频率低，不能量测瞬间快速的变化，没有姿态量测功能。INS 有姿态量测功能，具有完全自主、保密性强，既能定位、测速，又可快速量测传感器瞬间的移动，以及输出姿态信息等优点，主要缺点是误差随时间迅速积累增长，导航精度随时间而发散，不能单独长时间工作，必须不断加以校准。GPS 与 INS 优缺点是互补的，因此最优化的方法是对两个系统获得的信息进行综合，这样可得到高精度的位置、速率和姿态数据。

GPS/INS 组合有多种方式，代表了不同的精度和水平。最简单的方式是将 GPS 和 INS 独立使用，仅起冗余备份作用，这是早期的组合。最理想的一种组合模式是从硬件层进行组合，即一体化组合，GPS 为 INS 校正系统误差，而 INS 辅助 GPS 的接收码相环路，减少跟踪带宽，缩短卫星捕获时间，增加抗干扰能力，剔除多路径等粗差影响。这种组合可减少整个组合系统的体积、重量及功耗。另一种在工程中比较易于实现的模式是保持 GPS 和 INS 各自硬件的独立，从软件层次组合，只需要通过相应的接口将 GPS 和 INS 的数据传输到中心计算机上，并利用相应的算法进行两套数据的时空同步和最优组合即可，这是目前最主要的组合方式。

GPS 与 INS 的组合算法主要通过卡尔曼滤波实现。以 INS 系统误差方程为状态方程，以 GPS 测量结果为观测方程，采用线性卡尔曼滤波器为 INS 系统误差提供最小方差估计，然后利用这些误差的估计值修正 INS，以提高系统的导航精度。另一方面，经过校正的 INS 又可以提供导航信息，以辅助 GPS 提高其性能和可靠性。利用卡尔曼滤波进行 GPS 与 INS 的组合时通常认为有两种模式，即松散组合（位置与速率的组合）和紧密组合（伪距与伪距率的组合）。

在松散组合模式下组合系统利用 GPS 数据来调整 INS 输出，即用 GPS 输出的位置和速度信息直接调整 INS 的漂移误差，得到精确的位置、速度和姿态参数。当 GPS 正常工作时，系统输出为 GPS 和 INS 信息，当 GPS 中断时，INS 以 GPS 停止工作时的瞬时值为初始值继续工作，系统输出 INS 信息，直到下一个 GPS 工作历元出现为止。松散组合模式的优点：① GPS 和 INS 保持了各自的独立性，其中任何一个出现故障时，系统仍能继续工作；②组合系统结构简单，便于设计；③ GPS 和 INS 的开发与调试独立性强，便于系统的故障检测与隔离；④组合系统开发周期短。松散组合的缺点是组合后

GPS 接收机的抗干扰能力和动态跟踪能力没有得到任何改善，组合系统的导航精度没有紧密组合模式高。

紧密组合的工作原理是利用 INS 输出的位置和速度信息来估计 GPS 的伪距和伪距率，且与 GPS 输出的伪距和伪距率进行比较，用差值构建系统的观测方程，经卡尔曼滤波后得到精确的 GPS 和 INS 输出信息。紧密组合模式的优点：①GPS 接收机向 INS 提供精确的位置和速度信息，辅助并帮助 INS 的漂移误差积累；②INS 同时向 GPS 接收机提供实时的位置和速度信息，辅助 GPS 接收机内部的码 / 载波跟踪回路，提高 GPS 接收机的抗干扰能力和动态跟踪能力；③在 INS 的辅助下，GPS 接收机可以接收到更多的卫星信息，而综合滤波器可以利用尽可能多的卫星信息提高滤波修正的精度；④能够对 GPS 接收机信息的完整性进行监测。

在数据处理上，紧密组合将 GPS 和 INS 的原始观测数据一起输入到一个滤波器进行估计，得到整体最优估计结果；松散组合首先使用一个分滤波器对 GPS 独立滤波定位，然后将定位结果输入到一个包含 INS 误差状态方程的主滤波器中，估计 INS 的导航误差。

GPS 和 INS 的系统集成从 20 世纪 80 年代初的简单组合开始，到 20 世纪 80 年代末就已经进入到软硬件组合的水平。目前 GPS/INS 组合系统的精度主要取决于 GPS 数据的定位精度。近年来，随着俄罗斯格洛纳斯的复苏，欧洲伽利略投入运营以及中国北斗的快速发展，GNSS 的阵营不断壮大。通过结合 GPS、格洛纳斯、伽利略、北斗等多套导航系统的卫星信号，GNSS 接收机可接收的卫星数成倍增加，能提供更多的多余观测用于定位计算，卫星的空间配置也更合理，因此能达到比任何单一系统更高的精度和可靠性。

五、红外热像仪

红外热像仪是一种探测物体红外辐射能量的成像仪器，它通过红外探测、光电转换、光电信号处理等过程，将目标物体的红外辐射信息转换为视频图像输出。在军事上，红外热像仪可应用于军事夜视侦察、武器瞄准、夜视导引、红外搜索和跟踪等多个领域；在民用方面，红外热像仪可以用于卫星遥感、防灾减灾、材料缺陷的检测与评价、建筑节能评价、设备状态热诊断、生产过程监控、自动测试等。

与微波系统相比，红外探测系统具有结构简单、体积小、质量轻、分辨率高、抗干扰能力强等优点；与可见光设备相比，具有穿透烟尘和云雾能力强、可昼夜工作的特点。红外探测器作为整个红外探测系统的核心，种类繁多、性能各异，适用于不同的工作领域。

(一) 红外探测器的性能参数

红外探测器是把不可见的红外辐射转变为可测量信号的转换器，是红外热像仪的核心部件。随着半导体材料、器件工艺的发展，已研制出各种结构新颖、灵敏度高、响应快的红外探测器。红外探测器的工作性能可用以下参数来描述。

1. 响应率

探测器的输出信号 S 与入射到探测器的辐射功率 P 之比，成为探测器的响应率 R

$$R = \frac{S}{P} \tag{4.9}$$

式中，R 的单位为 $V \cdot W^{-1}$ 或 $A \cdot W^{-1}$，表示探测器把红外辐射转换为信号电压或信号电流的能力。

2. 噪声等效功率

由于探测器存在噪声，当辐射小到它在探测器上产生的信号完全被探测器的噪声所淹没时，探测器就无法肯定是否有辐射信号投射到探测器上。通常用噪声等效功率（noise equivalent power，NEP）表征探测器可探测的最小功率。

当探测器上产生的信号均方根电压正好等于探测器本身的噪声均方根电压值（即信号噪声比为1）时，入射到探测器上的辐射功率称为探测器的噪声等效功率，即

$$NEP = \frac{EA}{\dfrac{V_S}{V_N}} \tag{4.10}$$

式中，E 为投射到探测器光敏面上的均方根辐照度，W/cm^2；A 为探测器的光敏面积，cm^2；V_S 和 V_N 分别为在该照度下探测器输出的信号均方根电压和噪声均方根电压。

3. 光谱响应

探测器的光谱响应指探测器受到不同波长的电磁波照射时，响应率 R 随入射电磁波波长的变化而变化的特性。

4. 响应时间

当一定功率的辐射照射到探测器上时，探测器的输出电压要经过一定的时间才能上升到与这一辐射功率相对应的稳定值。当辐射突然消失后，输出电压也要经过一定的时间才能下降到辐照之前的值。这种上升或下降所需要的时间称为探测器的响应时间。

5. 频率响应

由于探测器存在响应时间（延迟），探测器对辐射的响应就不是实时的，其响应率 R_f 随调制频率厂的变化称为探测器的频率响应，表示为

$$R_f = \frac{R_0}{\left(1 + 4\pi^2 f^2 \tau^2\right)^{\frac{1}{2}}} \tag{4.11}$$

式中，R_0 是频率为零或恒定辐射时的响应率，τ 为响应时间。

（二）红外探测器的分类

红外探测器有不同的分类方法，如按照工作温度可分为低温（需要用液态 He、Ne、N 制冷）探测器、中温（工作温度在 195 ~ 200 K 的热电制冷）探测器和室温探测器；按照响应波长可分为中红外和热敏型探测器；根据结构和用途可分为单元探测器、多元阵列探测器和成像探测器。根据探测机理的不同，红外探测器分为热敏型和量子型两大类。

1. 热敏型探测器

热敏型探测器利用红外辐射的热效应探测入射辐射的强度。入射的红外辐射使得探测器敏感元的温度升高，导致它的某些物理性质发生变化，如温差电动势的产生、电阻的改变、体积的改变等，由这些物理量的改变来探测入射辐射的强弱。

热敏型探测器依据红外辐射产生的热效应，所以热敏型探测器的响应只依赖于吸收的辐射功率，与辐射的光谱分布无关。理论上，热敏型探测器对任何波长的红外辐射都具有相同的响应，但由于热探测器敏感面的吸收率可能在某一光谱区间比较高或比较低，使得热探测器对不同波长的红外辐射

往往不同。

与对某一特定波长的量子型探测器相比，热敏型探测器探测波段宽、灵敏度较低、响应时间也较长，但其最大优点是能够在通常的环境温度下工作而不需要冷却，从而可以大大减小器件体积、降低器件成本。特别是自20世纪90年代以来，随着焦平面阵列、超大规模集成电路和微机电系统以及信息处理等技术的发展，非制冷热红外探测器的探测率得到了极大提高，同时响应时间也能满足成像要求，为其在军事和民用两大领域开拓了更广阔的应用前景。常见的热敏型红外探测器分类如表4-2所示，其中微测辐射热计和热释电探测器是最主要的红外探测器。

表4-2　热敏型红外探测器分类

类型	典型敏感材料或元件
热敏电阻型	氧化钒、非晶硅
热释电型	锆钛酸铅铁电薄膜、钛酸锶钡薄膜
热电耦型	Au/PolySi
二极管型	Si 二极管
光机械型	Au/SiNx 双金属片
谐振式型	石英

2. 量子型探测器

量子型红外探测器一般由半导体材料制成，基于特定物质的光电效应探测红外辐射。由于某些物质的光电效应，满足一定能量的光子直接激发光敏材料的束缚电子成为导电电子。光敏材料的禁带宽度或杂质能级影响其响应波长，所以响应对波长有选择性。量子红外探测器吸收光子后，本身发生电子状态的改变，引起不同的电磁学现象。

根据工作模式的不同将量子型探测器分为如下几类。

（1）光电子发射探测器。当光照射在某些金属、金属氧化物或半导体材料表面时，如果光子的能量足够大，就能使其表面发射电子。利用这种光电效应制成的可见光探测器或红外探测器即为光电子发射探测器。

（2）光电导探测器。半导体吸收能量足够大的光子后，半导体内一些载流子从束缚状态转变到自由状态，从而使半导体电阻率增大。利用这种半导体光电导效应制成的红外探测器称为光电导探测器。应用最多的光电导红外探测器有硫化铅、硒化铅、锑化铟、碲镉汞等。

（3）光伏红外探测器。光伏效应指在光照射下，半导体内部产生的电子—空穴对，在静电场作用下发生分离，产生电动势的现象。利用半导体光伏效应制成的红外探测器称为光伏探测器。光伏探测器通常由半导体 P—N 结构成，利用 P—N 结的内建电场将光生载流子扫出结区而形成信号。光伏探测器主要有锑化铟、碲镉汞、碲锡铅、铟镓砷、铟镓砷锑等。

（4）光磁电红外探测器。半导体吸收光子后，在表面产生的电子—空穴对要向内部扩散。在扩散的过程中，因受到强磁场的作用，电子和空穴各偏向一侧，因而产生电位差，这种现象称为光电磁效应。利用这种效应测量红外辐射的探测器称为光磁电探测器。光磁电探测器主要有锑化铟、碲镉汞等，但需要在探测器芯片上加磁场，结构比较复杂，不常用。表4-3列出了热敏型和量子型红外探测器的特点比较。

表4-3　热敏型和量子型红外探测器的特点比较

性能	热敏型探测器	量子型探测器
灵敏度	较低	高
响应时间	长（通常为毫秒级）	短（通常为微秒级）
光谱响应	理论上与光谱分布无关	特定波长敏感
工作条件	室温	需制冷
成本	低	高

六、成像雷达

由于载荷重量的限制，中、小型无人机目前还难以承载雷达设备，只有少数大型无人机搭载了雷达设备。

（一）合成孔径雷达

合成孔径雷达（synthetic aperture radar，SAR）是一种工作在微波波段的主动式传感器，即主动发射电磁波，照射到地面后经过地面反射，由传感器接收其回波信息。与传统光学摄影机和光电传感器相比，SAR 有以下优点：具有全天候、全天时的工作能力，基本不受云、雾、雨、雪等气候因素的影响，雷达波对地物 (如植被、干沙等) 具有一定的穿透能力；SAR 成像的方位向分辨率不受波长、平台高度、雷达作用距离等因素的影响，理论上可以获取很高的空间分辨率；雷达测绘带覆盖面广，可以在远离航迹的地方成像。

雷达是一个距离测量系统，工作原理类似于"回声"，如图 4-6 所示。雷达系统主要由发射机、接收机、转换开关、天线等部分组成，发射机发射脉冲后经转换开关、天线传输到自由空间，然后继续向地面目标传输，到达地面目标后再返回雷达天线，雷达系统通过记录时间延迟 t，进而测量天线与地面目标的距离 R。

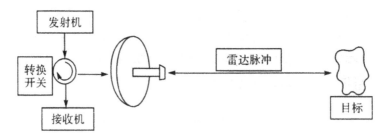

图 4-6　雷达系统工作原理

雷达系统通过记录脉冲信号的时间延迟 t，测量雷达天线到地面目标的距离，可以表示为

$$R = \frac{ct}{2} \tag{4.12}$$

式中，c 表示光速。

雷达一般都是侧视工作的 (见图 4-7)，即朝向飞行方向的一侧发射电磁波，主要目的是消除两个等距离点产生的左右模糊。侧视雷达可分为真实孔径雷达和合成孔径雷达。

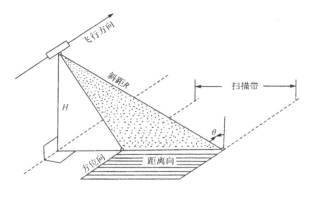

图 4-7　侧视雷达

雷达影像坐标系一般采用方位向一距离向标识。方位向平行于飞行方向，距离向垂直于飞行方向。

合成孔径雷达是一种高分辨率相干成像系统。高分辨率在这里包含两方面的含义：高方位向分辨率和高距离向分辨率。它采用以多普勒频移理论为基础的合成孔径技术提高雷达的方位向分辨率，距离向分辨率的提高则通过脉冲压缩技术实现。

合成孔径的基本原理是利用一个小天线 D 作为单个发射接收单元，当平台以等速直线飞行时（见图 4-8），将经过 1，2，…，n 若干个位置，在每个位置上发射一个信号，接收来自目标的回波信号，并存储其幅度和相位，将存储的信号经叠加处理，就可以得到等效孔径为 $Ls=nD$ 的天线所获取的结果，从而使波束宽度变窄。这种人工形成的孔径称为合成孔径，以此原理构成的雷达称为合成孔径雷达，其成像几何示意图如图 4-9 所示。

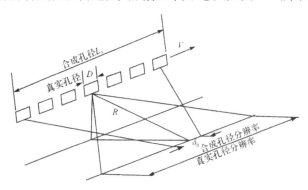

图 4-8　合成孔径的思想

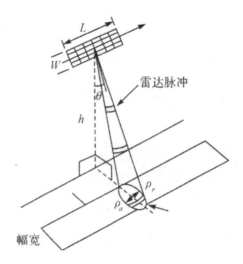

图 4-9　SAR 成像几何

距离向分辨率 ρ_r 用公式表示为

$$\rho_r = \frac{1}{2}c\tau = \frac{c}{2B} \tag{4.13}$$

式中，B 为系统带宽；c 为光速。

方位向分辨率 ρ_a 用公式表示为

$$\rho_a = \frac{D}{2} \tag{4.14}$$

式中，D 为天线孔径长度。

方位向分辨率与距离、波长、平台飞行高度无关，这对机载雷达成像具有重要的意义，理论上方位向分辨率是雷达天线真实孔径长度 D 的一半，因此天线孔径越小，其方位向分辨率越高。

SAR 一般装载在"全球鹰""捕食者"等高空长航时大型无人机上。随着 SAR 技术的发展和提高，其分辨率越来越高，目前已接近或超过光学成像的分辨率。近年来，微小型化技术也推进了 SAR 向微小型方向发展。其中一个例子是，罗克韦尔·柯林斯公司和美国桑迪亚国家实验室发展的微型 SAR。这种微小型的 SAR 重量降到了 12 kg，目前已经在洛克希德·马丁公司的"天空精灵"无人机上进行了试飞。另外，超微型的 SAR 也已经开始崭露头角。

（二）机载激光雷达

激光探测及测距系统（light laser detection and ranging，LiDAR）简称激光雷达。激光雷达根据其应用原理可分为三类：测距激光雷达（range finder LiDAR）、差分吸收激光雷达（differential absorption LiDAR）及多普勒激光雷达（Doppler LiDAR）。

机载激光雷达以飞机为观测平台，其系统组成主要包括：激光测量单元、光学机械扫描单元、控制记录单元、动态差分 GPS、惯性测量单元和成像装置等。其中，激光测距单元包括激光发射器和接收机，用于测定激光雷达信号发射参考点到地面激光脚点间的距离；光学机械扫描装置与陆地卫星的多光谱扫描仪相似，只不过工作方式完全不同，激光属于主动工作方式，由激光发射器发射激光，由扫描装置控制激光束的发射方向，在接收机接收发射回来的激光束后由记录单元进行记录；动态差分 GPS 接收机用于确定激光雷达信号发射参考点的精确空间位置；惯性测量单元用于测定扫描装置的主光轴的姿态参数；成像装置一般多为 CCD 相机，用于记录地面实况，为后续的数据处理提供参考。

激光雷达的工作原理与无线电雷达非常相近，是一种主动遥感技术，不同的是，激光雷达发射信号为激光，与普通无线电雷达发送的无线电波乃至毫米波雷达发送的毫米波相比，波长要短得多。

机载激光扫描原理是由激光器发射出的脉冲激光从空中入射到地面上，传到树木、道路、桥梁、房子上引起散射。一部分光波会经过反射返回到激光雷达的接收器中，接收器通常是一个光电倍增管或一个光电二极管，它将光信号转变为电信号，并记录下来，同时由所配备的计时器记录同一个脉冲光信号由发射到接收的时间 t。于是，就能够得到飞机上的

$$R = \frac{ct}{2} \tag{4.15}$$

式中，c 为光速。通过处理每个脉冲返回传感器的时间，解算传感器和地面（或目标）之间的距离。

若空间有一向量，可依据式（4.15）得到其模为 R，方向为 $(\varphi, \omega, \kappa)$，如果能测出起点的坐标 (X_s, Y_s, Z_s)，则该向量的另一端点所对应的地面点 (X, Y, Z) 就可以唯一确定，即

$$\left.\begin{array}{l} X = R\cos\varphi + X_s \\ Y = R\cos\omega + Y_s \\ Z = R\cos\kappa + Z_s \end{array}\right\} \qquad (4.16)$$

式中，起点坐标 (X_s, Y_s, Z_s)（即传感器空间位置）可利用动态差分 GPS 高精度地测定，向量的模 R 用激光测距仪通过计算激光回波的时间精确测量得到，飞行姿态角 $(\varphi, \omega, \kappa)$ 可以利用 IMU 精确测量。通过搭载机载平台进行移动及扫描，激光探测便可以得到地物目标的三维地形数据。

无人机载 LiDAR 已得到广泛关注，但由于无人机载荷能力、飞行姿态稳定性等条件的制约，如何实现 LiDAR 设备的轻小化，提高 LiDAR 数据处理能力等问题还有待进一步研究。

七、机载光电稳定平台

无人机任务载荷在工作过程中会不可避免地受到无人机姿态晃动的影响，出现光轴晃动的现象。这会带来两个问题：一是单帧图像模糊；二是前后帧图像间的几何位置关系无法实时匹配，造成实时下传或保存的图像扭曲变形。通常使用光电稳定平台解决载荷光轴晃动带来的这些问题。利用光电稳定平台的伺服系统控制平台方位、横滚和俯仰框架转动，实时补偿无人机晃动的影响，实现光轴稳定。光电稳定平台包括稳定平台和电控箱两部分。

光电稳定平台的稳定平台部分一般采用三轴三框架结构形式，其中两轴两框架稳定下视。该系统由俯仰轴系、横滚轴系和方位轴系三部分构成，包括陀螺、驱动电机和角度载荷。俯仰轴系和横滚轴系采用力矩电机直接驱动，具有结构简单、低速性能好和传动精度高的特点；方位轴系通过齿轮直流电机驱动。

八、任务载荷技术的发展趋势

光电载荷和雷达载荷是测绘无人机的主要传感器载荷设备。随着对无人机测绘载荷研究的不断深入，各类无人机的传感器载荷将得到更加迅猛的发展。

(一) 光电载荷

近年来，国际上几场局部军事行动证明了无人机上光电载荷使用的重要性，世界各国纷纷加紧研制并推出能够适合无人机使用的各种光电载荷，确保无人机具有获取高质量的昼夜侦察图像的能力。

1. 机载光电平台日趋复杂化和多样化

随着航空侦察朝着空间的立体化、情报信息的实时化、侦察与打击一体化，提高装备生存能力方向发展，要求光电平台技术先进、手段多样、空间广延、时间连续、信息传递快速，要具备搜索、识别和跟踪相应的敏感目标，并以一定的精度对其定位功能。无人机光电载荷将各种光学传感器安装到万向支架上，由陀螺提供惯性基准进行多轴向稳定，地面操作人员可以通过无线链路观察目标和监视战场情况。无人机搭载的传感器包括前视红外、电视摄像机、激光测距 / 目标指示器等。

2. 机载光电平台向全天候、高分辨率、远距离、宽收容、实时化、小型化方向发展

机载光电设备的探测距离大幅度增加、灵敏度更高、分辨率更细、质量更小、体积更加小型化。具体表现在：航空数码相机将向宽收容、高分辨、准实时成像、照相摄像一体化方向发展；高分辨率、高灵敏度，非扫描成像的第三代前视红外仪将在无人机上普遍应用。

3. 机载光电系统全数字化

机载光电系统必须实现全数字化，才能加强系统的功能和有效性。全数字化的机载光电系统支持：①辨认和抽取感兴趣的区域，将场景以多种视角和尺寸显示出来，测算感兴趣的目标；②图像增强，通过数字化处理，使图像清晰度、稳定度更好；③采用数据压缩和错误校正编码，便于图像分析。

4. 任务载荷的即插即用技术

无人机系统越来越复杂，用户也要求无人机提供一个平台执行多种任务能力，因此模块式任务载荷的概念正在得到越来越多的关注。即插即用技术可以使无人机上的单个或多个传感器根据每项任务或一系列任务的需要进行组合及改变。

5. 多光谱成像技术的应用

光谱成像传感器依靠目标与背景的固有光谱差别成像，具有更好的反伪装、反隐身、反欺骗的侦察能力，工作波段通常为 $0.4 \sim 1.5\ \mu m$。美国 TRW（Thompson Ramo Wooldridge）公司已制造出能同时监测 384 个窄频带

的光谱仪；还有一种光谱成像技术的测量光谱范同可为中红外至远红外，用于分析类似气体的物质，如探测分析烟的成分或空气中是否存在神经性毒剂等。

（二）雷达载荷

无人机成像雷达经过这些年的发展，技术不断地走向成熟，应用范围也越来越广。

1. 合成孔径雷达结合动目标指示器同步模式

当前，国际上的无人机雷达基本上都是 SAR 结合动目标指示器 MTI（moving target indicator）体制的侦察雷达。但这两种工作模式是进行分时工作的，存在很大问题。当雷达在监视区域进行 SAR 扫描时，就不能对监视范围进行快速连续的扫描，这样不能发现动目标，无法跟踪动目标，形成动目标运动的轨迹，而且信息更新速度慢；而 MTl 分辨率低，无人机不能同时提供动目标的运动轨迹和 SAR 图像。因此，无人机雷达目前的一个重要发展方向就是 SAR 和 MTl 模式能够同时工作，如美国最新型"全球鹰"无人侦察机即将装备的 MP—RTIP 雷达，就是 SAR 和 MTl 同时工作的同步模式。

2. 雷达成像分辨率不断提高

随着雷达技术的不断进步，雷达的成像分辨率会越来越高。高分辨率的成像雷达使得在对目标进行识别时，能够从图像中获得更多、更详细的目标细节和信息，有助于对目标进行精准的识别，使精确制导武器能对目标进行准确的瞄准。目前，用于中空战术型无人机的"山猫"雷达作用距离为 30 km，雷达成像分辨率最高达到了 0.1 m，小型无人机的 MiniSAR 雷达在作用距离为 10 km 时的分辨率也达到了 0.1 m。

3. 采用有源相控阵体制

有源相控阵雷达在作用距离、抗干扰能力、可靠性和天线隐身设计等方面性能卓越，但庞大的体积和质量限制了其在无人机领域的应用。随着雷达技术的不断演变，有源相控阵雷达会在无人机雷达市场上大有作为。除了美国最新型"全球鹰"无人机采用了 MP—RTIP 有源相控阵雷达之外，美国海军的广域海上监视（broad area maritime surveillance，BAMS）计划中也采用了 MFAS 有源相控阵雷达。意大利的轻型 PicoSAR 有源相控阵监视雷达尺寸仅为"全球鹰"MP—RTIP 雷达的三分之一，质量则控制在 10 kg 以内，非常适合中小型战术无人机。

4. 雷达数据的实时传输

由于雷达成像分辨率高数据量庞大，一般是将雷达获取的数据先存储在机上，在无人机返回到地面站之后，再进行数据处理。这种方法带来了情报的延迟性，已不能满足现代战争的快速反应需求。因此，实现雷达数据的实时处理、实时传送，是无人机雷达的发展方向之一。

5. 大型化和小型化的同步发展

为了让雷达看得更远、看得更清楚，大尺寸的无人机雷达也就成为必不可少的载荷装备之一。对于大型无人机，其机体的有效载荷能力不断提升，为雷达载荷提供了充裕的空间和重量分配。从另一方面来看，为了实现隐身作战需求，战术型和微型无人机的机身尺寸自然会朝着小型化、隐身化的方向发展，那么对无人机雷达的尺寸和重量提出了更加苛刻的要求。

除了上述几点无人机雷达发展趋势之外，无人机雷达还有很多的发展方向，例如雷达作用距离更远、设计更加模块化、工作模式的多样性、实现查打一体化等。未来无人机雷达的监测对象，将不仅仅局限于地面目标，甚至扩展到空中的有人机、无人机、巡航导弹等空中动目标。

第二节　测绘无人机地面控制与处理站

地面控制站（ground control station，GCS）是无人机系统的指挥、控制中心，主要完成飞行控制、数据链管理、机载任务设备控制，同时监控无人机系统运行状况，包括飞行状态、任务载荷状况、动力系统参数等。地面处理站指专门完成无人机测绘数据快速处理和产品生成的设备。地面控制站和地面处理站通常集中在一起，可统称为地面站。

一、地面站基本结构

地面站通常由系统监控、飞行器操控、任务载荷控制、数据链终端、数据处理、数据分发等几个主要部分组成。系统监控部分实时监视飞行器飞行状态、任务执行情况、燃料与电池消耗、危险告警等信息。飞行器操控部分控制飞行姿态、航线、航迹等。任务载荷控制部分控制各种任务载荷的运行参数和工作状态。数据链终端将各种控制命令经上行链路发送至飞行器，并通过下行链路接收无人机运行参数和获取的数据。数据处理部分主要完成无人机所获取数据的处理与分析。数据分发部分主要负责对处理过的数据进行分发服务。

大、中、小型无人机系统的地面站在结构组成和规模大小上有所区别。大中型无人机系统的地面站一般为包括多个操作台的控制方舱，同时还可能包括操作控制分站，而小型无人机系统的地面站可能只是一台便携式的笔记本电脑。

(一) 控制方舱

"全球鹰"地面控制站安装在长 10 m 的独立拖车内，内有遥控操作的飞行员、监视侦察操作手的座席和控制台，三个任务计划开发控制台、两个合成孔径雷达控制台，以及卫星通信、视距通信数据终端。

(二) 小型地面控制站

在小型、微型无人机的使用中，往往配备便携式的小型地面控制站。这类小型地面站功能与地面方舱基本相同，只是更加精炼，将航线管理与显示、状态参数综合显示、传感器数据显示综合在一个屏幕上进行表达，用高机动车 (大型吉普) 搭载。可供一线人员直接进行控制和接收回传信息。更小型的视频接收系统，可用于敌后特种部队携带，接收侦察信息等。

二、地面站主要功能

地面站主要功能包括跟踪控制、领航控制、飞行控制、任务控制、数据处理和信息传输六大类。

(一) 跟踪控制

跟踪控制台主要完成天线定标、测距校零、引导天线等跟踪控制功能，前两者是飞行前必须要做的准备工作。

天线定标即确定天线。方位角与正北的夹角。由于地面站停放位置的随意性，需要对天线的方位角进行定标，定标方法有两种：

(1) 飞机定标，在飞机和地面站上均装有定位设备时，地面站定位数据发送给监控软件，同时飞机的定位数据通过遥测发送给监控软件，当地面站测控定向天线对准并且锁定飞机时，监控软件可同时得到这两种数据，这样可计算出天线此时的实际方位角。

（2）近距定标，近距定标和飞机定标的原理相同，只是由手持定位设备代替了飞机定位设备。

测距校零的目的是根据实际距离（可通过地面站和机载定位设备获取）计算出测距设备的零值，在收到测距上报时扣掉测距零值，就可得出真实的距离值。

引导天线有手动引导和数字引导两种方式，目前一般为数字引导。数字引导是通过监控链路动态设定天线的方位角，使天线指向飞机。执行数字引导的前提是天线已定标，且地面和机载定位设备都有效。在设备发生故障等紧急情况下，可采用手动引导。

（二）领航控制

航迹规划问题是领航控制中最重要的组成部分，是在考虑地形因素、威胁因素以及任务需求的基础上，寻找从起点到终点的一条可飞行路径。一般可以描述为如下需要解决的问题，即给定：起点；一组要服从的限制条件。如机动能力、续航能力等；一组需要执行任务的目标区域；一组威胁或障碍区域；终点。

可以将航迹规划问题分成两步完成。第一步考虑所有已知的威胁及约束，离线找到一条最优航迹作为参考航迹，这个问题一般在地面起飞前解决，对实时性没有太多的要求，是一个纯粹的搜索寻优问题。第二步涉及存在事先未知的威胁或环境变化，如果这些威胁或变化被无人机上的传感器探测到或通过通信链被无人机感知时，需要考虑更改航迹，即进行重新规划，这时的规划是在飞行中进行的，对实时性有很高的要求。

一个完整的航迹规划系统通常由以下几个部分组成：地形数据处理模块、危险信息处理模块、路径生成模块以及路径优化处理模块。其中，地形数据处理模块和危险信息处理模块将规划区域内的各种地形信息以及各种威胁信息进行综合处理，为航迹规划提供必要的模型。路径生成模块通过采用一定的规划算法，生成从起点到终点的一系列航迹。路径优化模块将生成的航迹进行优化处理。

航迹规划中很重要的一个内容是在起飞前选定任务区域及飞行航线。

具体包括：选择巡逻地点以避免与其他飞行器或空中目标在目标区域附近发生空中冲突；考虑将要使用的传感器的类型、传感器的视界及其有效覆盖范围。如果传感器是如电视摄像头一样的装置，目标与太阳的相对位置及飞行器的位置也要作为选择巡逻地点的一个因素，如果地面高低不平或植被茂盛，那么事先选择合适的巡逻路线以便在观察目标区域时能有良好的视线，也是非常重要的。

自动规划系统可以将飞行路线叠加在数字地图上；对选定的飞行路线自动计算飞行时间及燃油消耗；自动记录飞行路线；基于数字地图数据的仿真环境显示。仿真图像显示了在不同的巡逻位置及不同的海拔高度观察到的场景，使操作员能为执行任务选择可接受的有利位置。

将飞行规划存起来方便以后的飞行使用。这样，在执行任务规划的各个子段时，仅仅通过从存储器调出程序并下达命令就可以了。例如，任务规划可分解成若干子段，譬如从发射到巡逻地点的飞行段、在指定巡逻地点上空的飞行段、飞向第二巡逻地点上空的飞行段及返回回收地点的飞行段。自动规划系统也允许操作员根据实际任务快速重新设定新的航线并上传至飞行器。例如，如果在飞向预定巡逻地点的途中新观察到一个感兴趣的目标，就很有可能挂起预飞行规划子段并进入新的规划航线或几个标准轨道之一，仔细观察目标，当接到恢复预定规划时，再恢复执行预规划子段。

更复杂的任务可能包括几个可供选择的子任务。这类任务很重视时间的计算和燃油消耗的计算以便在飞行器的总续航时间内按时完成子任务。为了辅助此类规划，需要有一个标准任务规划库。例如，对以特定地点为中心的小区域进行搜索的航线库。航线库的输入将包括指定地点、以该地点为中心的搜索半径及观察该区域的方向（俯视、从东边观察或从西边观察等），还包括预期的目标区域地形的复杂程度、待搜索目标的类别。基于已知的传感器性能，该传感器专门针对特定复杂地形中的目标类别，航线库将计算飞行规划，要求该规划能在相对于目标的最佳距离上安置传感器、设置传感器的搜索样式和速度及搜索该区域所需的总时间等。

形成的规划将插入总飞行规划中，该子任务所需的燃油消耗及时间也要添加到任务总表中。由于各个子任务都添加到任务总表中，因此规划人员要监控总的任务安排、掌握特定时间是否合适以及飞行器完成任务所需的总时间。

(三) 飞行控制

一旦完成任务规划，地面站就要转变到对任务执行期的无人机系统所有要素进行控制这一基本功能上，这些基本功能包括：

(1) 发射过程中飞行器的控制及下达飞行器发射指令。

(2) 飞行途中对飞行器的控制，监控飞行器相对于任务规划的位置和飞行状态。

(3) 维护新修改的任务规划。要考虑新修改的任务规划与预规划任务的偏差并确保没有超出系统的承受范围 (留有足够的燃油让飞行器到达回收区域、飞行路线上没有高山阻挡及不会飞入禁飞区等)。

(4) 对任务有效载荷的控制。

(5) 控制有效载荷数据的接收、显示及记录。

(6) 有效载荷数据 (实际数据或根据数据得出的信息) 向用户的传输。

(7) 回收过程中对飞行器的控制。

地面站对飞行器发送指令作为一个完整飞行子任务的一条单独指令发送出去。也就是说，发布一条单独指令让飞行器飞行相当长的一段距离，而不是一次只管一小段距离的一系列指令。在地面给出的航线及其他常规命令的基础上，飞行器可自动驾驶。

无人飞行器具有很强的自主控制能力，这是通过预先编程实现的。例如，飞行器可以从一点自主飞向另一点；自主绕某一点盘旋的标准机动飞行；发射过程中的控制及爬升；回收过程中的控制等。飞行器也把一些预规划飞行子任务存储在无人机上以应付通信链路中断，力图稳定盘旋恢复链路或在链路中断的一定预置间隔后自动返回回收区域。

飞行器操作员的工作职责应集中在对飞行器位置及状态的全面观察上，与当前的飞行器状态相对应的任务状态的显示对任务指挥员执行任务管理至关重要。任务状态包括当前飞行器的位置、已完成的规划任务段、未完成的规划任务段、完成规划任务所需的时间 (带有与剩余燃油及时间相关的标记)。操作员的输入包括选择菜单激活预定的飞行子任务，而不像飞行员对飞行器姿态和控制翼面的输入控制。操作员总是在 "驾驶仪器"，是真正的飞行指挥员而不是飞行员。对有效载荷或传感器的控制可能比飞行器的控制更复杂，也更困难，原因是传感器需要操作员实时控制并进行解译、识别工

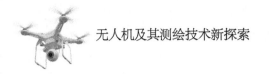

作，属于任务控制范畴。

回收阶段，一些无人机系统采用直接领航引导无人机着陆。直接领航一般要求飞行器操作员走出任务规划与控制站方舱，并在回收的最后阶段目视观察飞行器，这种方法需要经过严格训练。

(四) 任务控制

任务控制指任务设备操控员通过任务控制台的键盘和任务操控杆完成对机载任务设备的指挥控制，主要完成拍照间隔设置、录像设置以及目标跟踪定位等控制操作。通过任务操控杆实现目标的锁定与跟踪，对于识别和定位目标具有重要意义。

目标定位过程中，首先确定飞行器位置，其他的要求就是确定从飞行器至目标的矢量角度及距离。该过程的第一步是确定相对于飞行器机体的传感器视线角度，通常通过读取传感器组件上陀螺的各角度就可得到。然后，这些角度必须与有关飞行器机体的姿态信息相结合以确定地球坐标系统上的角度。姿态信息来自机载惯性平台数据。由于传感器要相对于飞行器机体旋转运动 (甚至当传感器正在观察地面上的一个固定点时) 并且飞行器机体总是处于运动之中，因此在同一时刻及时地确定所有的角度就非常重要。最后一个计算目标位置的因子是飞行器到目标的距离。如果有激光测距仪或在用的雷达传感器，这个距离就可直接确定。此外，这个距离要加注时间标记以与合适的角度数据集进行配对。

(五) 数据处理

测绘无人机系统的地面站一般还应包括大量的数据处理功能。数据处理主要包括测绘成图、应急快速成图、三维重建和空中全景监测等，这些内容作为本书的重点，将在后续章节详细介绍。

(六) 与其他应用系统的信息传输

该功能用于向其他指挥系统、应用系统快速分发无人机获取的信息和数据处理成果。这个过程不仅是在飞行任务结束以后，更重要的是在飞行任务执行期间，对获取数据进行多层次的分析和处理，并通过有线、无线通信系统将数据进行传输，及时地得到应用方反馈意见，再由飞行指挥人员对预先规划的任务立即做出修改，使得地面站下一步的工作更加有效。

三、地面站发展趋势

无人机地面站技术具有以下发展趋势。

(一) 发展通用地面站

未来的地面站更具有开放性和兼容性，不必进行现有系统的重新设计和更换就可以在地面控制站中通过增加新的功能模块实现功能扩展，不仅能控制同一型号的无人机群，还能控制不同型号无人机的联合机群。未来由不同部门根据各自的需要将分别重点开发不同类型的各种无人机，必须要最大限度地使用通用的机载设备，避免重复研制，实现地面控制系统的标准化。为此，美国正考虑如何将各层次的无人机综合到一体化作战指挥系统中，为确保各无人机情报侦察系统间能毫无障碍地传输图像和数据，美国国家侦察局和地理空间情报局共同拟定了一项"通用图像地面/接口系统"，并确定一套通用的图像存储与传输协议，以解决各层次无人机之间的地面站和数据的接口标准问题。美国正在建设一种公共的开放且规模可调的地面控制站结构，以支持从"火力侦察兵"到"全球鹰"的无人机系统，这将有效地终结无人机与地面站仍是专有和封闭的格局。

(二) 重视一站多机地面站设计

一站多机指一个地面站系统可以控制多架甚至多种无人机。未来无人机地面站将朝着高性能、低成本、通用性方向发展，一站多机对地面站的显示和控制提出了更严格的要求。这种地面站设计可同时操控多架无人机，使用较少的操作员操纵更多的无人机，这样既提高了操作效率，也减少了人力成本。同时，也对无人机自主控制能力提出了更高的挑战。

(三) 发展更高效的数据链路

发展安全、可跨地平线、抗干扰的宽带数据链是无人机的关键技术之一。近年来，射频和激光数据链技术的发展为其奠定了基础。除了带宽要增加外，数据链也要求可用和可靠。数据链的可用指特定信号的覆盖区域和范围；可靠指信号的健壮性。对于不可避免的电子干扰，数据链需要采用复杂的信号处理和抗干扰技术 (如扩频、调频技术等)，并能够确保在数据链失效的情况下，无人机能安全返回基地。

发展可靠的、干扰小的、宽带宽的数据链路，提高数据传输效率，其涉及的关键技术有数据链路的抗截获、抗干扰的编码、加密、变频、跳频、扩频与解扩技术和图像压缩与传输解压以及高速信号处理技术等。

地面站系统还应实现与远距离的更高一级的指挥中心联网通信，及时有效地传输实时测绘数据，接收指令，在网络化的现代作战环境中发挥独特作用。

（四）发展人工智能决策技术

该技术涉及无人机的自主控制问题，尤其是针对无人战斗机显得尤为重要。这需要一些智能的、基于规则的任务管理软件来驱动安置在无人机上的综合传感器，保证通信连接，完成无人机与操纵人员的交互，使无人机不仅能确保按命令或预编程来完成预定任务，对已知的目标做出反应，还能对随机突现的目标做出相应反应。

第三节　无人机测绘任务规划内容

无人机的任务规划指在地面控制站对无人机所要完成的任务进行设定与统筹管理的工作，通常包括设定无人机出动位置、确定任务目标、规划飞行航线、配置任务载荷以及制定任务载荷的工作规划等。无人机测绘任务规划的主要目的是找出一条最佳飞行航线，以及在该航线上对任务载荷的控制策略，在确保无人机安全的前提下，最大限度地发挥无人机任务载荷的作用，完成测绘任务。从时间上来说，任务规划可分为航前规划和实时规划。航前规划是在无人机起飞前制定的，主要是综合任务要求、气象环境和已有的情报等因素，制定飞行任务规划。实时规划是在无人机飞行过程中，根据实际的飞行情况和环境特征对先前规划进行适时的修改，包括应急方案，也叫重规划。

无人机测绘任务规划的主要内容包含无人机的选择、飞行环境的选择和航线规划。

一、无人机的选择

执行测绘任务时，选择用哪种类型的无人机必须综合考虑无人机性能、测绘对象、测绘区域和测绘时限等因素。

(一) 无人机性能

无人机测绘系统的整体性能主要受无人机性能的制约，主要包括无人机飞行性能和任务设备遥感探测能力两方面。

1. 飞行性能

无人机的飞行性能指无人机在飞行方面所具有的能力。其强弱、优劣主要取决于无人机的机体结构、气动布局和发动机三个方面，可以用飞行半径、飞行速度、飞行高度、转弯半径、爬升速率、续航时间、控制方式和起降方式等参数反映。

（1）飞行半径：指无人机在加足燃料或充足电的情况下，往返飞行、执行任务能够达到的最远距离。它的大小与无人机的飞行状态、气象条件和任务要求等因素有关，通常小于无人机航程的一半，常用单位为 km。

（2）飞行速度：指无人机在空中运动的速度快慢。飞行速度有空速和地速之分，相对于空气的飞行速度称为空速，相对于地面的飞行速度称为地速，飞行速度还有最大、最小、巡航飞行速度之分，常用单位为 km/h 或 m/s。

（3）飞行高度：指无人机飞行时与地球基准水平面的垂直距离。飞行高度有绝对高度（海拔高度）、相对高度和真实高度之分，相对于海平面的飞行高度称为绝对飞行高度，相对于起飞平面的飞行高度称为相对高度，相对于地面的飞行高度称为真实高度。通常给出的最大升限指海拔高度，任务高度指真实高度，常用单位为 m。

（4）转弯半径：指无人机转弯时的最小半径，是无人机空中机动能力的重要指标之一，常用单位为 m。

（5）爬升速率：指无人机在单位时间内上升的垂直距离，常用单位为 m/s。

（6）续航时间：指无人机从起飞至着陆在空中飞行的时间，也称为滞空时间，常用单位为 h 或 min。

（7）控制方式：指控制无人机飞行状态和工作状态的方法。对无线电控制来说，通常给出控制方法和控制距离。

（8）起降方式：是无人机的起飞方式和降落方式的统称。无人机常用的起飞方式有发射架发射起飞、轮式滑跑起飞、母机投放起飞和垂直起飞四类。常用的回收方式有伞降回收、阻拦网回收和滑降回收三类。

2.遥感设备的探测能力

遥感设备的探测能力指无人机机载遥感设备发现、识别和跟踪目标的能力。遥感成像设备有照相、电视、红外、合成孔径雷达等多种手段，但不论何种遥感手段一般都能用探测距离、探测范围、分辨率和工作环境描述其探测能力。

（1）探测距离：指遥感设备的作用距离，通常在技术指标中给出发现距离和识别距离，常用单位为 km 或 m。

（2）探测范围：指遥感设备能同时探测到的区域，也就是遥感设备一次所能覆盖的最大探测范围，通常以视场角的形式给出，单位为（°）。

（3）分辨率：指遥感设备区分相邻两个目标的能力，分辨率有距离分辨率和角度分辨率之分，常用单位分别为 m 和（°）。

（4）工作环境：指遥感设备的适用工作条件，通常指适用于白天工作，还是夜间工作，能否在阴雨天工作。

（二）测绘对象

测绘对象指无人机测绘需获取的目标及目标信息。这里所说的目标信息特指目标的影像信息和位置信息。按目标的性质，测绘对象分为军用目标和民用目标；目标的种类不同，其反映出的影像特征和位置特征就有所区别。限于篇幅这里仅介绍几种典型的目标类型。

按目标是否具有运动能力，测绘对象分为固定目标和活动目标。

（1）固定目标，也称为静态目标，指那些自身不具有运动能力，又不便于移动位置的目标，例如车站、码头、油库、机场等，这类目标的位置参数通常是固定不变的。

（2）活动目标，也称为动态目标，指那些自身具有运动能力，或借助外力方便移动的目标，例如汽车、火车、飞机、导弹发射架等，这类目标的位置参数是经常变化的。

按目标的形状，测绘对象分为点状目标、线状目标和面状目标。

（1）点状目标，指那些尺寸不大，面积较小的目标，例如铁塔、纪念碑等，这类目标的位置通常可以用一个定位坐标点表示。

（2）线状目标，指那些形状是长条形或折线、曲线的目标，例如道路、行驶中的车队等，这类目标的位置通常需要用多个坐标点串表示。

（3）面状目标，指面积较大或分布面积较大的目标，例如农田、机场等，这类目标的位置通常需要用多个坐标点连成一个闭合区域边界表示。

按目标所处的位置，测绘对象分为陆上目标和水上目标。这类目标也可分为点状、线状和面状类型。

（1）陆上目标，指位于地面的活动或固定目标，例如居民区、农田、路口、车辆等。

（2）水上目标，指处在水中的活动或固定目标，例如舰船、海上钻井平台、油污带等。

测绘目标的特征对无人机测绘提出了不同的需求，这也是选择无人机机型时必须考虑的因素。

（三）测绘区域

测绘区域指测绘单位承担的测绘任务所覆盖的空间范围。无人机的测绘区域指无人机测绘单位所承担的遥感测绘任务覆盖的空间范围，这个范围也可能随时间变化，是无人机测绘任务在空间和时间上的表现形式。

测绘区域确定后，应根据监测区域范围的大小和地形、地物、气象特征选择合适的无人机测绘系统。

（四）测绘时限

测绘时限是由用户方和工作方共同协商确定的完成无人机测绘任务的起止时间。无人机测绘单位受领任务后，通常要经过组织准备、开进展开、测绘实施、成果处理等阶段，对于不同的测绘任务、不同的任务环境、不同的测绘能力，其在每一阶段所需的时间有很大差别，其中具体测绘任务的需求是最重要的。例如，应急救援时，无人机的测绘时限就要求非常短。所以，测绘时限也是在选择无人机类型中一个必须考虑的因素。

二、飞行环境的选择

（一）现地勘察

作业人员需对无人机航拍区或航拍区周围进行现地勘察，收集地形地貌、地表植被以及周边的机场、重要设施、道路交通等信息，为无人机起降场地的选取、航线规划、应急预案制定等提供材料。

(二) 飞行环境条件

根据掌握的环境数据资料和无人机系统设备的性能指标，判断飞行环境条件是否适合无人机的飞行，如不适合，应暂停或另选环境进行飞行。飞行环境条件主要包括：

(1) 海拔高度。无人机的升限高度应大于当地的海拔高度加上航高。

(2) 地形地貌条件。沙漠、戈壁、森林、草地、大面积的盐滩、盐碱地等地面反光强烈的地区，当地正午前后 2 h 内不应摄影；陡峭山区和高层建筑物密集的大城市为尽量避免阴影，应在当地正午前后 1 h 内摄影。

(3) 风向和风力。地面的风向决定了无人机的起飞和降落的方向，空中的风向决定了无人机飞行作业的方向，风力对无人机平台的稳定性影响很大，进而影响无人机测绘的图像质量。

(4) 温度和湿度。当地的环境温度应在维持无人机设备正常工作的温度区间内，同时，当地的环境湿度应不影响无人机设备的正常工作。

(5) 含尘量。首先，起降场地地面的尘土情况应不影响无人机操作员观察无人机的飞行姿态，不影响无人机的起飞和降落；其次，无人机在空中进行测绘作业时，要保证能见度，确保航摄影像能够真实地表现地面细节。

(6) 电磁环境和雷电。保证无人机导航及数据链路系统正常工作不受干扰。

(7) 云量、云高。既要保证具有充足的光照度，又要避免过大的阴影；当云层较高时，可实施云下测绘作业。

(三) 飞行起降场地的选择

不同类型的无人机的起降方式不同，对飞行起降场地的要求不同。综合地形环境、气象环境、电磁环境等因素，无人机飞行起降场地应满足以下通用性要求：

(1) 起降场地相对平坦、通视良好。

(2) 起降场地周围不能有高压线、高大建筑物、重要设施等。

(3) 起降场地地面应没有明显凸起的岩石块、土坎、树桩，也无水塘、大沟渠等。

(4) 附近应没有正在使用的雷达、微波中继、无线通信等干扰源，在不能确定的情况下，应测试信号的频率和强度，如对系统设备有干扰，须改变起降场地。

（5）采用滑跑起飞、滑行降落的无人机，滑跑路面条件应满足其性能指标要求；采用手抛、弹射等起飞方式的无人机对于路面要求较低，只需路面保证一定的平整度。

三、航线规划的分类

无人机航线规划指在一定的约束条件下，从起始点到目标点，寻找满足无人机机动性能及环境信息（地形数据、威胁情况）限制的。生存概率最大、完成任务最佳、综合指标最优的飞行轨迹。

无人机航线一般可以分为三个部分：前往任务区域的航线、任务区域内的航线和返回降落区的航线。前往任务区域的航线和返回降落区的航线一般都为突防航线，以规避危险因素为主要考虑因素。任务区域内的航线为任务航线，以成像质量和覆盖率为主要考虑因素。综合考虑任务和安全因素进行航线规划，情况复杂，很可能得不到完全理想的规划结果，所以，通常将无人机航线分为突防航线和任务航线两类，分别进行航线规划。

第四节　顾及威胁因素状况下的无人机测绘任务航线规划

当前，无人机在测绘、战场侦察、电子对抗、炮兵校射等众多军事领域得到广泛应用。但是随着防空雷达技术的飞速发展，地面防空系统的探测距离、打击范围和干扰能力等迅速提高，对无人机等飞行器构成越来越严峻的生存威胁。无人机突防技术是指无人机利用地球曲率和地形起伏造成的低空雷达盲区作为掩护，安全迅速地突入敌区执行任务作业的一种飞行控制技术。无人机能否成功地突破敌方密集的防空体系，安全突防到达预定区域，遂行测绘任务，必然成为无人机测绘运用中首要关注的问题，所以顾及威胁因素的航线规划是无人机测绘任务完成的关键。

一、无人机飞行威胁因素

(一) 雷达威胁

目前，对空警戒雷达是长距离探测、识别和跟踪目标最重要的设备。雷达方程是描述雷达系统特性的最基本的数学方程，在雷达方程的完整形式中，考虑了雷达系统参量、目标参量、背景杂波和干扰影响、传播影响、传播介质等各种因素对雷达作用距离的影响。经典雷达方程为

$$P_R = \frac{P_T G^2 \lambda^2 \sigma F^4}{(4\pi)^3 R^4 C_B L} \tag{4.17}$$

式中，P_R 为雷达接收机收到的回波信号功率；P_T 为雷达发射机输出功率；G 为天线增益；λ 为雷达的工作波长；σ 为目标的雷达散射截面积；C_B 为滤波器与信号波形匹配程度系数；L 为损耗因子；R 为目标到雷达的距离。

在建立雷达方程模型时，由于目标到雷达之间的距离对 R 雷达的发现概率起着重要作用，而雷达又存在一个最大作用距离 R_{max}，刚所以可以简化雷达探测概率模型，近似表示为

$$P_D = \begin{cases} 0, & R \geq R_{max} \\ \dfrac{R_{max}^4}{R^4 + R_{max}^4}, & R < R_{max} \end{cases} \tag{4.18}$$

式中，R 为目标与雷达之间的距离；P_D 为该目标被雷达探测到的概率。

(二) 电磁干扰威胁

通常情况下，可以将地面对空电磁干扰机的作用范围简化为半球形，该半球以干扰机发射位置为中心，以最大作用距离 R 为半径，其中半径 R 与干扰机的功率有关。

电磁干扰作用区域模型为

$$\left. \begin{aligned} X &= R \sin \alpha \cos \beta \\ Y &= R \sin \alpha \sin \beta \\ Z &= R \cos \alpha, \quad Z > 0 \end{aligned} \right\} \tag{4.19}$$

式中，R 为作用半径；α 为半径与 Z 轴正向的夹角；β 为半径在 XY 平面的投影与 X 轴正向的夹角。$R > 0, 0 < \alpha < \pi, 0 < \beta < 2\pi$。

（三）防空火力威胁

暴露在防空火力面前的无人机被击落的概率 P_M 表示为

$$P_M = P_v P_{\frac{k}{v}} \tag{4.20}$$

式中，$P_{\frac{k}{v}}$ 为在被导弹发现后被击落的概率，为常数。P_v 由无人机和导弹阵地之间的几何关系决定的，令 Δh_{AS} 表示无人机在导弹阵地上的高度，R_S 为无人机和导弹之间的斜距，α 为视线的俯角，K_0 为比例系数，P_v 可近似表示为

$$P_v = K_0 \frac{\Delta h_{AS}}{R_S} = K_0 \sin \alpha, 0 \leq \alpha \leq 90° \tag{4.21}$$

则

$$P_M = K_0 \sin \alpha P_{\frac{k}{v}} \tag{4.22}$$

一、无人机突防航线规划因素

在无人机航线规划过程中需要协调多种因素之间的关系，这些因素往往相互影响，具体来说，无人机突防航线规划需要考虑如下因素。

（一）无人机的生存能力

在无人机航迹规划过程中，首先要尽量降低被敌方预警雷达和截获雷达探测到的概率，避开敌方电子干扰和火力打击区域，提高无人机的战场生存能力。

（二）无人机约束条件的限制

航线规划时必须考虑无人机技战术性能的物理限制，仅考虑生存能力，无人机将不可能按理想的航线进行飞行。突防航线规划通常考虑的约束条件有：

（1）航程约束 L_{max}，主要考虑燃料的限制或者到达目标的时间要求，不能超过最大航程。

（2）最大转弯角 β_{max}，无人机在可行航路上任一点的转弯角不能大于预先确定的最大转弯角，主要考虑水平操纵性能限制。

（3）最大爬升 / 俯冲角 α_{max}，这是限制无人机在垂直平面内上升或下滑的最大角度，避免撞地危险。

（4）最小步长 L_{min} 即无人机在可行航路上改变一种飞行姿态前必须直飞的最短距离，主要考虑飞行效率和便于导航。

（5）最大和最小飞行高度 H_{max}、H_{min} 无人机飞行时离地面过低会导致撞地概率很大，最小飞行高度为 H_{min}；同时为了无人机进行航拍时具有足够的分辨率和视野大小，又不能飞得过高，最大高度记为 H_{max}。

（6）固定目标进入方向 θ_{direct}，约束无人机必须从某个预先确定的方向接近目标，在执行某些特定任务时有此项限制。

（三）实时性要求

现代战争中，一方面战场环境瞬息万变，难以保证环境的固定性；另一方面由于任务的不确定性，经常需要改变原有的任务转而执行突发任务。在这些情况下，不可能再按照原来规划的航迹完成任务，这时就必须根据环境和任务的变化，实时地规划出最优航线，以满足不同需求。

三、常用的无人机突防航线规划算法

一般将无人机航线规划算法分为确定性搜索算法和随机搜索算法。确定性搜索方法有基于最优控制原理的方法和基于动态规划或启发式搜索的状态空间搜索方法。随机搜索方法有遗传算法和蚁群算法等优化算法。

（一）Voronoi 图算法

利用 Voronoi（沃罗诺伊）图研究航迹规划，一般先根据航迹规划空间区域内的威胁建立对应的 Voronoi 图，再利用优化算法搜索最优航线。

平面 Voronoi 图可以形象地看成一组生长点以同等速度向四周扩展，直到相遇为止，所形成的图形。两个相邻的生长点具有公共的 Voronoi 边。Voronoi 边的交点称为 Voronoi 节点。Voronoi 节点与至少三个生长点的距离相等，即 Voronoi 节点是至少三个生长点构成的外接圆圆心。一个生长点的 Voronoi 边所围成的封闭图形为 Voronoi 多边形。对于给定的一组生长点，对应的 Voronoi 图是唯一的。对于某一个生长点而言，落在其 Voronoi 多边形内的点均距其最近，可视为该生长点的影响范围。每一个 Voronoi 多边形的平均边数不超过六条，这表明删除或增加一个生长点，一般只影响约六个相邻的生长点，表明 Voronoi 图具有局部动态性。

根据无人机航迹规划空间区域内的威胁构建 Voronoi 图，需要考虑不同威胁源的威胁程度。基于 Voronoi 图的航迹规划算法第一步是生成初始航迹，首先通过已知的敌方雷达或威胁点位构造 Voronoi 图。Voronoi 图的边界就是所有可飞的航迹，根据威胁源的强度大小和边的长短给出各边的相应权值，最后使用某种搜索算法，如 Dijkstra 算法等搜索出两点间的最优的航迹，建立起无人机的初始飞行路线。

(二) 启发式搜索算法

启发式搜索 (A*) 算法是人工智能中的一种算法，利用问题中的启发信息引导搜索过程，达到减少搜索范围，降低问题复杂度的目的。利用 A* 算法进行航迹规划时，通常将航迹规划环境表示为网格的形式，将每一个网格单元视为可能到达的节点。A* 算法从起始节点出发，首先针对当前位置计算每一个可能达到的网格单元的代价，然后将具有最低代价的网格单元加入搜索空间，这一新加入搜索空间的网格单元又被用来产生更多的可能路径。在不断优先扩展这些能够使代价函数值较小的节点的过程中，逐步形成一个节奏点集，集合内节点的有序连接即为所求优化路径。A* 算法中的代价函数也称为目标函数，表示为

$$f(n) = g(n) + h(n) \tag{4.23}$$

式中 n 为待扩展的节点；$g(n)$ 为从起始点到当前点 n 的代价；$h(n)$ 为从当前点行到目标点的代价估计，称为启发函数；$f(n)$ 为从起始点经过节点 n 到达目标点的最小代价路径的估计值。A* 算法实际上是每次从候选节点中选择 f 值最小的节点，将其插入到可能路径的节点序列中。理论上已经证明，只要启发函数 $h(n)$ 满足可接纳条件，即 $h(n)$ 小于或等于从当前节点到目标点的真实代价，并且搜索图中存在可行解，A* 算法就一定能够找到其中的最优解。

理论上，对于航迹规划空间中的任意一个位置，航迹可以从任意方向通过，导致下一个点的位置存在无数种可能性。在实际应用中，将航迹规划空间表示为网格，搜索下一个可能的航迹点时，一般只考虑当前航迹点所在网格单元的邻域中的网格单元。采用平面矩形规则网格时，一般使用八邻域和 24 邻域。一般来说，考虑的邻域范围越大，生成的航迹越精确，但计算求解过程需要的存储空间越大，收敛速度越慢。

利用 A* 算法进行无人机航迹规划，一般将最小航迹段长度、最大拐弯

角、最大爬升 / 俯冲角、航迹距离约束、飞行高度限制、地面目标位置进入方向等约束条件结合到搜索算法中，以达到缩小搜索空间、缩短搜索时间的目的。

在最小航迹段长度 L、最大拐弯角 β_{max}、最大爬升 / 俯冲角 α_{max} 等约束条件内，无人机可能到达的下一位置被约束在一个有限的空间区域中，可以按照一定规则将该区域细分成若干子区域，针对每个子区域进行代价计算，搜索得到代价最小的节点。图 4-10 中，由最小航迹段长度、最大拐弯角、最大爬升 / 俯冲角等条件约束下的空间区域表示为一个由四棱锥和球面包围的区域。其中，四棱锥的顶点为无人机当前位置，顶点处的纵向张角为 2θ，水平张角为 2φ，球面半径为 L。

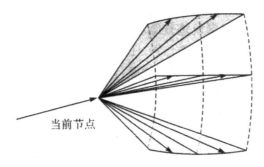

图 4-10　当前节点的可行搜索空间

航迹距离约束对应于无人机在有限燃料条件下航迹的最大长度 d_{max} 航迹搜索过程中，从起飞点到当前飞行位置的距离记为 D，当前飞行位置到下一个飞行位置 i 的距离记为 S_i，若 $D + S_i \geq d_{max}$，则将第 i 个节点视为无效。

无人机的飞行高度受自身性能的制约，同时要考虑避开各种障碍。在特定的飞行任务中，无人机的飞行高度作为约束条件，用来剔除搜索过程中超出飞行高度范围节点。

地面目标位置进入方向指要求无人机从特定的方向接近目标。如图 4-11 所示，以地面目标为中心设置一个桶形区域，L 为最小航迹段长度，要求无人机从桶形上方开口内飞临目标上空，一般桶形上方开口处的代价设置得较小，而桶形区域内部的代价设置得很高。当无人机从开口处接近目标，其相对距离小于 L 时，航迹搜索过程结束。

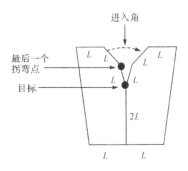

图 4-11　具有高代价的桶形区域

(三) 遗传算法

遗传算法（genetic algorithm）是由美国密歇根大学 J.Holland 教授于 1975 年首先提出来的，是一种模拟达尔文的遗传选择和自然淘汰的生物进化过程的计算模型遗传算法通过由一组个体 (染色体) 形成的种群进行工作，种群中的每一个个体代表原问题的一个可能的解。所有个体按照一定的评价机制赋予适应值，适应值反映了个体所表示的原问题解的好坏程度，适应值高的个体在进化过程中生存的可能性更大。对个体进行评价并按其适应值大小进行选择的过程称为繁殖。适应值高的个体通过交叉算子繁殖成子个体，适应值低的个体被选择繁殖的概率很小，因而更容易被淘汰。变异算子只以很小的概率作用于种群中的个体，它通过对个体的某一分量进行随机修改，将新的基因结构引入种群。利用遗传算法解决实际问题通常包括个体的表达机制 (基因编码方式)、个体的评价准则、选择优良个体的机制、基因操作、控制参数、进化过程的终止准则等部分。图 4-12 显示了遗传算法的基本进化周期。

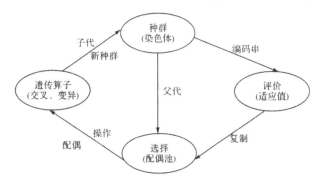

图 4-12　遗传算法的进化周期

在求解航线优化问题时，遗传算法将优化问题当作一个生存环境，将问题的一个解当作生存环境中一个个体，以目标函数值或其变化形式评价个体对环境的适应能力，在模拟由一定数量个体组成的群体的进化过程中，通过优胜劣汰，最终获得最好的个体，即问题的最优解。

图 4-13 为利用遗传算法优化航迹规划的基本流程。每个染色体表示一条航迹，它由一系列航迹节点构成，航迹节点之间用直线段连接。在初始化的时候，为无人机随机的生成大小为 P 的种群，对种群中的所有个体计算其评价值，并据此从小到大排序。

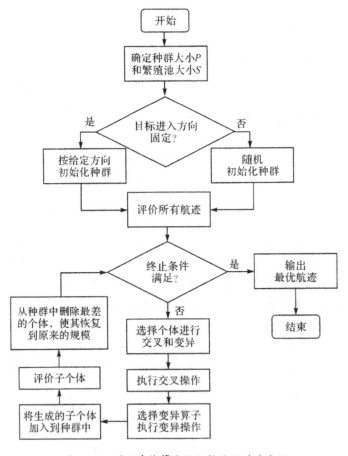

图 4-13 利用遗传算法优化航迹规划的流程

首先，设计一个带有 P 个选格的选择轮盘，每个选格的大小按其序号的增加而递减。在每次选择时，每个个体被选中的概率与其评价值大小不成比例，但较优的个体被选中的概率较大。每次迭代过程中，利用选择轮盘从种群中选取 S 个个体组成繁殖池。

然后，按一定的概率机制选择不同的进化算子作用于被选出的 S 个个体。交叉算子将两个父个体重新组合，生成两个新的子个体。变异算子对一个父个体进行作用，通过改变其中间节点生成一个新的子个体。在要求无人机航迹满足按指定方向飞临目标时，选取定向扰动算子作用于第 $(n-1)$ 个节点，但此时其他变异算子不能再作用于该节点。将新生成的个体添加到种群中，并对其进行评价。每个子种群将包含 $(P+S)$ 个个体，将其中 S 个最差的个体删除，使种群恢复到原来的大小。新生成的个体只有在比种群原有最差个体优越时，才可能进入下一代。

当迭代过程进行到预定最大次数，或者在若干次迭代中最优个体的适应值稳定不变，则迭代过程终止。

(四) 蚁群算法

蚁群算法（ant algorithm）是继遗传算法之后的又一种新兴的启发式搜索算法。它是一种概率搜索算法，利用生物信息激素（pheromone stigmergy）作为蚂蚁选择后续行为的依据。每只蚂蚁会对一定范围内其他蚂蚁散布的生物信息激素做出反应，依据生物信息激素的强度在每一个道口对多条路径选择做出概率上的判断并执行该选择，由此察觉到并影响其以后的行为，通过数次迭代产生全局最优解，形成一种正反馈机制。

蚁群算法的搜索特点具有良好的动态特性、分布性、协同性，这对于航路规划中的动态自适应问题特别有效，而且由于采用了正反馈机制，该算法的收敛速度也比较快。本节的后续内容将重点介绍基于蚁群算法的航线规划方法。

四、基于改进蚁群算法的无人机低空突防三维航线规划方法

蚁群算法最重要的特点是创造性地使用了启发信息，本节在建立无人机航线规划模型的基础上，通过引入偏航角对启发信息进行调整改进，运用优先搜索集策略，可以快速有效地搜索到低空突防的最优航线。突防飞行中，威胁信息发生变化后，该算法也能快速建立新的航线规划模型，实时生成新的最优航线。

(一) 无人机航线规划建模

为了模拟无人机的飞行环境，需要先建立规划空间，并建立地形模型、威胁模型以及航线代价评估模型。

1. 规划空间的建立

规划空间指在进行航线规划时涉及的三维飞行范围，即在这个范围内为无人机规划可飞航线。在进行航线规划之前，必须将飞行环境中与航线规划相关的要素（地形、威胁等）表示成规划空间中的符号信息。

将整个规划空间进行三维网格划分后，网格交织的每个顶点作为空间信息节点，节点可进行树状结构组织管理，节点包含的元素可表示为

$$n_{\text{node}} = \left\{ x, y, z, f_{\text{flag}}, c_{\text{cost}}, f_{\text{father}}, h_{\text{hig}} \right\} \tag{4.24}$$

式中，(x, y, z) 为节点位置信息，代表地形数据；f_{flag} 为可飞区域边界标志，对可飞区域和边界进行划分，可用 0，1 表示；c_{cost} 为该节点的综合代价；f_{father} 为该节点层次父节点位置信息；h_{hig} 为撞地标志，表示是否满足最小离地高度。当威胁环境信息发生变化时，可更改 f_{flag} 的值，及时更新数据。

规划空间节点的设置既要考虑无人机航线规划的精度，空间节点越密集，可行航路的规划就越精确；考虑到无人机水平及俯仰方向的操作限制，当前节点与相邻节点的无人机运动应满足航线规划约束条件，所以空间节点的设置不能过密，满足航线约束是其设置的根本依据。

2. 地形模型的建立

依托各种比例尺数字地图、卫星影像作为数据源，可构建三维地形模型，如图 4-14 所示。

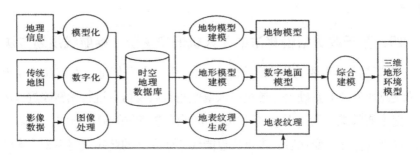

图 4-14　三维地形建模的流程

从图4-14可以看出，主要存在数字地面模型、地表纹理、地物模型三种类型的中间数据，其中作为基础数据的地图数据和影像数据在流程中起着重要作用。一方面，栅格地图数据和数字影像数据可作为地表纹理直接贴在地形的表面；另一方面，矢量地图数据中的等高线数据可用于构建数字地面模型，地物数据用于构建地物模型，符号化的矢量数据也可直接生成地表纹理。

三维地形模型是无人机航线的规划空间，并作为航线规划的数据基础和航线可视化表达的显示环境。

3. 威胁模型的建立

威胁模型的建立是无人机执行低空突防飞行任务的核心问题之一，是航线规划和航线危险性评估的计算依据。根据式（4.18）至式（4.20）可以计算出常见的雷达威胁、电磁干扰和防空火力威胁模型。

将威胁信息与三维地形模型共同融合成一种综合的地形信息模型。这种方法将对已知威胁的规避转化为地形规避，简化了航线优化算法，可以有效地缩短航线规划时威胁处理的时间。下面以地空导弹为例说明如何转化。

将威胁模型等效为地形模型时，地形的高度值表示为威胁度的大小，在威胁作用范围之内，等效地形高度值高的点威胁度大，等效地形高度值低的点威胁度小。其中，威胁度的大小以及各俯角 α 方向上的击落概率 P_M 和导弹的最大作用半径 R 有关，导弹的作用半径也和视线俯角 α 有关，可用 $R = f(\alpha)$ 表示，如图4-15所示。

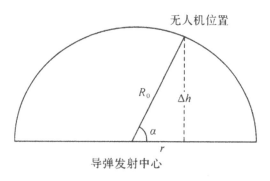

图4-15　地空导弹威胁等效为地形模型

假设导弹在各方向上的作用半径均为常数 R_0，对于其他防空火力的威

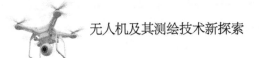

胁，只要将作用半径和视线俯角 α 的函数关系式取 R_0，就可以推导出类似的等效地形模型。

$$\left.\begin{array}{l}\Delta h = R_0 \sin \alpha \\ r = \cos \alpha\end{array}\right\} \tag{4.25}$$

式中，Δh 为威胁等效的地形高度；r 为地形点相对威胁的水平距离。

由式（4.25）确定的空间曲面是威胁最大作用空间的包络曲面。但该曲面没有很好地利用 α 较小的时候存在的探测盲区，依据这样的曲面规划出的航线并不是回避威胁的最优航线。

由式（4.20）表示的导弹杀伤概率可以看出，在 $\alpha \in [0°, 90°]$ 范围内被击中概率随 α 值的减小而减小。因此，可采用 P_M 作为威胁曲面的修正系数，对距离地空导弹中心 r 处的等效地形高度值进行修正。假设 K_r 为修正因子，Δh_c 为修正后的等效地形高度值，则修正后的曲面参数方程为

$$\left.\begin{array}{l}\Delta h_c = K_r P_M \Delta h = K_r P_M R_0 \sin \alpha = K_r P_v P_{\frac{k}{v}} R_0 \sin \alpha = K_r P_{\frac{k}{v}} K_0 R_0 \sin^2 \alpha \\ r = R_0 \cos \alpha\end{array}\right\} \tag{4.26}$$

由式（4.20）知，当 $r = 0$ 时，即 $\alpha = 90°$，无人机被击落的概率 P_M 达到最大值，此时修正前后的高度应相等，即 $\Delta h = \Delta h_c$ 由式（4.26）得

$$K_r = \frac{1}{P_{\frac{k}{v}} K_0} \tag{4.27}$$

代入式（4-25）中得到威胁等效地形曲面参数方程为

$$\left.\begin{array}{l}\Delta h_c = R_0 \sin^2 \alpha \\ r = R_0 \cos \alpha\end{array}\right\} \tag{4.28}$$

设导弹的中心坐标为 (x_0, y_0)，威胁作用范围内相应点坐标为 (x, y)，则

$$r = \sqrt{(x - x_0)^2 + (y - y_0)^2} \tag{4.29}$$

将式（4.29）代入式（4.28）可以导出 Δh_c 与 (x, y) 之间的函数关系

$$\Delta h_c = \begin{cases} \dfrac{R_0^2 - (x - x_0)^2 - (y - y_0)^2}{R_0}, & 0 \le r \le R_0 \\ 0, & r > R_0 \end{cases} \tag{4.30}$$

因此，将导弹威胁等效为地形时为一旋转抛物体，其形状类似一座山，如图4-16所示。

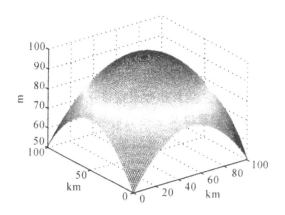

图 4-16　地空导弹等效地形模型的模拟

电磁威胁、防空火炮威胁和地空导弹威胁类似，均能够生成类似的山峰地形。威胁模型等效为地形模型之后，需要将各种威胁等效的地形模型进行叠加。叠加数学方程式为

$$z(x, y) = \max[z_1(x \quad y) \quad z_2(x \quad y)] \tag{4.31}$$

将威胁等效的地形与规划空间的数字地形叠加后，得到的融合后的规划空间模型如图4-17所示。

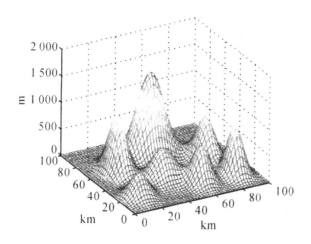

图 4-17　多种威胁模型与地形模型叠加后形成的模拟

4. 航线代价函数

无人机的航线规划主要考虑目标是地形隐蔽、威胁规避下的低空三维航线，所以可采取按照最小威胁、最大遮蔽效果和最短航路加权的方法建立航线代价函数，具体为

$$F(R) = \sum_{i,\,j \in n} \left(\omega_1 C_f^{ij} + \omega_2 C_t^{ij} + \omega_3 C_h^{ij} \right) \tag{4.32}$$

式中，R 为整条航线，$F(R)$ 为整条航线的代价；(p_i, p_j) 为航线 R 中相邻两节点，$C_{ij}(p_i, p_j)$ 表示该航线线段的代价；C_f^{ij} 为该航段燃油代价；C_t^{ij} 为该航段综合威胁代价，包括地形、探测威胁（如雷达）和火力威胁（如地空导弹、高炮等）的综合代价，表明航线规避威胁的能力；C_h^{ij} 为该航段高度代价，表明航线地形匹配的能力；加权系数 ω_1，ω_2，ω_3 可根据不同任务决策侧重点进行选择。

考虑到航线长度、高度、威胁这三个量的值往往不是同一个数量级的，甚至可能相差好几个数量级。比如航线长度是几十千米的，这必然导致航线规划的结果对权重值 ω_1，ω_2，ω_3 很不敏感。可对代价函数中的指标进行归一化处理，将各项指标换算为 0 至 1 之间的值。

由于威胁信息已经等效为地形信息，可以首先确定各项指标 f 的最大值 f_{max} 最小值 $_{min}$，按照式（4.33）进行归一化，各项指标均成为一个 0 至 1 之间的无量纲的值，其对航线总代价的敏感程度就变得一致，即

$$F = \frac{f - f_{min}}{f_{max} - f_{min}} \tag{4.33}$$

（二）基于改进蚁群算法的无人机低空突防航线规划算法实现

1. 蚁群算法的特点

蚁群算法用于无人机低空突防航线规划有如下特点：

（1）动态性。在蚂蚁不断地扩散生物激素的加强作用下，新的信息会很快地被加入环境中，而旧的信息会被丢失。

（2）分布性。由于许多蚂蚁在环境中感受散布的生物信息激素的同时，自身也散发生物信息激素，这使得不同的蚂蚁会有不同的选择策略。

（3）协同性。许多蚂蚁的协同合作使得最优路线逐步显现，成为大多数蚂蚁所选择的路线。

2. 基本蚁群算法的实现过程

在求解航线规划问题时，要设计若干个人工蚂蚁，这些人工蚂蚁模仿蚂蚁的行为方式，首先对区域的所有节点给出合适的初始值，生成初始信息素矩阵。将 m 个人工蚂蚁定位于起始点，每个蚂蚁使用一定的状态转换规则从一个状态转到另一个状态（即从一个节点转到另一个节点）直到最终到达目标点，完成一条候选航线，即得到航线规划问题的一个可行解。在所有 m 个蚂蚁都完成了各自的候选航线选择后，再利用生物信息激素修改规则修正各条边的生物信息激素强度。这一修正过程模拟了蚂蚁释放生物信息激素以及生物信息激素的自然挥发作用。对没有经过的点只进行信息素的挥发，对经过的各点按照修改准则加强信息，重复这个过程，直到求出最优航路。基本蚁群算法的实现过程包括以下步骤：

（1）信息素初始化及禁忌表。信息素分布在每个航线节点到与其相邻节点的路径线段上，蚂蚁从 r 点开始搜索，蚂蚁的每一步搜索范围是其相邻的节点，每一节点 i 与其相邻节点 j 的信息素值由式（4.34）进行初始化，即

$$_{i, j}\begin{cases} , & \text{为可达节点} \\ , & \text{其他} \end{cases} \tag{4.34}$$

禁忌表只记录第 k 只蚂蚁走过的节点。首先将蚂蚁置于初始点，并将该初始点加入该只蚂蚁的禁忌表中，禁忌表根据蚂蚁行走的节点动态变化，在一次循环的过程中，蚂蚁走过的节点不允许再次行走，完成一次循环后，禁忌表清零。

（2）蚂蚁状态转换规则。一只人工蚂蚁选择可行的新节点的概率是由两节点间的代价以及生物信息激素的强度决定的，由下式可以计算从当前节点 r 转换到可行节点 s 的概率

$$P_k(r, s) = \begin{cases} \dfrac{\tau(r, s)^{\alpha} \cdot \eta(r, s)^{\beta}}{\displaystyle\sum_{s \in J_k(r)} \tau(r, s)^{\alpha} \cdot \eta(r, s)^{\beta}}, & s \in J_k(r) \\ 0, & \text{其他} \end{cases} \tag{4-35}$$

式中，$P_k(r, s)$ 为蚂蚁 k 从节点 r 转移到节点 s 的概率；$\tau(r, s)$ 为蚂蚁储存在边 $V(r, s)$ 上的生物信息激素强度；$\eta(r, s)$ 为节点 s 相对于节点

r 的可见性，$\eta(r,\ s)=\dfrac{1}{c(r,\ s)}$ 作为启发信息，$c(r,\ s)$ 为边 $V(r,\ s)$ 的代价 $J_k(r)$ 为第 k 个蚂蚁由节点 r 可以到达的所有可行节点集合；α、β 为控制参数，确定生物信息激素和可见性的相对重要性。蚂蚁从状态 r 转移到状态 s 所选可行节点的概率会随着生物信息激素强度的增大而增大，随着通路代价的增大而减少。

（3）生物信息激素修改规则。一旦所有蚂蚁完成了各自候选航线的选择过程，必须对各边上的生物信息激素做一次全面的修正，修正规则如下

$$\tau(r,s) \leftarrow (1-\rho)\tau(r,s) + \rho\big[\Delta\tau(r,s) + \Delta\tau^2(r,s)\big] \tag{4.36}$$

式中，$\Delta\tau(r,s) = \displaystyle\sum_{k=1}^{m}\Delta\tau^k(r,s)$。局部修正

$$\tau^k(r,\ s) = \begin{cases} \dfrac{Q}{W_k}, & \text{边} V(r,\ s)\text{属于}k\text{候选航路} \\ 0, & \text{不属于} \end{cases}$$

整体修正

$$\tau^e(r,\ s) = \begin{cases} \dfrac{Q}{W_e}, & \text{边} V(r,\ s)\text{属于当前最好候选航路} \\ 0, & \text{不属于} \end{cases}$$

式中，ρ 为参数，用来蒸发储存在边上的生物信息激素以减弱原有的信息；W_k 为蚂蚁 k 选择的航路的广义代价；W_e 为当前最小的航路代价；m 为蚂蚁数。生物信息激素修正的目的是分配更多的生物信息激素到具有更小威胁代价航路的边上，这个修正规则不仅存储生物信息激素，还适当地蒸发。

3. 蚁群算法的改进

（1）启发信息调整。在基本蚁群算法中 $\eta(r,\ s)$ 表示节点 s 相对于节点 r 的可见性，$\eta(r,\ s) = \dfrac{1}{c(r,\ s)}$ 作为启发信息，增强了蚁群的寻找最佳路径的能力。但这种启发信息有可能会因为选择代价小的航线而偏离原来航线，甚至越来越远，浪费大量的搜索时间，对启发信息做以下调整：可引人偏航角 $\theta_i(i=0,1,\cdots,n-1)$ 作为反馈信息，如图 4-28 所示。

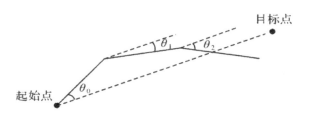

图 4-28　偏航角

将偏航角信息反馈到系统中作为搜索信号，加快了搜索速率，也容易找到最优解，所以选择启发信息为

$$\eta(r,\ s) = \frac{1}{\theta_i c(r,\ s)} \tag{4.37}$$

（2）优先搜索集。为提高蚂蚁的搜索效率，可为每个航线节点建立一个优先搜索集，蚂蚁下一个节点的选择就在该优先搜索集中进行。建立优先搜索集的方法是，首先将一个节点周围的所有节点都设为优先搜索集，然后在蚁群算法运行过程中根据各路径上的信息素浓度动态地增减搜索集的数目。这种动态建立最优搜索集的方法可以使信息素浓度不强的路径不容易被蚂蚁选中，另外也可根据一个节点与周围节点的距离进行排序。

（3）算法实现。其具体步骤如下：

第一步，初始化规划空间网格上所有节点的激素信息，构建初始矩阵 T。

第二步，将 m 只蚂蚁置于航路起点。

第三步，根据启发信息 [见式（4.37）] 和建立的优先搜索集将蚂蚁移动到可行的相邻节点，直到所有蚂蚁到达给定的目标点。

第四步，计算每只蚂蚁所选择的航线的代价函数 [见式（4.32）]，记录当前蚂蚁所选择的最优航线。

第五步，按照生物激素更新规则更新各节点的生物信息激素强度。

第六步，检查所得结果，看结果是否需要调整，如果需要，则进行调整。

第七步，重复第二步至第六步，直到大于预定的迭代次数。

第五章　无人机测绘成图技术研究

目前，在测绘大范围区域时，生成一张覆盖该区域的影像图的方法主要有两类：一类是主要考虑精度而较少顾及实时性的基于数字摄影测量的正射影像图生成技术；另一类是主要考虑实时性而较少顾及地理精确性的基于图像拼接技术的图像处理方法。本章将分别介绍这两类影像图的生成技术和方法。

第一节　无人机正射影像图制作流程解析

一、概述

无人机测绘成图技术以无人飞行器为飞行平台，一般以非量测型成像设备为传感器，直接获取摄影区域高分辨率的数字影像，经过一系列的后处理，生成覆盖该区域的影像图产品，具有灵活机动、快速反应等特点，是一种新兴的技术先进的测绘手段。目前，后处理的方法可分为两类：一类是基于数字摄影测量的处理，对应的产品为数字正射影像图；另一类是基于图像拼接技术的图像处理，本书将其对应的产品命名为无人机应急影像图。

（一）无人机数字正射影像图

1.无人机正射影像图的概念

无人机数字正射影像图是利用数字高程模型，对无人机航摄像片，逐像元进行预处理、几何纠正和镶嵌，按图幅范围裁切生成的影像数据，带有公里格网、内外图廓整饰和注记的平面图。它同时具有地图的几何精度和影像特征，可用于大比例尺地形图的更新，从中提取自然和人文信息，具有精度、现势性和完整性。通过空中三角测量和几何校正等处理，可以得到地理坐标系下的多张小幅面影像图，将这些影像进行配准和融合处理拼接成大范围的影像后，再按照标准图幅范围裁切可得到数字正射影像图。

要生成满足摄影测量测绘生产规范的无人机数字正射影像图，至少需要满足以下两个前提条件中的一个。

（1）无人机平台搭载了位置和姿态测量装置（如 GPS/INS），且测量装置的测角精度应达到侧滚角、俯仰角不大于 0.01°，航偏角不大于 0.02°。

（2）无人机测绘作业前已按照数字摄影测量的规范布设了符合要求的地面控制点，且飞行作业中，飞行姿态控制稳度满足横滚角小于 ±3°、俯仰角小于 ±3°、航向角误差小于 ±3°。

2. 无人机正射影像图的应用

（1）大比例尺地形测绘

尽管低成本的无人机测绘系统并不适用于面积较大区域的地形测绘，但是对于测绘面积较小的大比例尺地形测绘任务（一般小于 20 km²），由于传统航空摄影技术对机场和天气条件的依赖性较大，成本较高，航摄周期较长，限制了数字摄影测量技术在大比例尺地形测绘中应用，作业单位一般采用全野外数据采集方法成图。由于无人机测绘系统具有机动、快速、经济等优势，同时数码相机可以调节光圈、快门和感光度，并通过软件对彩色、反差、亮度进行调整和消雾处理，从而在阴天、轻雾天也可获得合格的彩色影像。因此小范围的大比例尺地形测绘任务也可以采用全数字摄影测量系统进行作业，将大量野外工作转入室业，减轻了劳动强度，提高了工作效率。利用现有的全数字摄影测量工作站可以很容易获得数字正射影像图（digital orthophoto map，DOM）、数字线划图（digital line graph，DLG）、数字高程模型（digital elevation model，DEM）等测绘产品。

（2）国土资源监测方面

土地资源是人类赖以生存和发展的物质基础，中国人多地少，随着经济的快速发展，耕地、矿产资源等不断减少，生态环境面临严峻考验。全面、准确、及时地掌握国土资源的数量、质量、分布及其变化趋势，进行合理开发和利用，直接关系到国民经济的可持续发展。为此，国土资源管理部门正在逐步建立"天上看、网上管、地上查"的立体跟踪监测体系，对土地和资源的利用情况进行动态监测，同时加大执法监测力度。

国土资源监测工作的重要内容之一是对土地和资源的变化信息进行实

时、快速的采集。目前，地方上多采用人工实地检查，国家多采用卫星遥感影像数据和普通航空遥感影像数据，这些技术手段在实际工作中发挥了很大作用，但在高效、快捷、准确性等方面还存在一定的不足。人工实地检查效率低，需要大量的人力和物力，由于国土资源部门各级人员配置与工作量不相适应，大量地方难以巡查到位，并且容易受到人为因素的干扰。卫星遥感影像数据采购周期长、时相难以保证，因此现势性不够；另外卫星影像的分辨率较低，影响判别准确性。

有人驾驶飞机的普通航空遥感的方法可获取较高分辨率的影像，但受空域管制和气候等因素制约，对时间要求紧迫的监测任务较难保障，而且成本高。现实需要对重点地区和热点地区实现滚动式循环监测，对违规违法用地、滥占耕地、非法开采矿山、破坏生态环境等现象要做到及早发现、及时制止，还要更新城乡过时的资料，为土地规划提供最新的信息。从当前情况分析，每年全国航摄一次是不现实的，而且也没有必要，但是一些发展迅速的地区却急需资料，无人机可为地方以及各部门提供国土整治监测、农田水利修建、环境保护和居民建设所需的综合地理、资源信息。无人机摄影测量还可满足带状地形图的测图精度，且具有自动化、智能化、精确化的优势，快速准确地获取 DEM、DLG 和 DOM。利用三维 GIS 软件可实现带状地形图的可视化，使信息更加直观化。为了表达地物与地貌的关系，可在三维建模的基础上叠加对应区域的 DEM 数据，实现地物与地貌的统一，而且利用建立的三维模型可以进行三维 GIS 的一些应用，例如土地属性的实时查询、水土流失的计算等。

(二) 无人机应急影像图

1. 无人机应急影像图的概念

无人机具有机动灵活的特点，可以低空飞行，通过视频或连续成像形成时间和空间重叠度高的序列图像，图像具有分辨率高、信息量丰富等特点，特别适合为应对突发应急事件提供测绘保障。但另一方面，由于大多数无人机并非测绘专用无人机，这种非测绘无人机具有以下问题：

（1）由于无人机系统平台的平稳程度不如有人驾驶飞机，容易受高空风力的影响，造成飞行航线漂移，飞行的轨迹很难像传统的航空摄影沿直线飞行（航线弯曲度小于等于 3%），这样使得拍摄的影像航向重叠度和旁向重叠度都不够规则。

（2）与传统的航天影像和航空影像相比，无人机飞行高度低、视野小，获取的影像存在像幅较小、数量多、个别影像的倾角过大等问题。

（3）由于无人机载荷重量的限制，其携带的定姿定位系统（POS）的精度比较低（有的无人机只携带定位系统），只能起到无人机自身导航和控制的作用，不能得到或不能精确得到传感器影像的外方位元素参数。

（4）应对突发应急事件时，由于情况的紧急以及环境恶劣等原因，不可能在事发地域事先布设控制点。

以上问题的存在，使得此类型无人机获取的序列影像数据质量无法满足传统数字摄影测量的要求，也就难以用传统数字摄影测量的作业方法处理无人机获取的序列影像数据。即使部分无人机（如中远程大型无人机）获取的数据能满足传统数字摄影测量要求，每一次飞行都要获取几百张甚至上千张图像，按照传统数字摄影测量的作业流程，需要大量的人力物力处理，耗时较多，很难充分发挥无人机及时快速这一最显著的特点。所以如何快速准确处理无人机序列影像数据成为亟待解决的问题。

将无人机实时获取的序列影像数据，经过快速拼接、地理配准等处理后，与地形图融合，并将快速分析与解译的信息加以标注，形成一种表达最新情况的无人机测绘产品。这种产品以时效性为第一原则，不需要工序复杂、耗时长的空中三角解算，利用快速拼接影像图的直观、形象的丰富信息和现势性；以精确性为第二原则，利用地形图的数学基础和地理要素。由于以服务于应对突发应急事件需求为主要目的，本书将这种既有图像的直观、实时性好等特点又有地形图的抽象概括、精确等优点的大比例尺影像图产品称为无人机应急影像图。

2. 无人机应急影像图的应用

无人机应急影像图为应对突发事件提供了一种快速测绘保障手段。突发事件应急准备与置、灾情评估、灾后恢复重建是应急测绘保障中的核心与基础工作。下面介绍无人机应急影像图在灾害监测、灾害应急救援、灾情评估等方面的应用。

（1）灾害监测

中国地形与地质构造复杂，各种自然灾害成为影响社会稳定与经济发展的重要因素。无人机测绘获取的序列影像经过拼接和地理配准等处理，生成应急影像图以供地质灾害分布详细调查与发育条件判别应用；重复监测数据对比分析可以发现地质灾害隐患点的发展。尤其是地形特殊、人力调查难以进行的区域，无人机机动灵活的作业方式、云下飞行的优势会为灾害监测带来极大帮助。

（2）灾害应急救援

灾害发生时，对救援工作最重要的资料就是灾害现场第一手调查数据，及时对灾害发生情况、影响范围、受困人员与财产、交通畅通与潜在次生灾害的调查能够为高效救援提供合理的技术支持。地质灾害发生后专业人员现场调查易受次生灾害伤害，地面常规调查速度慢、精度低，限制了地质灾害救援对时效的高要求。

无人机测绘对起降条件要求低，灵活起飞，快速获取地影像面数据的特点为解决地质灾害救援中的矛盾提供了可能。无人机测绘可以实现数据实时传输，地面同步进行数据处理，在短时间内生成应急影像图，可在第一时间了解现场详情，为救援方案的制定提供帮助。

（3）灾害灾情评估

在灾害影像数据获取后通过影像拼接与精确校正，形成应急影像图，为地面灾情解译提供了丰富的数据源。遥感解译可以判别地质灾害体形状与位置、造成地面破坏的面积、地形的变化、植被的破坏、河道和道路的破坏、堰塞湖的形成、受威胁的对象与潜在次生灾害体，形成相应的解译结果图及数据的初步统计。灾情评估主要在 GIS 软件环境中进行，通过叠加地面经济社会数据，在专家指导下建模分析（如灾害体体积方量、堰塞湖的容积以及溃坝可能性、造成的直接经济损失、可能伤亡数据及受威胁的对象与潜在损害等），以上评估结果可为救援计划制定与防止次生灾害造成的二次伤亡提供指导。

二、无人机正射影像图制作流程

无人机正射影像图制作指按照摄影测量测绘生产规范和作业流程生成标准分幅的数字正射影像图等测绘产品的过程。

参照数字摄影测量的作业流程，无人机正射影像图制作工作流程主要包括影像的质量评价（筛选）、影像预处理、几何校正、空中三角测量、图像配准与融合、数字正射影像图制作等步骤。

（一）影像的质量评价

与传统的航天影像和航空影像相比，无人机飞行高度低、视野小，获取的影像存在像幅较小、数量多、部分影像质量较差等问题，为了后续无人机影像数据处理的顺利完成，必须先对无人机获取的影像进行质量评价，剔除不符合测绘成图规范的影像。

（二）影像预处理

无人机航摄系统在获取航摄影像的过程中，由于受到地形起伏、大气散射、空气冷热不均等因素的影响，获取的原始图像存在噪声的干扰；此外，镜头畸变对影像质量的影响也不容忽视。为了避免图像噪声和镜头畸变的扩散传播，保证后续处理的质量，必须首先对影像进行预处理。影像预处理主要包括图像的滤波处理和镜头畸变校正。

（三）几何校正

无人机航摄影像在获取过程中，由于无人飞行器的姿态、高度、速度以及地球自转等多种原因导致图像相对于地面目标发生了几何畸变，必须通过几何纠正处理对几何畸变进行误差校正。

（四）空中三角测量

在已知少量地面控制点的基础上，通过量测重叠像片的像点坐标，依据立体像对的相对定向和绝对定向等摄影测量原理，运用数学方法解求像片加密控制点的坐标。

（五）图像配准与融合

空三平差完成后，得到了比较精确的各影像外方位元素，根据这些定向元素，采用数字微分纠正的间接法，可以得到单张航摄像片的正射影像，由于无人飞行器飞行高度低，单张航摄像片的视场范围小，需要利用图像拼接技术拼接出大区域场景的正射影像。图像拼接过程主要包括图像配准和图像融合两个步骤。

第二节　无人机影像的空中三角测量解析

空中三角测量主要是利用少量地面控制点，快速地解算影像的定向及地面点加密问题。这是一种依据摄影像片与所摄物体（如地面）之间存在的几何关系，利用少量的野外控制数据和像片上的观测数据，在室内测定像片的方位元素的作业方法。其基本过程是利用连续摄取的具有一定重叠的像片，建立同实地相应的航带模型或区域模型，从而获取待测点（俗称加密点）的平面坐标和高程。

空中三角测量可分为两大类：航带法空中三角测量和区域网空中三角测量（也称为区域网平差）。区域网空中三角测量又可分为航带法区域网空中三角测量、独立模型法区域网空中三角测量和光束法区域网空中三角测量。

一、航带法空中三角测量

航带法空中三角测量的研究对象是一条航带的模型，即首先要把许多立体像对所构成的单个模型连接成航带模型，然后把一个航带模型视为一个单元模型进行解析处理。由于在单个模型连成航带模型的过程中，各单个模型的偶然误差和残余的系统误差，将传递到下一个模型中，这些误差传递累积的结果，使航带模型产生扭曲变形，因此航带模型经绝对定向后，还需做模型的非线性改正，才能得到较为满意的结果，这就是航带法空中三角测量的基本思想。

航带法空中三角测量的主要工作流程为：

(1) 像点坐标的量测和系统误差改正。

(2) 像对的相对定向。

(3) 模型连接及航带网的构成。

(4) 航带模型的绝对定向。

(5) 航带模型的非线性改正。

二、航带法区域网空中三角测量

上面介绍的单航带法空中三角测量是把一条航带作为独立的解算单元，求出待定点的地面坐标。航带法区域网空中三角测量则是以单航带作为基础，把几条航带或一个测区作为一个解算的整体，同时求得整个测区内全部待定点的坐标。其基本思想是通过相对定向和模型连接先建立自由航带网，以逐条航带为平差单元，单航带的摄影测量坐标为观测值，通过非线性多项式中变换参数的确定，使自由网纳入所要求的地面坐标系，并使公共点上差值的平方和为最小。

航带法区域网空中三角测量的主要工作流程为：

（1）建立自由比例尺的航带网。各航带分别进行模型的相对定向和模型连接，然后求出各航带模型中摄站点、控制点和待定点的摄影测量坐标。由于此时求得的摄影测量坐标在坐标系原点和模型比例尺方面都还是各自独立的，故称为自由比例尺的航带网。

（2）建立松散的区域网。为了将区域中各自由比例尺的航带网拼成松散的区域网，需要将自由比例尺的航带网逐条依次进行空间相似变换，即各航带网进行概略绝对定向。

（3）区域网整体平差。各航带网同时进行非线性改正，整体平差后求得待定地面点的坐标。

三、独立模型法区域网空中三角测量

为了避免误差累积，可以将单模型（或双模型）作为平差计算单元。一个个相互连接的单模型既可以构成一条航带网，也可以组成一个区域网，但构网过程中的误差却被限制在单个模型范围内，而不会发生传递累积，这样就可以克服航带法区域网空中三角测量的不足，有利于加密精度的提高。

独立模型法区域网空中三角测量的基本思想是：把一个单元模型（可以由一个立体像对或两个立体像对，甚至三个立体像对组成）视为刚体，利用各单元模型彼此间的公共点连成一个区域，在连接过程中，每个单元模型只能平移、缩放、旋转（因为它们是刚体），这样的要求只有通过单元模型的三维线性变换（空间相似变换）完成。在变换中要使模型间公共点的坐标尽可能一致，控制点的模型坐标应与其地面坐标尽可能一致（即它们的差值尽可能小），同时观测值改正数的平方和最小，按最小二乘法原理求得待定点的地面坐标。

独立模型法区域网空中三角测量的主要工作流程为：

（1）求出各单元模型中模型点的坐标，包括摄站点坐标。

（2）利用相邻模型之间的公共点和所在模型中的控制点，对每个模型各自进行空间相似变换，列出误差方程式及法方程式。

（3）建立全区域的改化法方程式，并按循环分块法求解，求得每个模型的七个参数。

（4）由已经求得的每个模型的七个参数，计算每个模型中待定点平差后的坐标。若为相邻模型的公共点，则取其平均值作为最后结果。

四、光束法区域网空中三角测量

光束法区域网空中三角测量也称为光线束区域网空中三角测量，是以一幅影像所组成的一束光线（影像）作为平差的基本单元，以中心投影的共线方程作为平差的基础方程。通过各光线束在空间的旋转和平移，使模型之间公共点的光线实现最佳的交会，并使整个区域最佳地纳入已知的控制点坐标系统中去。这里的旋转相当于光线束的外方位角元素，而平移相当于摄站点的空间坐标。在具有多余观测的情况下，由于存在着像点坐标量测误差，所谓的相邻影像公共交会点坐标应相等，以及控制点的加密坐标与地面测量坐标应一致，均是在保证最小二乘误差最小意义下的一致。

光束法区域网空中三角测量的主要工作流程为：

（1）各影像外方位元素和地面点坐标近似值的确定。可以航带法区域网空中三角测量方法提供影像外方位元素和地面点坐标的近似值。

（2）从每幅影像上的控制点和待定点的像点坐标出发，按每条摄影光线的共线条件方程列出误差方程式。

（3）逐点法化建立改化法方程式。按循环分块的求解方法先求出其中的一类未知数，通常是先求得每幅影像的外方位元素。

（4）利用空间前方交会求得待定点的地面坐标，对于相邻影像公共交会点应取其均值作为最后结果。

五、三种区域网平差方法的比较

分析以上三种区域网空中三角测量平差方法的平差基本单元可以得知：航带法区域网平差是以每条航带作为平差单元，将单航带的摄影测量坐标视为观测值；独立模型法区域网平差则是以单元模型作为平差单元，将点的模型坐标作为观测值；而光束法区域网平差则以单张影像作为平差单元，将影像坐标量测值作为观测值。显然，只有影像坐标才是真正原始的、独立的观测值，而其他两种方法的观测值往往是相关而不独立的。

由于光束法区域网平差是以每张像片为单元且以像点坐标为原始观测值，由共线方程线性化建立全区域的统一误差方程式和法方程式，整体解求区域内每张像片的六个外方位元素和所有待求点的地面坐标，所以其理论最严密，精度最高，并且能最方便地顾及系统误差的影响和引入非摄影测量附加观测值，适合处理非常规摄影和非量测型相机的影像数据，考虑到无人机遥感影像的特点和缺陷，光束法区域网平差为无人机遥感影像空中三角测量处理的主要方法。

第三节　应急快速成图解析

本节主要介绍在没有布设地面控制点和机上没有高精度位置姿态测量系统的情况下，如何将无人机获取的序列影像直接经过快速拼接技术处理成图，然后经纠正处理后与地形图进行融合，快速生成无人机应急影像图。

一、无人机应急影像图的制作流程

无人机应急影像图的制作流程如图 5-1 所示。

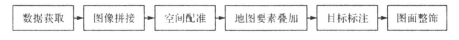

图 5-1　无人机应急影像图制作流程

图像拼接技术将在后续章节详细介绍。无人机影像的空间配准多采用数字微分纠正的方法，虽然数字微分纠正具有较高的几何精度，但必须首先生成该影像范围的数字地面高程模型，因而在缺乏数字地面高程的情况下，航空影像的纠正将变得复杂和困难。为了解决这一问题，有效的途径是利用地形图提供的地形信息。本章提出了一种将无人机影像配准至地形图的新方法，由于地形图是建立在大地坐标系下的，因此纠正的无人机影像也将是正射的。为了将无人机影像准确地纠正至地形图上，本章使用了图形与图像叠加显示的技术，即通过将地形图一矩形区与影像进行匹配来选择控制点的方法，这一方法不仅加快了选择控制点的速度，更重要的是避免了人工量算的错误，具体步骤如图 5-2 所示。

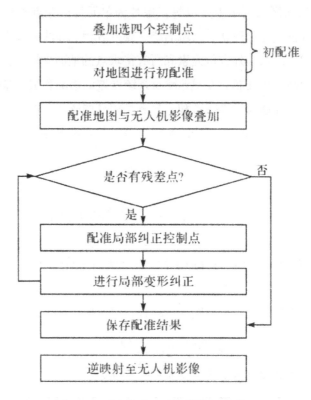

图 5-2　逆映射的无人机影像配准流程

二、基于改进 SIFT 的无人机影像自动拼接技术

本节研究的无人机影像自动拼接技术的对象是原始的未经处理的无人机序列影像。评价一种影像自动拼接技术的优劣要综合考虑其拼接的速度和准确度。本章提出了一种兼顾速度和准确度的基于特征点的自动拼接方法。

Moravec、SUSAN、Foerstner、Harris 和 SIFT 等算法是目前应用最广泛的几种图像特征点提取算法。其中，SIFT 方法是目前公认最好的基于特征点的方法，其优点在于尺度不变性，但用一般的 SIFT 方法提取的特征点数量大、描述特征点的特征向量维数多（128维），这将导致运算量大，处理时间过长。Harris算法是一种经典的特征点提取算法，其特点是速度较快，但对噪声很敏感，随着尺度因子参数不同，图像角点提取效果差别较大。

基于上述分析发现，SIFT方法和Harris算法的优缺点有互补性，因此提出了一种基于改进SIFT的无人机影像自动拼接方法，具体实现过程如下：首先对待拼接图像进行预处理；然后提取Harris特征点、计算特征点的特征半径和SIFT特征向量，并利用主成分分析法降低特征向量的维数；接着采用最临近（nearest neighbor，NN）方法进行特征匹配，利用BBF（best bin first）算法搜索特征的最邻近以提高匹配速度，利用PROSAC（progressive sample consensus）算法提纯特征点匹配对并精确计算运动模型参数，实现了图像的自动配准；最后采用匀色处理消除光度差异，较好地实现了无人机序列图像的无缝拼接，算法流程图如图5-3所示。

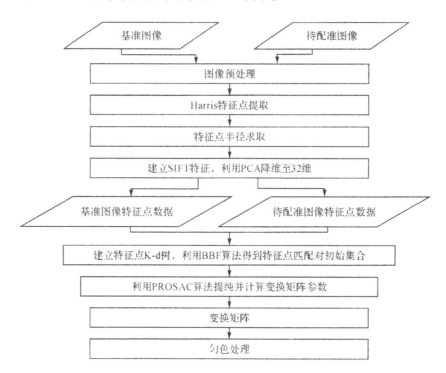

图5-3　无人机图像自动拼接算法流程

(一) 无人机影像数据特点分析

无人机搭载的相机一般为定焦的非量测型普通数码相机，在获取影像的同时，会同步记录该影像对应的经纬度坐标，以及飞行速度、高度和方向角信息 (主要是 GPS 提供)，部分无人机为了保证成像质量，配置了稳定平台或 IMU (可以提供相机成像时的横滚角和俯仰角信息)。

由于无人机载荷重量以及成本限制，装载的导航 GPS 精度一般只有 10 m 左右，同时辅助数据记录的角信息精度只有几度，精度较低。无人机飞行之前，一般会设计规划飞行航线 (包括任务航线)，但实际的飞行轨迹并不规则，受风力和导航系统精度等因素的影响，飞行轨迹一般会偏离原来规划的航线，同时飞行过程不能保证姿态稳定，倾斜较大。对于拍摄的地区，可以通过公开的 DEM 数据获得该区域对应的精度在 30 m 左右的地形高程数据。为了确保飞行过程不漏拍，无人机影像重叠率一般较高，航向重叠一般超过 60%，旁向重叠超过 20%，一次飞行任务获取的影像张数较多，一般以百计，部分大区域的应用会拍摄获取上千张影像。

对无人机序列影像数据特点进行总结，可以发现序列影像数据具有以下几个特点：①在大部分应用中，机载的相机为定焦镜头，其焦距值固定；②有一些精度不高的地理位置信息；③有精度不高的姿态辅助信息，误差一般在 5m 以上；④有粗略的地形高程数据；⑤保证较高的重叠率 (包括航向重叠和旁向重叠)。

(二) 图像预处理

利用无人机平台的辅助信息，包括低精度的位置、姿态信息以及已知的粗略地形高程数据，可以获得粗略的图像匹配集合

$$S = \{<i,j>|i,j=1,2,\cdots,m\} \tag{5.1}$$

具体实现过程如下：利用无人机平台的 GPS/IMU 辅助信息可以得到每张无人机图像近似的投影矩阵，将这些无人机图像投影到与地平面平行的平面，且保证该平面是所获取的地形高程最低 (小) 值 (通过公开的精度 30 m 左右的全球地形高程数据得到) 所在的平面。只要两幅投影图像有重叠，就认为对应的两幅图像 (记为 i、j 图像) 具有匹配关系，并将 $<i,j>$ 加入集合 S。虽然这里所用的辅助信息并不十分精确，计算得到的图像匹配关系仅是一个

粗略值。

然而由于在计算的过程中放宽了重叠度的要求，因此真实的图像匹配集合 S' 是该图像匹配集合 S 的一个子集。

（三）特征点提取

图像特征点的提取分两步：检测特征点和建立特征点的特征向量。采用的方法是利用特征点的 Harris 兴趣值与邻域半径 r 的函数关系，检测使兴趣值最大的半径作为特征半径，然后结合 Harris 特征点和 SIFT 特征向量提取图像特征。

1. 提取 Harris 特征点并计算特征点的特征半径

Harris 检测算子不具有尺度不变性，当图像尺度发生较大变化时，检测到的特征点有可能不相同。采用 K.Mikolajczyk 提出的具有尺度自适应的 Harris 检测算子，定义具有尺度自适应的梯度自相关矩阵为

$$\mu = (x, \sigma_1, \sigma_D) = \begin{bmatrix} \mu_{11} & \mu_{12} \\ \mu_{21} & \mu_{22} \end{bmatrix} = \sigma_D^2 g(\sigma_1) \begin{bmatrix} L_x^2(x, \sigma_D) & L_x L_y(x, \sigma_D) \\ L_x L_y(x, \sigma_D) & L_y^2(x, \sigma_D) \end{bmatrix} \quad (5.2)$$

式中，σ_1 为积分尺度；σ_D 为差分尺度。

该矩阵描述了特征点 X 局部邻域的图像梯度分布情况。L_x、L_y 分别代表函数 L 在 x、y 方向上的偏导数。实现中取 $\sigma_1 = \xi^n \sigma_0$，$\xi = 1.4$，为两幅连续图像的尺度差；$\sigma_d$　σ_n 为高斯滤波；$s = 0.7, n = 0,1,2,3$。

兴趣值 T 是检测 Harris 特征点的依据，由此得到以 T 作为检测特征半径的依据，因此检测特征半径的原理是对每一个特征点 X 求使得 T 最大的邻域半径 r_{max}，以 r_{max} 作为特征点的特征半径，用来计算特征向量。

2. 计算 SIFT 特征向量

SIFT 特征向量分两步得到：确定特征点主方向和计算特征向量。确定特征点主方向是为了保证特征向量的旋转不变性，以该主方向为基准来建立特征向量。

对图像 $I(X)$ 每个像素点 X，其梯度值 $m(X)$ 和方向 $\theta(X)$ 的计算公式为

$$m(X) = \left\{ \left[I(x+1, y) - (x-1, y) \right]^2 + \left[I(x, y+1) - (x, y-1) \right]^2 \right\}^{\frac{1}{2}} \quad (5.3)$$

$$\theta(X) = \arctan\frac{I(x, y+1)-(x, y-1)}{I(x+1, y)-(x-1, y)} \tag{5.4}$$

对邻域内所有像素的梯度方向进行直方图统计，直方图的范围是

$0 \sim 2\pi$，以$\frac{\pi}{4}$为间隔，直方图峰值对应的角度则为该关键点处邻域梯度的

主方向，即作为该关键点的方向，图5-6给出梯度直方图的一个例子。在梯度方向直方图中，若出现另一个相当于主峰值80%能量的峰值时，则将这个方向作为该关键点的辅方向。所以，一个关键点可能会具有多个方向（一个主方向，一个以上辅方向），这样可以为匹配提供更强的鲁棒性。

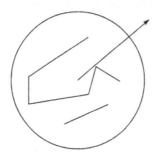

(a)像素点的梯度方向

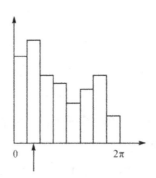

(b)梯度方向直方图统计

图5-4　梯度直方图

根据特征点的位置、尺度和主方向，确定图5-4(a)所示的N^2个正方形区域，特征向量由N^2个梯度直方图构成。为得到旋转不变性，将像素点的坐标和梯度方向都投影到该特征点的主方向上。为避免在窗口位置处小的改

变使特征向量发生较大改变，利用一个具有参数 $\sigma = \dfrac{r}{2}$ 的高斯权重函数为每个样本特征点梯度值赋一个权重。为减少光线变化时的影响，特征点乙特征向量被标准化为单位长度，最终的特征向量由这些直方图连接而成。

SIFT 特征向量的具体计算方法：对任意一个关键点，以关键点为中心取 16×16 像素大小的邻域，如图 5-4（a）所示，黑色的圆环代表方差为 $\sigma = \dfrac{r}{2}$ 高斯加权函数，强化中心区域信息，提高算法对几何变形的适应性。然后再将其划分为 4×4 共 16 个子区域，分别对每个子区域计算梯度方向直方图，即可形成四个种子区域，因此，一个关键点邻域划分为 4×4 个子区域的联合梯度信息，这样对于一个关键点就可以最终形成 $4 \times 4 \times 8 = 128$ 维的向量，该向量就是 SIFT 特征向量。

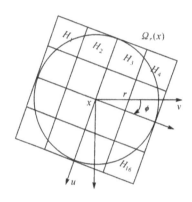

（a）领域梯度方向

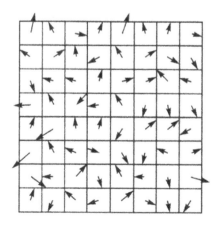

（b）关键点特征向量

图 5-5　特征向量的建立

3. 利用主成分分析算法降维特征向量

主成分分析是统计学中分析数据的一种有效的方法。其基本思想是根据样本点在多维模式空间的位置分布，以样本点在空间中变化较大的方向，即方差较大的方向作为判别矢量实现数据的特征提取与数据压缩。从概率统计观点可知，一个随机变量的方差越大，该随机变量所包含的信息就越多，如当一个变量的方差为 0 时，该变量为一常数，不含任何信息。

为了减少 128 维 SIFT 特征向量的维数，提高匹配速度，利用主成分分析将向量的维数降低至 36 维，具体实现方法如图 5-6 所示。

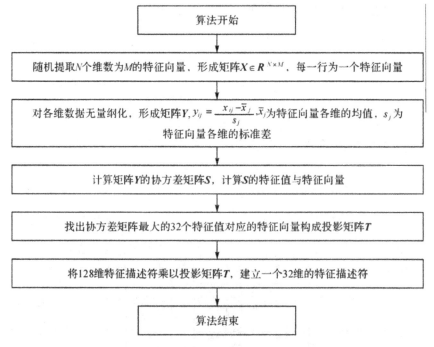

图 5-6　利用主成分分析算法降维特征向量的流程

(四) 特征匹配

如何找到特征点的最近邻和次邻近是特征匹配算法的关键。寻找最邻近实质上是数据结构领域的一个查找问题，要提高查找的效率，最好的办法是先对节点集合进行排序。

BBF 算法通过查找最邻近和次邻近来提高匹配的速度，能很好地适用于高维向量匹配。

　　BBF 算法是对 K-d 树算法的改进，它在 K-d 树的搜索策略上做了合适的改进。K-d 树的查找方法，类似于二叉排序数的查找过程。二叉排序树的查找过程如下：首先将给定节点的关键字与根节点的关键字进行比较，若相等。则查找成功；否则将根据给定点与根节点的关键字之间的大小关系，分别在左子树或右子树上继续进行查找。对于 K-d 树来说，这只需要次关键字比较，其数据结构决定了能够减少查询量。BBF 算法采用一种近似的最邻近算法，通过限制 K-d 树中被检查的叶子节点数，对查找的节点设一个最大数目 E_{max}，认为当查找到这个数目的节点时的最邻近为近似结果，从而缩短搜索时间。另外，考虑已存储节点与被查询节点的关系，按已存储节点与被查询节点距离递增的顺序来搜索节点。

　　为减少误匹配，加入特征点互匹配约束条件，认为一对匹配的特征点必须满足互为最邻近的条件。采取如下思路求取特征点匹配对：首先建立每幅图像特征的 K-d 树，然后对配准图像的每一个特征点，利用 BBF 搜索算法在基准图像特征点 K-d 树中找到它的最邻近和次邻近，并计算出它与这两个特征点之间距离的比值 Ratio，如果 Ratio 小于设定的阈值，认为该特征点与其最邻近的特征点是一对候选的匹配点；然后对这个最邻近的特征点，在待配准图像的 K-d 树中，查找它的最邻近和次邻近，并计算出它们之间距离的比值 Rato，如果 Ratio 满足条件，才确定它们是一对匹配的特征点。

（五）特征匹配对提纯及运动模型求解

　　上述过程得到的特征点匹配对集合中往往存在很多错误的匹配对，称为外点（outliers），引起这一问题的原因有以下几点：

　　（1）后续图像中有的特征点可能位于非重合区域，或者由于图像背景模糊或特征点漏检等原因，使得很多特征点在基准图像中没有正确的匹配。

　　（2）图像上存在大量的相似区域。

　　（3）由于降维引起的特征向量的高度独特性降低。

　　为了尽量剔除外点，本章采用 PROSAC 算法进行特征点匹配对提纯，在剔除错误的特征匹配对的同时精确计算运动模型参数。PROSAC 算法是 RANSAC（random sample concensus）算法的改进。RANSAC 算法是随机抽取样本，没有考虑到个体之间的差异性，但实际情况下个体之间存在好坏的差异——有的个体是内点的概率高，有的个体是内点的概率低。可以根据某种评判标准先对个体进行排序，在随机抽取样本的过程中先抽取更可能生成稳定模型的样本，这就是 PROSAC 提纯算法的思想，用特征点匹配对的相似程度作为排序的评判标准。

经过预处理的系列图像间只存在微小的角度旋转和比例缩放，可以采用二维运动参数模型表示图像间的关系。其理论基础是六参数的仿射变换，即

$$
\begin{bmatrix} x' \\ y' \end{bmatrix} = R \begin{bmatrix} x \\ y \end{bmatrix} + \begin{bmatrix} \Delta x \\ \Delta y \end{bmatrix} \tag{5.5}
$$

式中，R 为旋转矩阵；Δx 和 Δy 为水平偏移量和垂直偏移量。通过三对点就解出 R、Δx 和 Δy，但这些点必须是表示图像间相关性的特征点。式 (5.5) 可变为

$$
\begin{bmatrix} x' \\ y' \end{bmatrix} = K \begin{bmatrix} \cos\theta & \sin\theta \\ -\sin\theta & \cos\theta \end{bmatrix} \begin{bmatrix} x - \Delta x \\ y - \Delta y \end{bmatrix} \tag{5.6}
$$

式中，K 为尺度因子；θ 为旋转角；Δx 和 Δy 为水平偏移量和垂直偏移量。当 θ 角很小的情况下，式 (5.6) 可简化为

$$
\begin{bmatrix} x' \\ y' \end{bmatrix} = K \begin{bmatrix} K & \beta \\ -\beta & K \end{bmatrix} \begin{bmatrix} x - \Delta x \\ y - \Delta y \end{bmatrix} \tag{5.7}
$$

显然，只需要两组匹配点就可以解 K、β，即

$$
\left. \begin{aligned}
Kx_1 - K\Delta x + \beta y_1 - \beta\Delta y = x_1' \\
Ky_1 - K\Delta y + \beta x_1 - \beta\Delta x = y_1' \\
Kx_2 - K\Delta x + \beta y_2 - \beta\Delta y = x_2' \\
Ky_2 - K\Delta y + \beta x_2 - \beta\Delta x = y_2'
\end{aligned} \right\} \tag{5.8}
$$

解方程 (5.8) 得

$$
\begin{bmatrix} K \\ \beta \end{bmatrix} = \begin{bmatrix} x_1 - x_2 & y_1 - y_2 \\ y_1 - y_2 & x_1 - x_2 \end{bmatrix}^{-1} \begin{bmatrix} x_1' \\ y_1' \end{bmatrix} \tag{5.9}
$$

进而

$$
\begin{bmatrix} \Delta x \\ \Delta y \end{bmatrix} = \begin{bmatrix} x_1 \\ y_1 \end{bmatrix} - \begin{bmatrix} K & \beta \\ -\beta & K \end{bmatrix}^{-1} \begin{bmatrix} x_1' \\ y_1' \end{bmatrix} \tag{5.10}
$$

通过 PROSAC 算法提纯一组特征点对序列后，使用最小二乘法解出方程参数，从而获得图像的近似匹配位置。

(六) 匀色处理

由于拍摄时采样角度和光照强度的不同，相邻图像重叠区域会出现明暗强度及变形程度的差异，这就需要进行匀色处理。采用光度对准的方法将较大的光度差异调整到较小范围内；然后搜索重合区域内的最佳缝合线；最后采用加权平均的方法消除细微光度差异，实现了图像的无缝拼接。

三、无人机应急影像图制作规范

无人机序列影像经过拼接后，没有定位信息，不能充分利用无人机影像的信息。无人机遥感一般属于低空遥感，具有机动性、灵活性、时效性和分辨率高等特点，同时存在着不能得到或不能精确得到影像的外方位元素 $(\varphi, \omega, \kappa, X, Y, Z)$ 和普通相机的畸变差参数的问题，无法依照传统航空摄影测量的方法进行空中三角解算，制作数字正射影像图，成为大比例尺地图数据获取与更新的手段。但如果无人机所拍摄的影像不经过处理或只经过简单拼接处理，那就存在变形大、定位精度差、可用信息少等缺点，不能充分发挥无人机低空遥感的作用。

无人机遥感和地形图都有自身的特点和局限性，倘若将它们结合起来，相互取长补短，便可以发挥各自的优势、弥补各自的不足，有可能更全面地反映地面目标，提供更强的信息解译能力和更可靠的分析结果。所以可以考虑将无人机获取的序列影像经过拼接和纠正处理后与地形图融合在一起，形成一种特殊的影像图产品，这种产品不需要工序复杂、耗时长的空中三角解算，既可以充分利用影像图的直观、形象的丰富信息和现势性，又利用了地形图的数学基础和地理要素。本书将这种影像图产品称为无人机应急影像图。

(一) 基本原则

通常，应急影像图是在纸上印刷成图的，所以，在确定和规划总体设计的各项内容时，必须要了解纸张和印刷的有关规格的规定，使设计的图幅位置和内容在印刷和纸张上得到合理的安排，并尽量节省人力和物力，降低成本，缩短出图的周期，保证影像图具有必要的精度，以及适合于影像图用途的内容和美学效果。

(二)底图规范

1.底图内容的选择与确定

影响底图内容确定的因素很多,但起决定作用的因素主要有:应急影像图的用途和制图区域的特点。

应急影像图的用途决定着影像图的主题,影像图的主题直接影响着底图内容要素的选取。与影像图主题相关的底图内容要素可以选择,关系密切的底图要素还可以加粗或选择鲜亮颜色重点突出显示;没有关系或关系不大的底图要素可以舍去不显示。

制图区域的地理特点也直接影响着底图内容的选择和确定。例如湿润地区和干旱地区对于底图中水系要素的选取标准就不一样。

2.底图比例尺的选择与确定

底图比例尺的选择受到遥感影像的分辨率、影像图的用途、制图区域的范围(大小和形状)和既定的影像图幅面(或纸张规格)的影响。在这些因素中,遥感影像的分辨率和影像图的用途是影响底图比例尺确定的主要因素,而制图主区的范围和纸张的幅面规格,是具体确定比例尺的不可忽视的基本条件,这些因素互为制约关系。如设计某区域的影像图时,限定了纸张的面积,则制图主区的范围大,比例尺就小,反之比例尺就大;如果制图主区的形状和大小已定,则纸张的面积大,比例尺可选择大些,反之,比例尺应选小些。

确定底图比例尺时,还应特别注意:①在各种因素制约下,确定的比例尺应尽量大,以求表达更多的底图内容;②充分利用纸张的有效面积,确定合理的比例尺,不要把过多的面积用在装饰上,或者裁切掉过多的纸边造成浪费。

(三)影像规范

应该根据地理现象和操纵尺度选择最佳分辨率的遥感影像数据。选择合适的空间分辨率,必须研究像幅表达内容的特性。许多环境科学家在多空间和时间尺度下给出了不同应用领域中的遥感数据空间分辨率的最佳选择。影像地面分辨率的选择应结合影像图用途,在确保成图精度的前提下,本着有利于缩短成图周期、降低成本、提高测绘综合效益的原则进行。

(四) 注记规范

注记除了遵循地图注记设计的一般规范外，还需要根据应急影像图主题内容突出标注某些要素的注记。注记标注需要确定五个要素，即注记的字体、字号、字色、字隔和字列。

1. 字体

字体指应急影像图上注记的体裁。汉字字体繁多，地图上经常使用的有宋体及其变形体 (左斜宋体)、等线体及其变形体 (耸肩等线体、扁等线体、长等线体)、仿宋体，还有隶体、魏碑体及美术宋体、美术等线体。

宋体字由于横细竖粗的特点，在地形图上常用于较小居民地的注记，其变形体左斜宋体则用来注记各种水系名称。

等线体中的粗等线体粗壮醒目，常用作图名和大居民地的注记；中等线体笔划匀称，是图面上较大居民地注记的重要字体；细等线体清秀明快，可以印刷得很小，常用于最小居民地和各种说明注记，是地图上最小注记的基本字体。耸肩等线体用于山脉名称注记，长等线体用于山峰、山隘名称注记，扁等线体用于区域名称注记，长等线体和扁等线体更多的用于图名、标题和图外注记。

2. 字号

字号指应急影像图注记字的大小。字号在一定程度上反映被注对象的重要性和数量等级。等级越高的地物，其注记就越大；反之，则小。

制作应急影像图时，注记的字号要根据用途和使用方式确定。注记的字号可以按照相排字机提供的20种字号尺寸 (7～62级) 进行选择。在照相排字机上，字号和级数的关系大致为：字号 = (级数 −1) × 0.25，单位为 mm，注记字号指字的长边，如7级为 $7 \times 0.25 = 1.75$ mm，即字的长边边长为 1.75 mm。

3. 字色

字色指注记所用的颜色。字色与字体类似，主要用于加强要素之间的类别差异。水系一般用蓝色注记，地貌用棕色注记，即与所表示要素的用色一致。一般来说，人们对应急影像图注记的感受能力取决于注记及其背景之间的视觉对比度。因此，应急影像图上的注记或者为浅色背景上的深色 (黑色)，或者为深色背景上的浅色 (如白色)。

4. 字距

字距指注记中字与字的间隔距离。应急影像图上凡注记点状地物（如居民点等）都是使用小间隔注记；注记线状物（如河流、道路等）则采用较大字距沿线状物注出，当线状物很长时尚需分段重复注记；注记面状物体时，常根据其所注面积而变更其字距，所注图形较大时，应分区重复注记。

5. 字列

字列指同一注记的排列方式。汉字注记的排列方式有四种：水平字列、垂直字列、雁行字列和屈曲字列。水平字列、垂直字列和雁行字列的字向总是指向北方（或图廓上方）。水平字列的注记线平行上下内图廓线，注记从左至右排列；垂直字列的注记线垂直于上下内图廓线，注记从上到下排列；雁行字列的注记线很灵活。屈曲字列的字向依注记线而改变，字向与注记线垂直或平行。

（五）标注规范

标注可以分为遥感图像内标注和遥感图像外标注。遥感图像内的标注其字色要注意与遥感图像的色彩区分，遥感图像外的标注基本遵循注记规范，但一般来说标注会比同级别的注记的字号要大，字色要更鲜艳。

（六）图面配置规范

图面配置就是确立图名、图例、比例尺、图廓、附图、附表、文字说明等图面要素的范围大小及图上位置。影响图面配置的因素主要有：影像图的主题、用途、艺术性要求、出版条件（如输出纸张规格、印刷机的最大印刷幅面）。

1. 图名

图名即应急影像图的名称。图名的含义应当明确、肯定，一般包含两个方面的内容，即制图区域和类型。

图名可以横排，也可以竖排。横排时，如果图名放在图廓外，一般排在北图廓外的正中位置；若放在图廓内，则一般多放置在右上角或左上角的空白处。竖排时，图名通常排在图廓内的左上角或右上角。

排在图廓内的图名又可以分为有框的和无框的。有框的图名指将图名文字框定在一个范围内，这时框线与字的间隔一般要保留半个字的高度。无框图名指将图名直接嵌入到影像图内容的背景之中，不加框线。

图名的字号和字体设计是整饰工作的任务。分幅应急影像图的图名一般用较小的等线体；挂图的图名最常用宋体和黑体，而且多采用扁体字。有时还需要对字的形式进行必要的装饰和艺术加工。图名的字号视选择的字体而定，黑度大的尺寸可以小一些，黑度小的尺寸可以大一些，但一般都不应超过图廓边长的6%。近年来，随着数字制图技术和屏幕底图的不断发展，图名字体使用彩色的情况已相当普遍，这在很大程度上提高了影像图的艺术表现力。

2. 图廓

图廓分为内图廓和外图廓。内图廓通常采用细实线，外图廓的种类则比较多，分幅图上一般只设计一条粗线，挂图上则多设计带有各种图案的花边，图案的内容可以与影像图内容相关，也可以是纯粹的装饰性的图案。花边的跨度视其本身的黑度而定，一般取图廓边长的1%～1.5%。内外图廓间要留有配置经纬度注记的位置，一般取图廓边长的0.2%～1%。

3. 附图、图表和文字说明

应急影像图多需要配置一定数量的附图、图例、图表和文字说明等。

（1）附图。图面上的附图通常包括：①位置图，说明该图的制图区域在更大范围内的位置示意图；②重点区域（目标）扩大图，图里的重点区域（目标），需要用较大的比例尺详细表达；③飞行路线示意图，无人机航拍的路线在更大范围内的示意图。

（2）图表和文字说明。为了给读者读图提供方便，有些应急影像图可以增加一些补充性的统计图表。对于影像图获取的无人机型号、时间、高度等需要用文字加以说明。

附图和图表文字的数量不宜过多，以免充塞图面，而且配置时要保持视觉上的平衡，不要都集中在一起。

（七）整饰规范

应急影像图的整饰指为了使影像图内容主次分明、协调美观和清晰易懂而采取的加工修饰工作。它是影像图表现形式和表示方法的总称，是应急影像图设计中艺术设计（图面美化）的重要内容。

整饰的对象和内容一般包括：图面符号和色彩，线划、注记风格的设计，图面规划及图廓装饰，图幅编排等。

在整饰应急影像图时一般应注意以下几个问题：

(1) 注意符号大小与色彩在视觉感受上的影响。

(2) 注意影像图与矢量底图的色彩协调。

(3) 大面积填色时使用浅淡的颜色，小图斑使用较深的颜色。

(4) 注记的大小与排列方式需经反复试验确定。

(5) 外图廓的整饰应采用复式线划或彩色花纹花边。

第六章　无人机系统在地理空间数据采集的相关研究

消费者组织、商业界、学术界研究人员越来越多地使用无人机系统，来采集自然与人造现象的地理空间、环境数据。在这些数据中，有些是遥感测量的，也有些是直接测量的（如大气成分采样等）。地理空间数据（geospatialdata）包括任何涉及空间，且具有坐标系、投射信息和基准点的数据。无人机系统与有人机及卫星相比，具有成本低和容易部署的优势，因而能够迅速响应预期/意外的事件或灾害，采集地理空间数据（Ambrosia 等，2007）。此外，无人机系统还可用于监控渐进的变化，如水果逐渐成熟等（Berni 等，2008）。本章首先简要介绍无人机平台遥感应用越来越普及的原因，当前使用的传感器类型，以及相关的图像处理要求，然后再介绍地理空间数据采集在民事上的应用。

第一节　无人机系统地理空间数据采集浅析

一、遥感无人机系统

在地理空间数据采集工作中，无人机系统的应用增长点大部分集中在遥感领域。遥感通过使用仪器测量反射或放射的电磁辐射，实现对地球表面的观察。这些仪器产生的数据通常表现为图像格式（Campbell，2007）。目前应用在无人机平台上的传感器类型不一，这些传感器产生的数据必须经过地理校正，才能用于某个地理空间。未经过地理校正的图像将不能使用地理信息系统进行进一步处理或分析。GIS 是对一类包含有硬件、软件以及标准操作程序，能够对地理空间数据进行组织、存储、分析、制图、显示的系统的统称。

中小型无人机系统容易部署，因此十分适用于在短时间内采集遥感数据。许多无人机系统平台在起降时不需要跑道或只需要很小的跑道。直升机类型的无人机系统在起降时完全不需要跑道，即便是固定翼系统也能在有限的空间或荒凉的区域发射。固定翼无人机系统既可以配置垂直起降（VTOL）系统，也可以配置常规起降系统。与直升机类似，VTOL系统从起飞点直接上升，但VTOL无人机系统安装的不是机顶旋翼，而是"涵道风扇"装置。这种装置与排风扇（如浴室风扇）相似，由安装在垂直圆柱型管道内的螺旋桨构成。配置有VTOL的无人机系统具有突出的机动性和"悬停并凝视"能力，使航空器特别适用于城市环境与复杂环境（New-man，2006）。在悬停并凝视模式下，无人机系统可以向地面站实时传送单个目标或事件的实时数据（Newman，2006）。

由于这种无人机系统易于部署，因此经常会发射这种系统来进行数据采集。与大多数有人机或卫星上的传感器相比，无人机系统上的传感器可以以更高频率提供数据（Nebiker等，2008；Puri等，2007）。频繁发射带来一个重要的好处：传感器数据比来自有人机或天基卫星的数据更接近于实时（Puri等，2007）。在消防或救援等这样的时间敏感性活动中，数小时之前的传感器数据用途相当有限。具备长时间持续飞行能力的无人机平台具有为农业（Furfaroet等，2007；Herwirtz等，2002）、交通监控（Heintz，2001；Puri等，2007）、救灾减灾（Gerla和Yi，2004）采集连续、近实时数据的潜力。

由于无人机系统机动性高、易于部署，可以频繁地进行数据采集，并且空间分辨率高，因此在北极（Inoue等，2008）、大火（Ambrosia等，2007）、风暴期（Eheim等，2002）等危险环境中具有安全优势。位于阿拉斯加北坡县的奥利克托克点北极研究机构的研究人员便是利用无人机系统来跟踪监测北极海冰融化的情况。美国桑迪亚国家实验室、能源部与联邦航空管理局达成联合协议，设立了一个告警区（类似于限飞区）。在北冰洋这一区域的上空可以进行无人机飞行及其他研究活动（S.B.Hottman，私人通信，2010年7月6日）。

二、传感器

在无人机系统上安装的传感器当中，有一部分是简易传感器，例如：

（1）消费级的数码照相机和视频摄像机，可以在红、绿、蓝三个波长上测量反射辐射；

（2）多光谱分幅相机和行扫描仪，可以对近红外和短波红外波长的反射辐射采样；

（3）测量热红外波长辐射的传感器。

任务目标是为特定应用选择合适成像传感器的重要标准。以植被遥感与制图为例，在这一应用中，理想的传感器要能够捕捉600—900nm之间的绿色植被特有的光谱响应（Hunt 等，2010）。要测量这一类数据，传感器必须能够捕获红色与近红外波长的数据。同样地，在执行火灾检测与监控任务时，需要结合短波红外和可见光的热成像数据（Ambrosia，2001；Ambrosia，Wegener，Brass 等，2003；Ambrosia，Wegener，Sullivan 等，2003）。

除任务因素外，载荷能力也会对无人机系统选用传感器加以限制。有效载荷的重量不应超过系统总重量的20%~30%（Nebiker 等，2008）。一方面，MLB"蝙蝠3""矢量P"等小型无人机系统的有效载荷重量分别只有5磅（2.3kg）与10磅（4.5kg）。而另一方面，"阿尔特斯"Ⅱ（AltusⅡ）无人机的前有效载荷舱能携带330磅载荷（149.7kg），"牵牛星"（Altair）无人机则能携带700磅（317.5kg）。小型无人机系统受到载荷能力低的限制，仅能搭载消费级的数码照相机或视频摄像机。如果任务要求采用多光谱传感器，那么有效载荷重量将超过小型无人机系统的负载能力。如果大型无人机系统中装有任务规划器，那么传感器的选择范围将会更加广泛。许多大型无人机系统与有人机携带相同的传感器（例如：Herwitz 等，2002）。

然而，有限的载荷能力也是对现有传感器技术进行创新改进的灵感来源。

Hunt 等（2010）将单反数码相机改造为近红外—绿色—蓝色传感器，并用于农业领域。电荷耦合器件与互补金属氧化物半导体传感器对近红外与可见波长的辐射敏感。为避免近红外污染，大多数相机都安装了内置红外截止滤光片。未安装红外截止滤光片的相机经过改造后可以测量近红外波长。为了达到这一目的，Hunt 等（2010）用一个干涉滤光片阻断红色波长，获得了近红外—绿色—蓝色图像。

满足小型无人机系统有效载荷限制的另一选择是小型特制多光谱相机。例如，Tetracam 公司制造的农业数码相机专为记录红、绿、近红外波长的辐射而设计。Tetracam 公司还制造了更先进的设备——多相机阵列，该设备能容纳六个光谱通道（Berni 等，2008）。

三、实时数据传输

对于部分应用领域而言（尤其是非时间敏感型），可以将图像存储在相机的存储卡中。然而，许多情况下，需要实时传输或实时处理图像数据。在无法存储或者需要实时处理的情况下，可将传感器数据传回给无人机操作员或者信息处理单元。这些数据可用于实时导航，跟踪关注区或采集特殊信息。

四、静态影像的地理校正与拼接

遥感图像要求有一个空间基准才能够在 GIS 中使用。这可以简单地通过将图像的中心点（已知尺度）与空间坐标对齐来实现。举例而言，无人机系统机载传感器可用于获取单个非连续的图像帧，以此作为目标位置采样的方法（Inoue 等，2008）。在这种情况下，只需要将图像与坐标对齐，不需要进一步进行图像校正。尽管这种做法比较直接，但由于机载 GPS 与传感器不同步，并且 GPS 占用时间不足，可能会引起位置误差（Hruska 等，2005）。我们必须注意，简单地将图像与坐标对应，不能重建传感器相对于目标的方位。因此，与地面上测量的距离相比，图像中测量的距离精度相对较低。显然，如果不对机载传感器平台的高度、姿态以及速度的变化加以校正，那么图像的几何畸变就会过于明显，无法用于制图工作。

GIS 要求的地理校正精度通常更高，图像中的每一像素都要尽可能与其地面对应位置相关联，在精细农业与植被监控研究中尤其如此（Rango 等，2006）。对于处理机载区域（帧）与线传感器图像以及在坐标系统进行图像配准，都存在一定的摄影测量规程。然而，这些规程并非总是能够转化无人机系统图像（Laliberte 等，2008）。例如，航空三角测量、图像至图像或图像至地图的配准等常规技术需要已知地面坐标和可在图像中检测出的点（地面控制点）。

由于常规的图像配准技术并未考虑数据的系统畸变（例如：平台相对于目标的位置变化而引起的畸变），因而需要大量地面控制点，对于低空短航时无人机系统获取的大尺度图像尤其如此。采集大量地面控制点的成本太高，导致其本身的优势甚至都不足以弥补这一劣势（Hruska 等，2005）。采集地面控制点的成本与位置成一定的函数关系。比如，在城市区域高分辨率图像上，检测地面控制点相对比较直接，这是因为独特的人造特征通常在图像上和地面上都能识别；而在诸如牧场等未开垦的区域，分析员在识别地面上和图像上的地面控制点时就十分费劲。另外，在某些情况下，可能根本就无法采集到地面控制点，其原因要么是因为感兴趣的目标相对缺乏特征，要么是因为接近目标的难度较大（Inoue 等，2008）。

图像可以直接使用摄影测量方法进行地理校正，不需要采用地面控制点（Hruska 等，2005）。要采用这种方法，必须了解相机的内定向参数，包括径向透镜畸变、主点偏移以及焦距等（Bemi 等，2008、2009；Laliberte，2008）。度量相机（Metric cameras）可以提供这些数据，但消费级数码相机不是度量专用，不提供内定向参数。Fryer（1996）与 Fraser（1997）阐述了标定非度量相机内定向参数的必要程序。除相机内定向参数之外，摄影测量方法还要求在图像曝光同时测量外定向参数。这些参数描述了传感器相对于地图坐标系的空间位置以及透视方位（Hruska 等，2005）。外定向参数包括：①机载惯性测量单元记录的飞机滚转、俯仰与偏航；②GPS 记录的飞机高度与位置（经度与纬度）。对于帧图像，一旦掌握了内定向参数与外定向参数，就能将它们融入一个模型，然后将图像从相对文件坐标转换为绝对地图坐标。

地形测量数据（例如：海程数据）用于地理校正称为正射校正。正射校正通常用于卫星及机载传感器图像的几何修正，这是由于它能产生地球表面的高精度表达，如美国地质勘探局的数字正射影像象限图。使用数字高程数据为无人机系统正射校正高分辨率图像时，数字高程模型空间细节水平是一项重大的挑战。这些数字高程模型（DEM）原本创建于等高线地图，在从线数据转换到栅格数据的过程中，可能出现人为结果（artifacts）。

在某些区域，这些人为结果非常明显，可能会使几何修正出错。

线图像的地理校正比帧图像更为复杂。线传感器通常有一个单独的线探测器，可以不断重复扫描。平台向前运动意味着能够采集到连续的线并构建图像。对于这类传感器，外定向参数必须建模为时间相关的函数。

图像地理校正的结果还部分取决于传感器离目标的远近。例如，低空短航时（LASE）无人机系统通常在感兴趣目标的上方低空运行。"nd der（2009）将这个问题总结为：目标与相机之间的距离越小，加上广角透镜，则描述中心透视的角度越大，图像畸变也越大。而且，与传感器的外定向参数相比，单帧的图像受影响较小。由于小型无人机对阵风和大气湍流敏感，因此二者都能加剧图像畸变的程度。

小型无人机系统采集的小覆盖区域图像是图像处理的又一个难点。如需获取多个单帧图像覆盖区域的综合视图，需要对图像进行拼接。将多幅独立图像缝合在一起，创建一整幅覆盖目标区域的大范围图像是一个复杂的过程。

第二节　无人机系统地理空间数据采集的应用

一、环境监测与管理

（一）精细农业

精细农业是一种寻求长期生产与效率最大化、资源利用最优化与可持续性的系统。农民早已察觉并关注"农田内"的土地和农作物因素的空间变化。由于农田规模增加，农业操作强度加大，如果不加大对技术的利用，变化问题会越来越难以解决（Stafford，2000）。精细农业需要有关土地、农作物、环境变量的空间分布数据。然而，采集和处理这些数据的频率必须保持恰当，使农民有时间对农作物的重大生理发展或变化采取相应措施（例如，虫害、疾病、肥料或干旱情况、预计收成等）。GPS、GIS 以及遥感等领域的重大技术发展促进了精细农业的革新。其中，引进无人机系统作为遥感平台是一次巨大的突破，使精细农业成为发展最快的无人机系统民事应用领域之一。

美国国家航空航天局曾做了一项试验，将太阳能"探路者"无人机作为长航时平台使用，以采集商业咖啡种植园的图像（Furfaro 等，2007：Her.wirtz 等，2002）。这项工作的目的之一是在 2002 年收获季节检测咖啡豆的成熟情况。长航时无人机（地面站建有无线网络连接）能提供有关成熟度的近实时监控数据，农民利用这些数据能够判断收获的最佳时间。这种无人机采用 DuncanTech MS3100 多光谱相机采集绿色（550nm）、红色（660nm）与近红外（790nm）波长的重复图像，空间分辨率为 1m（Herwirtz 等，2002）。由于空间分辨率过低，因此不能分辨单株樱桃。为便于检测成熟度，树冠表面的水果对光子散射与吸收的促成作用，被建模成改良树叶／树冠辐射转移模型（Furfaro 等，2007）。然后，按神经网络算法进行模型转换，估算绿色、黄色、棕色樱桃的百分比。模型对成熟度的估算与产量数据有密切关系（r=0.78），甚至超过在地基预计收成评估水平。

精细农业遥感的一个重要环节是运用经辐射校准的遥感数据对农作物生理特性进行评估。Berni 等（2008、2009）曾对此进行了研究，即用校准的反射数据估算农作物叶面积指数（Leaf Area Index，LAI）、树冠层叶绿素含量以及农作物的缺水情况。研究小组在玉米地、桃树园、橄榄园中集中应用了遥感技术，期间使用的是一架以模型直升机（德国 BenzinAcrobatic）为机身的无人机系统，有效载荷为六波段多光谱分幅相机和热分幅传感器（热像 A40M，FLIR 系统）。

多光谱传感器可用于测量多个离散波段植被的反射系数。植被指数利用这些波段的线性组合（如差分、比例或总和），将多光谱变量转换为单光谱变量，然后在单光谱变量与植被树冠层特性之间建立起关联。Berni 等（2008）研究了部分植被指数与树冠层温度、LAl 以及叶绿素含量之间的关系。研究人员经观察研究主要有三大发现：①正常差异植被指数与橄榄 LAI（R^2=0.88）；②生理反射系数指数与玉米树冠层温度（R^2=0.69）；③反射系数指数中的转化叶绿素吸收指数变量与橄榄和桃树冠层中叶绿素含量（R^2=0.89）之间存在一定的联系。

表面温度不仅在按农作物缺水情况指数，检测农作物的缺水情况时发挥着十分重要的作用，而且还能用于估算冠层导率。经校准后，热成像器能够成功估算橄榄园的绝对表面温度（Berni 等，2008、2009）。空间分辨率高（40 cm）是无人机系统热像的优点之，能将树冠层从土壤背景中辨别出来（Berni 等，2009）。这在卫星传感器的粗略图像中是根本无法做到的（例如，Terra ASTER 热数据的空间分辨率为 90m）。

（二）牧场

无人机系统遥感技术对管理牧场用处很大。地球约 50％ 的陆地面积可归类为牧场。全世界各国土地管理部门都面临同一个挑战，即如何最大程度提高辽阔牧场资源的监控与管理效率。例如，美国土地管理局管理着大约 10.445 亿 m^2 的土地，其中大部分位于美国西部，费用预算只有 10 亿美元，也就意味着每平方千米每年只有 0.96 美元（Matthews，2008）的预算。遥感已被吹捧为协助监控与评估牧场健康状况颇具潜力的工具。它可以为管理人员与决策者提供补充信息，但随着地形越来越复杂，明显削弱了遥感的优势，这主要归因于传感器空间分辨率的问题。精细空间分辨率是贫瘠 / 半贫瘠牧场植被群落遥感的一个重要要求，在这些区域，牧场的健康概念与分片植物的连通性与分布关系密切，特别是多年生牧草与木质灌木丛（Bestelmeyer，2006）。精细空间分辨率能协助识别和绘制蔓延性植物种类以及地区性的地面紊乱（Matthews，2008）。作为牧场管理的工具，无人机系统的图像可将牧场状况专家所进行的推断性空间中某点的地面勘测带入更宽广的区域。此外，无人机图像还可把地面勘测转换成卫星传感器拍摄的区域视图（Matthews，2008）。

Laliberte 等（2008）在一次牧场管理应用实例中，就如何利用安装在MLB "蝙蝠 3" 无人机上的小型数码相机所拍图像对新墨西哥州南部的牧场植被进行分类开展了研究。研究小组将若干图像拼接在一起，组成每一处研究点的概要视图。产生的图像是 "真彩色"，空间分辨率为 5cm。基于目标的图像分类软件将图像划分为灌木丛、草（非禾本草本植物）与裸露地面。鉴于图像分类结果十分详细，很有可能被当前美国土地管理局所使用的牧场评估方法所采用。

无人机系统在牧场管理中的潜力超出了土地资源的范畴。无人机系统的实时图像或静止图像可用于清查野生动物（Matthews，2008）。航空平台被广泛应用于调查动物、鸟类、巢穴或其食物藏匿点（Jones 等，2006）。

（三）海洋与濒海研究

2005 年，美国国家海洋与航空管理局对 "牵牛星"（Altair）无人机系统成功进行了三次试飞。飞行的目标之一是检验成像有效载荷（海洋色彩成像器、数码相机系统、光电红外传感器）在沿海制图、生态系统监控、监视濒海水域的商业与娱乐活动以及海上避难所中的应用（Fahey 等，2006）。NOAA 开展试飞有若干个目标：

（1）遥感海洋颜色（对于检测海洋表层悬浮的叶绿素非常重要）；

（2）用数码相机和光电红外传感器绘制安娜卡帕岛（Anacapa）及两个海峡岛沿海区域的地图；

（3）用被动微波垂直音响器测量温度与水汽的大气数据图表（用于检测大气流）；

（4）用气体色谱法——臭氧光度计测量卤化气体的大气浓度。

对于无人机系统遥感而言，北冰洋是最难以到达、最危险的环境之一。无人机系统对遥感这些极端环境做出了重要贡献。在这些区域中，基于卫星的遥感存在一定的问题。具体来说，云层形成了一层光学传感器无法穿透的覆盖层。为解决这一问题，NOAA 采用了卫星微波传感器来估算海冰范围。然而，诸如地球观测系统的先进微波扫描辐射计等微波传感器，或专用传感器微波成像器的数据有一个问题——由于空间分辨率低，因此无法显示细微的融化方式以及融冰海区的形成，从而导致低估海冰的密集程度、无法揭示融冰海区演变的真正面貌。而事实上，融冰海区演变的数据对于表达气候模型中海冰反照反馈（即光的反射率）具有十分关键的意义（Inoue 等，2008）。

为避免海冰密集程度被低估的可能性、获取波弗特海（Beaufort）海冰融冰区的无云图像，Inoue 及其同事（2008）在"航空探测仪"（Aerosonde）无人机系统上安装了一台奥林巴斯 C3030 数码静物相机，让飞机在 200m 高度飞行。该配置所采集的图像的地面分辨率为 8cm。安装相机的并不是为了连续拼接图像。相机每 30s 启动一次，提供研究区域离散的地理定位图像。按照每一像素记录的红色、绿色、蓝色深浅色调阈值（或插值替换），对每一图像进行简单分类。Inoue 等（2008）利用这种直接的取样方法与简单的图像阈值法，发现其部署的无人机系统对海冰和融冰海区的测量值与其他研究项目的结果相符，均显示海冰与融冰海区的面积从 72.50 向北逐渐增加。此外，通过利用无人机系统进行测量，NOAA 还证明了 SSM/I 数据低估了海冰的密集程度。

（四）污染物泄漏与污染

无人机系统目前很少用于检测和监控污染事件（如石油外泄等），而涉及利用无人机系统实施溢油监控的大部分学术文献都聚焦于石油管路监控。Allen 与 Walsh（2008）扩大了该项应用，建议用无人机系统取代或补充有人机来实施监控，以协助应对陆地或海洋环境中的石油或危险物质泄漏的问题。Allen 与 Walsh（2008）详细介绍了利用无人机系统检测初期泄漏的过程。

在海洋环境中，利用小型无人机系统，可以频繁地更新石油移动数据。此外，无人机系统还可用于弥补航空分散剂的不足，协助确定海岸线净化和野生动物救援与康复的要求。

相比之下，关于大气污染物取样研究的学术文献数量较多。NASA 是参与这一研究活动的领军机构之一。据 Cox 等（2006）报道，数据采集工作包括收集空气污染数据、辐射数据（短波大气加热）、云的特性、活动火的辐射、火羽流评估、氧气与二氧化碳的通量测量、气溶胶与气体污染物、云系、航迹云数据。NASA 采用编队飞行来逐一执行上述任务。在流入区、外流区以及对流核心，原地取样要用三套无人机系统（Cox 等，2006）。高空检测只需一套无人机系统。在进行海洋污染物泄漏检测时，至少需要一套航程 10 000km、续航时间 24h 的大载荷无人机系统，其具体要求取决于污染物的种类和范围。

二、交通传感

目前，美国各州交通运输部采用了一系列不同的方法来跟踪和监控交通状况。交通部通过安装在高塔、硬路面嵌入式检测器、便携式气管以及有人机上的电视摄像机来进行监控。该等部门曾经也考虑过用卫星进行目视监控，但由于卫星轨道具有瞬时性，卫星所载传感器的空间分辨率也较低，因此难以实施连续监控模式（Puri 等，2007）。许多交通运输部门都已开始探索在高峰期用无人机系统取代实时交通目视监控，甚至已经同意选择自主系统。正如 Heintz（2001）所述：

操作员命令无人直升机盯住公路上高速行驶的红色福特轿车，直升机做了一个急转弯，加快速度，赶上超速行驶的汽车，车内有一名逃犯及其同伙。随着距离越来越接近，操作员不断收到有关逃逸汽车的新信息。当直升机看到轿车、并预测出其逃跑路线时，操作员将指导警察设置路障，拦截并逮捕罪犯。

这段话描述了当前正在开发过程中的许多无人机交通监控系统的目标。在这些系统中，其中有很大一部分系统都以自主导航与规划为目标。监控机构希望利用无人机系统来定位、识别、监控、连续跟踪某一辆汽车，识别汽车轨迹及异常驾驶行为，监控交叉路口与停车场（Heintz，2001）。瑞典林科平大学的沃伦堡信息技术与自主系统实验室已制造出一台原型机，综合了其中多项功能（Heintz，2001；Puri 等，2007）。该原型机及其他无人机装有多种遥感传感器和多种相机。当目标汽车与其他机动车同时向不同方向以不同速度运动时，目标汽车的跟踪将会遇到一定困难。对此，Bethker 等（2007）建议把若干传感器组合成适于执行这种任务的地面移动目标指示原型。

在用无人机系统执行交通监控时，峡谷效应是需要解决的问题之一。峡谷效应指无人机系统穿梭于高楼大厦之间沿道路飞行的能力。高层建筑形成一个峡谷，在其间很容易失去通信和目视联络。部分开发商正努力尝试用自主方法解决这一问题。Ng 等（2005）正在开发博弈论最佳惯性可变形区，即 GODZILA。GODZILA 提供了一种路径规划和躲避未知环境中障碍物的先进算法。也有一部分开发商采用先验知识法，通过专门标记建筑物位置，将无人机系统定制在某一特定区域工作。

与目前 DOT 的交通监控和交通规划、应急响应以及执法等团队相比，无人机系统有许多优点。无人机系统移动速度更快，不像传统机动车那样受特定路线或地面的限制。它们可以在危险环境或恶劣天气条件下飞行。此外，无人机系统还可快速进行列装，起降时仅需很小的跑道空间，而且不易被人察觉。

三、灾害响应

在民用领域当中，无人机系统是采集地面数据不可或缺的手段。无人机系统特别适合执行 4D 任务。与无人地面平台（UGV）一样，执行灾害响应的无人机系统要求具备特定特性，使其能够在极端环境中运行。Jinguo 等（2006）将这些特性描述为可生存性、持久性与自适应性。

无人机系统在应对灾害时的可生存性，需要有效而覆盖面广的通信系统作保障。无人机系统搜索与救援的通信必须突出三个方面：操作员与无人机之间的通信；操作员与灾民之间的通信；以及其他救援机械与其团队之间的通信。在自然人团队当中，通信决定了系统适应动态环境的能力，以及在快速变化的灾害环境中保持态势感知的能力。

无人机系统的持久性包括系统在不可预测的坠落破坏物碎片中的生存能力，在不确定的动态环境中运行的能力，以及处理信号丢失（Loss of Signal, LoS）问题的能力等。为了解决这些问题，设计人员建议救援队在一个团队中使用若干种级别的无人机系统，因为救援队呈多层次性（Gerla 和 Yi, 2004）。Murphy 等（2006，P.176）建议采用"5∶2"的人—机器人比，其中三个人分别担任操作员、任务专家和飞行引导员。适当的救援系统应该包含中等规模的无人机系统，或高空长航时（HALE）无人机系统，可携带设备，提供临时通信数据链、区域纵览、可能的退出路线以及条件改变信息。Gerla 和 Yi（2004）提供了更多有关通信中继的资料。小型无人机系统（SUAS）执行类似任务，可以直接针对某一领域。迷你无人机系统的任务则是在某一地点采集地面情况，搜索灾害中的幸存者。当 MUAS 丢失信号时，将会有另外的机动访问点作为中介信号。MUAS 还依赖小型无人机系统与中型无人机系统采集信息，包括不断改变的条件、结构变化以及飞溅碎片的可能性等信息（Jinguo 等，2006; Teacy 等，2009）。

无人机系统的自适应性除了能感知非结构化不确定环境的变化外，还包括 MUAS 小到能够躲避不可预测的碎片轨迹，适应狭窄空间等能力（Jinguo 等，2006）。以外，无人机系统的自适应性还包括记录物理信息、探索未知环境的能力。灾害救援专业人员分为不同小组，每个小组负责应对一个特定级别的灾害。通常，减灾工作分为三个阶段，即"灾前救援、灾中救援、灾后救援"（Jinguo 等，2006，第 439 页）。Jinguo 及其同事（2006）根据灾害 / 救援专业团队的预期，对这三个阶段进行了描述。在灾前救援准备工作中，团队协调疏散、筹备物资；在灾中救援过程中，与灾害抗争、减轻损害；在灾后救援期间，搜索、救援生存者。通常，由于情况变化过于迅速，这三大阶段之间并没有清晰的界限。在灾害的不同阶段，活跃着不同的救援小组。无人机系统救援队应该模仿这种方式。在灾前疏散协调与交通监控期间，可以部署 HALE 无人机系统。与此同时，操作员应建立机动临时通信系统（Gerla 和 Yi，2004）。灾害逼近时，可部署其他级别的无人机系统，以采集数据、投放救灾包和实施搜索行动。

（一）火灾

对于仍未扑灭的火灾，卫星遥感受到图像的空间分辨率，以及图像的采集频率的限制（Alexis 等，2009; Casbeer 等，2006）。例如，美国农业部林务局活跃火情制图项目采用的是 Terra 和 Aqua 卫星上携带的中等分辨率成像光谱仪所生成的热图像（USDA—USAF，2010）。每台传感器每天采集数据两次，空间分辨率为1km。这些数据提供地区及国家尺度上的火情活动，但由于空间分辨率过低，无法提供精确的火情前沿位置信息。此外，由于卫星传感器重访间隔时间过长，因此无法实时跟踪火势发展和指挥灭火工作。

　　用无人机系统检测和监控森林火灾共有两种不同的方法。这两种方法目前都已通过试验。第一种是利用高空长航时（HALE）无人机系执行多处火灾的长航时任务（Ambrosia，Wegener，Brass 等，2003）。较之卫星传感器，这些系统所提供的图像的空间分辨率频率都更高（Casbeer 等，2006）。第二种则是低空短航时（LASE）无人机系统机群协同工作（Alexis 等，2009；Casbeer 等，2006；Merino 等，2006）。

　　Ambrosia 等（2001），Ambrosia、Wegener、Brass 等（2003）及 Merlin（2009）对紧急救援试验项目中 NASE—Ames、通用原子航空系统公司与各种政府研究机构之间的合作情况做了报告。这些项目采用通用原子公司的"阿尔特斯"无人机系统，即民用版"捕食者"，无人机上安装了一个 NERA M4 移动全球通信系统与一台热多光谱扫描仪。AIRDAS 扫描仪可捕捉已控制火区相对火势强度的图像。遥测系统 NERA 通过地球同步卫星 INMAR—SAT 向地面控制站传送 AIRDAS 数据和导航文件。地面控制站一旦收到数据，就由 Terra—Mar 的数据采集控制系统软件进行地理校正。第二个 FiRE 项目（Ambrosia，2003a）则采用来自航天飞机雷达地形测量任务的数字高程数据来正射校正图像数据，创建火情的三维模型。两个 FiRE 项目都证明了 AIRDAS 影像与导航数据可以通过卫星图像数据遥测系统传送到地面，经过地理校正，然后近实时传到网上（或传给潜在用户）（Merlin，2009）。

　　FiRE 项目与 2003 年由 NASA 与美国林务局共同建立的野火研究与应用伙伴关系项目，为西部各州消防任务打下了基础（Ambrosia 等，2007）。随后，西部各州消防任务又先后利用"牵牛星"（Altair）和 Ikhana 无人机系统（二者都是民用版的"捕食者B"），继续对 HALE 无人机系统的野火监控进行试验。两架无人机都携带了自主模块化扫描仪。AMS 是一种多光谱热扫描仪，类似于机载红外灾害评估系统（AIRDAS）仪器。2006年10月，在埃斯佩兰萨（Esperanza）大火中，当 NASA 获得紧急许可证书，批准其"牵牛星"无人机系统在国家空域系统飞行时，西部各州消防任务突然从试验状态变为工作状态。埃斯佩兰萨大火是一场发生在加利福尼亚州南部、因纵火犯蓄意纵火而酿成的火灾，破坏了 160km² 面积，造成 5 人死亡（Ambrosia 等，2007）。就像此前 FiRE 项目已经得出的验证结果一样，数据通过无人机系统地面控制站（进行地理校正）以及因特网，近实时传送到事件指挥中心后，即可在谷歌地球网页上进行浏览。2007 年，西部各州消防任务继续运行 Ikhana 无人机系统（携带 AMS），监控了八场失控的野火，包括圣贝纳迪诺国家森林两次，彭德尔顿营海上基地一次，圣地亚哥县四次，以及奥朗日县克利夫兰国家森林一次。在这八场火灾中，西部各州消防任务复用了首次应对埃斯佩兰萨大火灾的方法，采用了 Ikhana 无人机系统及其地面保障设备，成功地近实时采集、传送、处理、分发图像，为在地面零点做出火灾事件决策提供支持。西部各州消防任务还用 Ikhana 采集灾后图像，以绘制烧毁区图。利用 Ikhana 机上 AMS 采集到的图 6-1 所示的是扎卡（Zaca）大火前沿和灾后烧毁区。扎卡大火从 2007 年 7 月 4 日开始，到 8 月 31 日，大约烧毁了超过 960km² 的土地。

图 6-1 扎卡大火（图片由 NASA 提供）

HALE 无人机系统的采购价格和运行费用都很高。为了解决这个问题，有一部分组织采用了若干个低成本的 LASE 无人机系统机群来检测监控火情。HALE 系统提供的是整体火情概况图，而 LASE 系统只限于检测火场周边，并尽可能频繁地将这些数据传送到基站。

其他项目的研究人员也曾尝试利用各种无人机机群来协同监控受控火情。在 COMETS（Real Time Coordination and control of Multiple heterogeneous unmanned aerial vehiclES，多异构无人机实时协同和控制）项目中，其中一个环节就是在试验火情中测试两架直升机与一架飞艇之间的协同情况（Merino 等，2006；Ollero 等，2006）。其中一架直升机（Helivision—GRVC）携带雷神 2000AS 热微摄像机（7 ~ 14 μm）和一台 Camtronics PC 一 420DPB 电视摄像机，另一架直升机"马文"（Marvin）携带滨松 UV—Tron 火警检测器和一台佳能 PowershotS40 数码静物相机（Merino 等，2006）。飞艇携带两台数码 IEEE1394 相机，采集成对的立体照片，然后利用这种立体摄影术以三维形式展现地形。无人直升机系统有指定的巡逻区域，直到其中一架检测到火情时结束。一旦其中一架直升机检测到火情，另一架将被派到着火处进行确认。确认有火之后，即开始进行火情监控（Merino 等，2006）。

Ollero 等（2006）建议可以将无人机机群与单架大型 HALE 无人机系统结合使用。单架大型无人机的优点是航程远、续航时间长，所以能大面积进行初始火情检测。一旦发现火情，随后便可以利用小型无人机机群快速响应，以确认存在火情或标记为虚警。如果确认火灾爆发，由无人机机群监控火势蔓延情况（Ollero 等，2006）。

（二）洪水与飓风

2005 年出现"威尔玛"（Wilma）飓风后，美国首次利用无人机系统来进行损害评估和协助恢复工作。从那以后，研究人员能够判断所需的技术类型，并且在模拟恢复行动中进行系统测试。救援专业人员也能够互相分享经验。Murphy 等（2006）与 Pratty（2006）在关于"卡特里娜"（Katrina）救援工作的文章中介绍了可采取的救援行动，以及未来可能面对的挑战。

2005 年，当"卡特里娜"飓风袭击新奥尔良时，有人曾建议部署不同级别的无人机系统。Leitl（2005）建议采用小型无人机系统和中型无人机系统，提议首先使用小型无人机"演变"（Evolution）对建筑物和灾情进行评估，并由中型无人机"银狐"（Silver Fox）用红外摄像机搜索幸存者。来自密西西比州、由南佛罗里达大学率领的团队也曾提议部署类似的无人机系统，来搜索被洪水围困的灾民。

需要注意的是，尽管研究人员呼吁推广无人机系统，但出于安全的考虑，FAA 并未批准在国家空域系统内运行无人机。无人机与有人机隔离运行的需求无法满足，关于在出现暴风雨时运行无人机系统的提案，也未能展示其可替代的通信能力。总的来说，受灾地区的空中交通管制（ATC）能力受暴风雨限制。

然而，据 Leitl（2005）称，出现飓风时，即使部署无人机系统来实施援救，定位遇难者的成功概率也许依然十分有限。搜索遇难者时，其位置和状况都不确定。由于遇难者探测成功与否取决于无人机系统所携带传感器的性能，因此，如果机载传感器中没有红外传感器，就难以发现人体目标，同时，也难以确定静止的人体是否还有生命迹象。为了应对这一挑战，Doherty 和 Rudol（2007）提议用红外与光电相机组合探测非移动人员的生存迹象。

（三）龙卷风探源

无人机系统地理空间数据采集的许多应用都与遥感有关，而无人机系统也是在危险环境中进行大气取样的理想平台。例如，无人机系统为提高龙卷风预警能力提供了关键的契机。通过观察地面与中气旋底部之间的大气气柱的热动力剖面图（尤其是在超级单体后侧翼区），将极大地增强人们对龙卷风起源与发展的了解（Elston 和 Frew，2010）。如果利用有人机来采集这些数据，飞行员与飞机都将面临无法接受的风险（Eheim 等，2002）。

来自科罗拉多大学的一个研究组曾通过龙卷风旋转起源验证试验（Verification of the Origins of Rotation in Tornadoes Experiment，VORTEX），尝试利用无人机系统研究龙卷风的起源。2010 年 5 月 6 日，研究组发射了一架"暴风雨"（Tempest）无人机，用以拦截超级单体雷暴的后侧翼。无人机安装了探空仪，可用于测量气压、温度和湿度。遥测系统将这些数据连续传送到地面控制站（Nieholson，2010）。

基于无人机系统的龙卷风探源研究面临着特别的挑战。为了停留在超级单体后侧翼内，并持续成功传输数据 30～60min，无人机的外骨架必须能够耐受大雨、2cm 的冰雹和 10g 垂直阵风负荷（Erheim 等，2002）。在所有这些要求当中，最重要的是无人机机体必须保证低成本，因为按预计，无人机系统在执行任务过程中可能会被损坏（Erheim 等，2002）。

除了无人机系统自身在工程方面所面临的挑战以外，龙卷风探源研究人员在国家空域系统中运行无人机时，还面临一些特有的问题。所有无人机系统操作员都必须持有 FAA 颁发的授权证书（COA）。要满足 COA 条件，无人机系统操作员必须在任务开始前提前 48～72h 向 FAA 递交无人机飞行图。对于龙卷风探源人员来说，申请和获得飞行批准的程序所存在的问题是，他们无法有把握地预测龙卷风的发源地。此外，FAA 还要求无人机飞行期间应随时与无人机保持目视联络。以上便是对"暴风雨"（Storm）无人机系统飞行的要求。鉴于在出现龙卷风之前运行无人机存在一定的风险，加之在龙卷风探源期间可能需要飞越一定的距离，有人提出了一个颇有创意但让人"啼笑皆非"的解决方案，即由引导"暴风雨"无人机的飞行计算机跟踪有人地面平台（Nicholson, 2010），从而在必要时快速准确地进行飞机定位。

第七章　无人机测绘新技术应用及创新研究

随着我国现代社会主义市场经济的不断发展与进步，科技技术的发展和应用水平也不断提高，其中对于无人机的研究和运用增加，无人机在不同的工作领域中均有应用，对于抢险救灾、城市管理、测绘测量和影视剧拍摄等具有重要作用。作为一项先进的科技机械设备，其应用效用突出。本章重点论述无人机测绘数据处理关键技术及应用、无人机遥感技术在环境保护领域中的应用、以及以江西省石城县洋地村为例的无人机航拍测绘技术在农村土地利用规划中的应用研究。

第一节　无人机测绘数据处理关键技术及应用研究

一、国内外研究现状与发展趋势

(一) 无人机系统

无人机 (unmanned aerial vehicle, UAV)，是利用无线电遥控设备和自备程序控制装置的不载人飞机。无人机系统主要包括飞控系统、导航系统、动力系统和数据传输等。

按照不同平台构型，无人机可分为固定翼无人机、无人直升机和多旋翼无人机。无人机测绘应用多使用固定翼无人机和多旋翼无人机平台[1]。

研究无人机系统单位主要有大疆、Parrot、3DRobotics 和 Asc Tec 等硬件生产商，天宝、拓普康、中海达、南方测绘等专业测绘仪器公司，以及北京航空航天大学为代表的高校研究机构。研究方向主要集中在飞控系统、导

---

① COLOMINA I, MOLINA P.Umanned Aerial Systerms forPhotogrammetry and Remote Sensing;A Review[J].ISPRS Journal of Photogrammetry and Remotes Sensing, 2014，92(2)：79-97.

航系统、动力系统、数据传输及硬件集成方面，这些方面在市场使用反馈来看已比较成熟。未来发展趋势将以行业应用为导向，定向研发，如测绘无人机、植保无人机、电力巡航无人机、搜救无人机、监测无人机、物流无人机和视频拍摄无人机等。它们在续航、载重、避障、姿态稳定性等方面的需求是不同的。

(二) 无人机测绘数据处理

无人机测绘数据处理是指结合控制点数据对无人机获取的航飞数据进行处理形成数字测绘产品的过程。

目前国内外提供无人机测绘数据解决方案的多为专业航测软件公司。

INPHO 和 UASMaster 被称为无人机大师，是一套完善的 UAV 数据处理系统。

该系统集成了空三加密、DTM/DSM 提取和编辑、正射校正和镶嵌匀色功能，针对无人机姿态稳定性差、影像像幅小、后期处理工作量大、影像投影差变形大等后期处理难点提供解决方案，可满足无人机航测内业数据产品生产和应急测绘中由无人机快速获取 DEM/DSM 和 DOM 的需求。武汉适普软件有限公司自主研发的全数字摄影测量 Virtuo Zo 系统已被国际摄影测量界公认为三大实用的数字摄影测量系统之一。2017 年 5 月 10 日，成都纵横与武汉讯图在北京发布了 CW-10C 航测系统，并称之为 "1 : 500 免像控无人机航测系统"。

无人机测绘技术相比传统人工测量提高了效率，但是面对日益增长的测绘市场需求，如何进一步改善效率仍然是行业研究的一个重要方向。

精度始终是数字测绘产品最重要的指标，如何提高无人机测绘数字产品成果精度是行业研究的另一个重要方向。

二、无人机测绘数据处理关键技术

(一) 相机检校

无人机测绘一般搭载非量测相机，其主距 f 和像主点在像片中心坐标系里的坐标未知，根据影像无法直接量测以像主点为原点的坐标，须进行内定向。同时非量测相机的镜头畸变差较大，所量测的像点坐标产生误差，造成像点、投影中心和相应的物方点之间的共线关系受到破坏，影响物方坐标的解算精度，必须对其进行校正。常用的相机检校方法主要有试验场检校法、自检校法和基于多像灭点的检校方法。其中试验场检校法相对成熟且应用广泛，自检校法灵活性强但效率低，基于多像灭点的检校法在可变焦镜头的标定上，算法复杂结果更精确[1]。

（二）PPK 与 INS

无人机重量轻，飞行姿态不稳定，对影像后续处理的成果精度产生影响，易产生高程扭曲和像点位移等。

因此需要精确记录无人机飞行拍摄每张像片时的位置和姿态。

PPK 技术，又称为动态后处理技术，是利用载波相位进行事后差分的 GPS 定位技术。PPK 的工作原理是利用进行同步观测的一台基准站接收机和至少一台流动站接收机对卫星的载波相位观测量，事后在计算机中利用 GPS 处理软件进行线性组合，形成虚拟的载波相位观测量值，确定接收机之间厘米级的相位位置；然后进行坐标转换得到流动站在地方坐标系中的坐标。

PPK 技术与传统测量相比具有如下优势：通视条件、能见度、气候、季节等因素的影响和限制小；作业半径大，可达 30km；定位精度高，误差不传播，不累积，精度可达 5mm[2]。

INS 即惯性导航系统，也称作惯性参考系统，是一种不依赖于外部信息，也不向外部辐射能量的自主式导航系统。

基本原理是根据惯性空间的力学定律，利用陀螺仪和加速计等惯性元件感受运行体在运动过程中的旋转角速度和加速度，通过伺服系统的地垂跟踪或坐标系统旋转变换，在一定的坐标系内积分计算，最终得到运动体的相对位置、速度和姿态等导航数据。

陀螺和加速计等惯性元件总称为惯性单元（IMU），它是 INS 的核心部件[3]。PPK 与 INS 分别获取高精度位置信息 (x, y, z) 与姿态信息 (ψ, ω, κ)，用于空中三角测量。

---

① 曹良中，杨辽，阙培涛．地面检校场的非量测型数码相机检校[J]．测绘科学，2015,(2).
② 白立舜，张宏伟，聂敏莉．GPS PPK 技术和 GPS RTK 技术在包头市第二次土地调查中的应用于对比分析[J]．测绘通报，2013(7)．
③ 孙红星．差分 GPS/INS 组合定位姿态及其在 MMS 中的应用[D]．武汉：武汉大学，2004.

(三) 空中三角测量

空中三角测量也称空三加密，是利用航摄像片与所摄目标之间的空间几何关系，根据少量像片控制点，计算待求点像片外方位元素的过程。

当前广泛应用的是 GPS/IMU 辅助空中三角测量[1]。

空中三角测量是数字测绘产品生产最核心的环节，决定了整个产品的精度。

空中三角测量主要包括像点匹配、控制点量测和平差。像点匹配由软件自动完成，参数设置尤为关键。

通常无人机航飞影像像幅小，初始姿态参数误差较大。在引入 GPS/IMU 后也不可避免地出现一部分粗差点。受像点匹配算法中迭代算法思路启发，笔者在实际生产过程中提出"人为迭代"。

具体过程是初次空三加密完成后得到外方位元素，将外方位元素作为 POS 数据用于空三加密。在此基础上进行像点匹配，可明显提高整体匹配精度。控制点量测时，先量测测区四周的 4 个控制点后进行平差，其他控制点可以通过预测功能找到粗略位置达到快速量测的目的。控制点的量测由专业人员进行，并由另外一位专业人员检查。

应用控制点参与计算，可以提升空三加密精度。量测完成后进行最终的平差解算，首先将物方标准方差权放大，进行粗差的消除，然后逐步提高物方权重，确保粗差被全部探测出，最后给合适的权值平差。

(四) DEM

生产数字高程模型（DEM）是通过有限的地形高程数据实现对地面地形的数字化模拟（即地形表面形态的数字化表达），它是用一组有序数值阵列形式表示地面高程的一种实体地面模型，是数字地形模型（DTM）的一个分支，其他各种地形特征值均可由此派生。如图 7-1 所示。

---

① 林阳. 顾及曝光延迟的 GPS/IMU 辅助空中三角测量方法的研究 [J]. 东华理工大学，2017（06）.

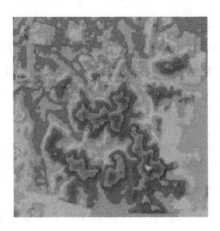

图 7-1　某地区 DEM

无人机航空摄影测量生产 DEM 主要过程包括在空三加密基础上对原始影像进行重采样生产核线影像，系统自动匹配三维离散点，得到 DSM，最后进行滤波得到 DEM。

虽然航测软件实现了自动匹配，但是由于现实地物的复杂性及人工地物影响，需要对 DEM 进行人工编辑。DEM 是原始航片进行纠正的基础，只有准确的 DEM 才能保证 DOM 的精度。

（五）DOM

生产数字正射影像（DOM）是对航空（或航天）相片进行数字微分纠正和镶嵌，按一定图幅范围裁剪生成的数字正射影像集。它是同时具有地图几何精度和影像特征的图像。如图 7-2 所示。

图 7-2　某地区正射影像

无人机航空摄影测量生产DOM主要过程包括在空三加密基础上进行DEM数据处理、影像匀光匀色处理、影像纠正处理、DOM镶嵌处理及分幅裁剪处理。

高质量的DEM是保证DOM精度的前提，特殊区域如高架桥、陡壁等需要手动添加特征线。

无人机航飞影像像幅小，镶嵌处理是DOM生产人工处理工作量比较大的一个环节，镶嵌线尽可能沿自然地物且避开建筑物，确保DOM接边精度符合要求。

（六）DLG

生产数字线划图（DLG），是与现有线划基本一致的各地图要素的矢量数据集，且保存了各要素的空间关系信息和相关属性信息。

无人机航空摄影测量生产DLG主要过程包括在空三加密基础上恢复立体像对、立体采集、外业调绘和内业编辑成图。DLG生产周期在数字测绘产品生产中最长，其立体采集需要专业技术人员佩戴3D眼镜通过专业立体电脑采集。

（七）实景三维模型生产

实景三维模型属于三维模型的范畴，与传统人工建模不同的是其场景是实地真实反映。实景三维模型以其生产自动化的高效率和逼真细腻地物的现势景观表现而体现出其相对于其他建模方式模型在大范围城市三维场景模型方面的巨大优势，它为大范围的规划设计提供了一个宏观的视角[1]。如图7-3所示。

图7-3　某区域实景三维模型

---

① 黄健，王继.多视角影像自动化实景三维建模的生产与应用[J].测绘通报，2016(4).

实景三维模型生产目前比较成熟的软件有 Context Capture、Photoscan 等。主要生产流程包括影像导入、定位信息导入、空三加密、模型生产和模型修复。

三、无人机测绘数据产品应用

无人机测绘数据产品具有生产周期短、时效性高和分辨率高的特点，在国土测绘、规划设计、环境监测和应急救灾等方面应用得到迅速推广。

(一) 国土测绘

通过获取无人机航摄数据，能够快速掌握测区的详细情况，应用于国土资源动态监测与调查、土地利用和覆盖图更新、土地利用动态变化监测、特征信息分析等，高分辨率的航空影像还可用于区域规划等。

(二) 环境监测

高效快速获取高分辨率航空影像能够及时地对环境污染进行监测，尤其是排污污染方面。此外，海洋监测、溢油监测、水质监测、湿地监测、固体污染物监测、海岸带监测、植被生态等方面都可以借助遥感无人机拍摄的航空影像或视频数据进行实施。

(三) 应急救灾

无论是汶川地震、玉树地震，还是舟曲泥石流、茂县山体滑坡，测绘无人机都在第一时间到达了现场，并充分发挥机动灵活的特点，获取灾区的影像数据，为救灾部署和灾后重建工作的开展，都起到了重要作用。

随着计算机软硬件技术、可视化技术的飞速发展和虚拟现实技术的应用，无人机测绘数据处理效率得以提高，数字测绘产品展现方式从二维向三维发展，其应用更加广泛深入。

目前，无人机测绘数据已在各行各业广泛应用，充分体现了无人机测绘数据的优越性。

第二节　无人机遥感技术在环境保护领域中的应用

随着科学技术的进步，无人机遥感技术应用现状无人机遥感技术向着光谱信息成像化，雷达成像多极化，光学探测多向化，地学分析智能化，环境研究动态化以及资源研究定量化，大大提高了遥感技术的实时性和运行性，使其向多尺度、多频率、全天候、高精度和高效快速的目标发展。仅在环境保护领域中的应用就有建设项目环境保护管理、环境监测、环境应急、生态保护、环境监察等。

一、无人机遥感技术应用现状

（一）在建设项目环境保护管理中的应用

无人机遥感系统在建设项目环境保护管理方面的应用主要有建设项目环评、环保验收、水土保持监测等。

辽宁环境航空应用工程中心选用高分辨率 Canon EOS5D Mark Ⅱ 数码相机作为无人机遥感设备，对辽宁省锦州市第二、三污水处理厂进行环境影响评价，将获取的无人机遥感影像作为底图，通过遥感目视解译，为环评工作提供数据支持和依据。在无人机传感器的视频信息传输方面，搭载相应传感器在建设项目现场环境监理中的应用指日可待。2011年辽宁环境航空应用工程中心完成了京沪高铁和辽宁省芳山风力发电项目大比例尺航摄的面积覆盖，包括居民搬迁情况、生态恢复等，建立了无人机遥感信息分类体系和影像解译图符，出版了京沪高铁环保验收航空遥感图集，芳山环保验收航空遥感图集和杨屯风电场环保验收航空遥感图集。李营等对无人机影像武广高铁竣工环保验收信息分类体系进行研究，建立影像解译数据库和制图符号，完成了环保验收工作。同时环保验收工作还可利用建设前、中、后期遥感图进行植被覆盖动态变化分析。梁志鑫等针对生产建设项目水土流失的问题，提出利用无人机遥感结合现有监测技术的水土保持监测新方法。利用 GIS 坡度分析，从 DEM 数据空间分析获得坡度信息，矢量图层叠加分析来划分土壤侵蚀强度，通过不同期间数据对比，得到了水土保持动态监测结果。

（二）无人机遥感技术在环境监测中的应用

无人机遥感技术应用从陆地的土地覆盖及植被变化、土壤侵蚀和地面水污染负荷产生量估算、生物栖息地评价及保护、工程选址和防护林保护规划及建设，到水域的海洋及海岸带生态环境变迁分析，海上溢油污染等的发现和监测，林业的现状调查与变化监测，城市的规划与环评分析，再到大气环境中的大气污染范围识别与定量评价，重大自然灾害的评估与侦察等，几乎覆盖了整个地球生态系统。

张磊等针对小型无人机大气数据采集与处理，设计出一种基于国产嵌入式 CPU 方舟 GT2000 无人机大气数据监测系统，并设计了系统的软件和硬件。王洋等设计了小型无人机大气数据采集系统，系统以 TMS320F2812 为核心，对气压高度和指示空速进行采集，采用高精度 A/D 转换器提高测量精度到 1mV，绝对误差在 2~3m，提高了无人机大气数据监测的动态精度。

郎城以无人机搭载 CCD 相机，研究了航空数字正射影像（DOM）的处理流程，并建立土地利用动态监测数据库模型，开发出区域土地利用动态监测系统，实现了区域土地利用动态监测的数据管理、统计查询、监测对比、分析评价等业务功能，得到东胜区土地利用动态监测结果。

闫军等对宁夏盐池县城区进行无人机航拍，对图像目视判读解译，建立遥感调查解译标志库，客观真实的统计了盐池县城区绿地面积。

(三) 无人机遥感技术在环境应急中的应用

周洁萍运用无人机获取汶川地震灾区影像，并以此构建了三维可视化影像管理系统。雷添杰等利用两架"千里眼"无人机航空遥感系统拍摄了北川县震后航空影像，并用随身携带的 BGAN 卫星通信系统将影像发回民政部，为救灾决策提供依据。同年利用无人机对南方特大低温雨雪冰冻灾情实时监测与勘查、现场救灾指挥和调度、灾后数字地图更新与灾后重建。臧克将无人机航片用全景制作软件 PTGui 一次性整体全自动化拼接，利用地震前后影像进行灾情分析与评价。吴振宇等利用快眼无人机对宁夏古城镇拍摄并用 DPGrid 软件处理航片，完成了地质灾害调查。

(四) 无人机遥感技术在生态保护中的应用

中国石油大学王斌利用无人机采集的可见光及红外等信息，提出了无人机图像拼接算法，以及基于聚类分析算法的图像分割模型，研究出土壤湿度预测模型，并验证模型精度和准确性。

2011 年 12 月辽宁省辽宁环境与航空应用工程中心采用无人机遥感系统对辽河流域现状航拍和遥感监测，影像分辨率为 0.1m。遥感监测对辽河生态系统现状全面评价，还可以从宏观上观测空气、植被、土壤和水质状况，也可实时快速跟踪和监测突发环境污染事件的发展，及时制定处理措施，减少污染造成的损失。

(五) 无人机遥感技术在环境监察中的应用

王思嘉研究和开发了利用无人机预报重大灾害的监测系统。杨燕明等研究了海事应用无人机的可行性。美国卡内基梅隆大学的 Sean Owens 提出了用三维地形模型融合无人机监控视频，把视频放到三维模型环境中，操作员可以不时地在环境中标记位置，无人机便会自主确定路径到达标记处。欧新伟等首次将无人机应用在兰成渝输油管道管理中，周期现场巡线，预防因隐蔽打孔盗油导致的原油泄漏、环境污染、管道材质破坏，还可对可疑人员定点盘旋跟踪，保障管道运营安全。马瑞升等将无人机实时视频传输和计算机技术相结合，研制了微型无人机林火监测系统，得到的烟雾识别模型有助于提高森林火情的监测、森林安全管理和预警能力工作的自动化及信息化水平。但视频截图清晰度和视觉效果差，图像信息挖掘需进一步研究。

二、存在问题及对策

为了将无人机遥感技术更好的应用于环境保护领域，无人机遥感技术有待在无人机设计、遥感传感器、姿态控制、数据传输和存储、图像智能快速拼接与自动识别、系统总体集成等方面取得突破。

(一) 无人机设计技术

无人机体积小、质量轻，对起飞、降落场地有一定要求，受工作区地形地貌等条件的限制，尤其天气状况影响较大，若遇大风天气，则无法进行拍摄。起降场地可以采用弹射起飞、伞降、撞网回收解决不利地形起降问题。飞机设计需寻求各要求（载重、航时、作业环境、作业特点、起飞降落条件、抗风性能、展开时间）上的平衡，技术许可的条件下尽可能满足需求。中科院遥感所已研制一套无人机高精度航磁探测系统，解决了磁干扰自动补偿校正技术和多路信息全自动同步采样技术等关键技术，达到多探头，多参量，数字化，全自动，低功耗和高环境适应性的国内先进水平。

(二) 遥感传感器技术

由于无人机航拍图像像幅小、基高比小，相同的重叠度情况下，需要更多的控制点；飞行姿态不稳定，造成航拍旋偏角、俯仰、滚动，甚至导致连接有问题；传感器采用非专业相机，光敏度、像点位移、存在镜头畸变、以及其他未知的系统误差。Joshua Kelcey et al 研究了无人机6波段多光谱传感

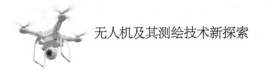

器纠正技术，用于改善影像质量。

无人机遥感系统的性能还有很大的提升空间，采用多光谱传感器和性能更好的无线数据链路将极大地提升系统的作业效率和影像的清晰度。

(三) 遥感数据后处理技术

Darren Turner et al 对无人机超高分辨率影像利用计算机视觉模型生成点云数据，随后生成纠正图像镶嵌的自动技术，远远超过了传统平台现有的图像镶嵌精度。严格的正射校正比目前应用的空三测量更能改善空间精度，这方面还需进一步研究。无人机航空遥感系统存在的缺陷包括：无法获得姿态参数，影像纠正的难度较高，影像数量多，拼接任务重，影像的前期预处理工作量大；影像的通道数较少，自动分类精度较低，需要人工目视解译的部分比重大。解决这些问题依赖于无人机机载传感器性能的提升、分类方法的改进、遥感影像快速拼接软件的开发、遥感影像的自动识别。比如在应急方面，可以加入更多其他灾害的红外特征，起到预警多种灾害的作用。

(四) 无人机遥感市场不够规范，需要技术投入

无人机遥感系统内处理没有明确的技术路线和规范，亦没有一套专业理论指导。现在使用的图像处理软件处于探索时期，软件和硬件的设计需要技术投入。针对特定区域需要制定相应的技术规范，无人机行业前景相当广阔，无论是军用还是民用，无人机遥感系统将朝着模块化、系列化和标准化的趋势发展，应用范围极其广泛，前景喜人。

三、数据处理技术展望

(一) 无人机遥感影像与卫星遥感影像图像融合

高分辨率的无人机遥感影像与多波段卫星遥感影像进行图像融合，这种像素级的图像融合形成一幅新的图像，此图像既有高分辨率又有多波段，能够更准确识别提取潜在的目标。图像融合可以增加图像的有用信息，以便进行可靠的分段，为下一步处理提供更多特征。

(二) 无人机遥感影像分割及地面目标信息提取技术

实现影像分割方法能够较好地发挥无人机像局部信息丰富的优势，虽然方法程序复杂、参数多、运算量大，但是随着参数选择策略的研究及计算设备的改进，这些缺点都可以克服：面向对象的地物提取方法在识别地物方

面具有明显优势，但在精确定位地物边缘方面并不是最优的；利用影像分割算法与面向对象的地物提取方法，目前已经实现了从无人机高分辨率遥感影像中提取车辆，在此基础上，从连续拍摄的无人机影像序列中获得车辆的运动信息。研究表明无人机遥感影像在提取动态目标运动信息方面具有很大的挖掘潜力。提取动态目标运动信息这种技术国外已经实现，将遥感视频影像与 GIS 软件结合集成技术可以为环境监察、环境应急提供很好的技术支持。

（三）计算机自动进行纹理信息分析

无人机可同时装载两台或多台相机，增加有倾角的俯拍，多视角图像更加有助于环境监测、环境影像评价的发展。例如在森林资源二类调查中，除了区划，还要确定小班的树种、密度、直径，推算森林蓄积量等。无人机航片分辨率高，具有非常丰富的纹理信息，理论上讲，存在着用计算机自动进行纹理分析对上述数据进行估计的可能，甚至小班边界也有可能通过纹理分析自动确定。

（四）提高视频截图清晰度

交互式数据语言对于底层硬件和通信接口的管理能力不强，获得的视频帧率偏低，导致实时视频的连贯性较差。计算机软件稳像技术（防抖）和基于清晰度的图像筛选技术加入软件功能中，提高视觉效果和视频截图清晰度的技术有待研究。

（五）完善解译方法与解译标志的规范化

无人机遥感解译利用影像的形状、色调、大小、阴影等，结合影像上与地质体有关的土地利用类型、植被分布、水系格局等特征，总结出一套适合环境影响评价、生态类环保验收、典型地质以及地形地貌的解译方法，并且形成相关的解译标志，将是一个研究课题。

第三节　无人机航拍测绘技术在农村土地利用规划中的应用研究——以江西省石城县洋地村为例

目前随着我国城市化进程的不断加快，城市建设用地的红线在步步逼近，城市建设用地无法满足城市人口承载力的需求，农村剩余劳动力的转移已经形成了巨大的压力，因此农村土地的集约节约利用形成了一个新的缓解城市建设用地紧张的突破口，针对农村开展的中心村和自然村的规划在我国农村大面积铺开，而对农村进行规划的前提就是要对农村的地物现状进行准确的测绘，过往的全站仪、rtk 等测量技术已经无法满足高效率的新农村规划对测绘任务的需求，而新的航拍测绘技术就被提上日程，无人机航拍测绘技术不仅能够满足对基础地形测绘小范围 1∶1 000 的比例尺精度的要求①，而且大大节省了测绘的效率。

目前学者们关于无人机航拍测绘技术在农村土地利用规划中应用的研究较少，本研究探讨了该技术在农村土地规划中的应用，对后续全国铺开的新农村规划有一定的借鉴和参考价值。

一、研究区域和数据来源

本研究选取的新农村规划点是江西省赣州市石城县洋地村，洋地村位于江西省赣州市石城县东南部，横江镇西部，距石城县城 24 km，东邻福建宁化，东南抵福建长汀，西南与江西省瑞金接壤，西毗石城县龙岗，西北与石城县屏山交界，北靠石城县珠坑。

坐落于闽赣交界之武夷山西麓，地势东高西低，东部武夷山脉，山势逶迤，群峦叠嶂，自然资源丰富，交通发达，赣江源头，林竹并茂，文坛玉纸，久誉闻名，远销中外，是赣江源头第一乡村。

村东面小山连绵，村西面丘陵起伏，秋溪河由南向北从中贯穿，将整个村子分为东西两边。全村辖 11 个村民小组，总户数为 368 户，总人口 1 350人，耕地面积 77.87 hm²。

中华人民共和国成立初期为横江区洋和乡。主要手工业产品有南金纸，农业以烟莲种植为支柱产业，是江西省百强乡村之一。

---

① 张文博. 无人机航测技术在土地综合整治中的应用研究［D］. 长沙：长沙理工大学，2013.

二、航拍测绘的技术、方法过程及数据处理

(一) 航拍图片的拼接及特征地物采集

无人机航拍的分辨率是 2 600 万像素，洋地村的整个地域范围的形状类似一个勺子，整个洋地村无人机航拍的图片一共约 1 300 张，重复率高达 80%，按照洋地村的实际地形，采取条带状碾压的飞行方式，保证垂直正射的飞行要求，微单保持 1s 拍摄 1 次，使范围覆盖非常齐全，没有空缺和遗漏的地方，而且注意了拐角处的衔接，一个条带碾压过去之后，和另一个平行的条带之间的重叠度超过 80%，这对飞机的性能、航飞手的飞行技术有一定的要求。图 7-4 是洋地村无人机拍摄的影像图。

图 7-4　航拍洋地村主干道街坊

将无人机航拍采集的多张图片进行影像的拼接，采用 PS5.0 专业拼接软件[①]，PS5.0 软件的优点是有自动识别功能，会根据像素的特征，把特征要素较多的图片拼接在一起，这就解释了航飞时为什么要保证一定的飞行重叠度，但是自动拼接只能是完成那些在像素特征上极其相近的图片，更多的工作还需要人工拼接来完成，对于影像上信息特征较弱的图片，需要专业的拼接技术人员去肉眼识别图片之间的重复地物，并使用自动扭曲和调整功能将图片融合在一起，在融合之后需要使用自动抹除功能将拼接条痕抹除掉，并保证色调和主体图像保持一致。PS5.0 还增加了许多图片增强和弱化的功能，

---

① 肖波 . 无人机图像自动拼接问题研究［D］. 昆明：昆明理工大学，2013.

根据具体的图片信息适当做一些完善和处理才更有利于后期影像的矢量化。

图7-5是对洋地村1 300多张图片进行拼接和适当处理得到的1张完整的洋地村地物图。

图7-5　洋地村整体现状面貌

完成影像拼接之后，进一步对影像进行校正和坐标转换，把WGS84坐标体系下的坐标转换成目标要求的北京54坐标系。在测绘时采用的是中海达S760手持GPS，这种GPS简易、方便、可以满足野外采集坐标数据的要求，S760只需要插1张内置储值卡，连接江西省赣州市石城县CROSS站，就能准确定位每个目标点的准确坐标和高程，误差能保持在0.05 m范围以内。

特征地物的选取也具有一定的规范和要求，方便后期在做影像校正和坐标转化时能够确切地在图上找到该地物点，寻找越准确校正精度就越高，成图就越能更准确地纳入全国统一的北京54坐标系统。表7-1是在洋地村采集的特征地物各个点的坐标。

表7-1 洋地村界址点和特征地物坐标信息

名称	北纬	东经	高程（m）
洋地东	26° 02' 55.47"	116° 19' 51.98"	411.953 2
农商银行	26° 02' 58.87"	116° 19' 41.00"	404.069 8
西北角	26° 03' 02.89"	116° 19' 41.00"	398.616 6
最北角	26° 03' 11.90"	116° 19' 37.78"	391.027 4
西北边界	26° 02' 52.84"	116° 19' 35.90"	408.562 6
西南拐角	26° 02' 44.81"	116° 19' 39.23"	417.148 0
卫生院	26° 02' 58.48"	116° 19' 42.28"	400.401 0
村委会	26° 02' 53.84"	116° 19' 47.62"	383.384 0
中小学	26° 02' 53.96"	116° 19' 45.85"	400.354 0
洋地林场	26° 02' 56.33"	116° 19' 44.04"	401.741 2
西北中部民宅	26° 02' 56.12"	116° 19' 40.20"	396.604 0

（二）影像校正与坐标转换

（1）用 Arc GIS 打开影像图：点击菜单栏中的"添加数据按钮"，在弹出的对话框中点击"连接文件夹"，选择 tiff 所在文件夹，点击"确定"，然后在"查找范围"中选择需要添加的 tiff 文件，点击"添加"。

（2）点击"视图"—"数据框属性"—在"常规"下"显示"中选择为"度分秒"—"应用"—"确定"。在影像上选择特征点（特征点不少于4个），记录下特征点的经纬度。打开"HDS2003 数据处理软件包"，选择"工具"—"坐标转换"—"设置"—"地图投影"—"中央子午线"输入"117"，在右边的"椭球"选择"国家北京 54"，输入经纬度，点击"转换坐标"，记录下该点坐标，这样把所有特征点都转换并记录好。

（3）在 Arc GIS 中打开"地理配准"工具栏，点击"添加控制点"，在影像上刚刚选择的特征点上单击，然后右击，选择"输入X、Y"，输入相应的X、Y坐标。这样把所有特征点的坐标都输入。坐标输入完成之后，在"地理配准"下拉选项中，选择"更新地理配准"，完成坐标转换。

（4）转换完成后，在左边的"内容列表"中右击影像名，选择"数据"——"导出数据"，在弹出的对话框中选择导出的文件夹，并命名，格式选择"TIFF"，点击"保存"，之后会弹出2个对话框，都选择"否"。这样便会生成与影像相对应的 tfw（tiff 的坐标定位文件）文件。注意 tfw 文件与 tiff 文件名称要一致并放在同一个文件夹下。

（三）矢量化图高程融合

（1）打开谷歌地球，找到需要获取高程信息的村庄，并添加地标，在高程获取软件左侧点击刷新，此时会显示"投影带中央子午线"，江西为117° E，点击"确定"。

（2）点击"数据采集"——"手工采集"，然后选择1个特征点，点号为K1，要记住该点的位置，方便后续的校正（因为研究采用的影像与谷歌地球的经纬度有偏差，所以导出的高程点需要校正）。

点击"底图窗取点"，然后在地图上选取特征点，点击之后，就会出现该点的坐标与高程，选择"采用"，该点就提取完毕。这样在提取出足够的点（提取时大部分的点沿着道路采集，在村庄周围适当采集一些点）。

（3）点采集完成之后，选择"文件"——导出数据，弹出的对话框中，将"选择框"中的"描述"去掉，然后点击确定。选择存储位置，输入文件名，数据导出就完成。

（4）数据导出后，找到刚刚导出的数据，导出的数据是"dat"文件，但是格式有点不对，需要将文件后缀改为"csv"格式，用 Excel 打开文件，在第1列与第2列之间插入1列，并将坐标的3列单元格格式设置为"数值"，小数位3位，保存好，再将文件名后缀改为"dat"。

（5）打开矢量化后的 CASS 图，导入高程点，会发现导入的点与图有偏差，在 CASS 中右击，选择"快速选择"，弹出的对话框按图8设置：此时高程点就全部选中了，然后用"m"命令进行偏移，根据之前选择的特征点，将高程点偏移到正确位置，到此，高程完毕。整个 CASS 软件成图就全部完成套盒。

三、数据对于农村土地利用规划的要求分析与评价

农村地区小范围的规划对现状图的要求及实际情况见表7-2。

表7-2　无人机测绘对于农村土地规划要求的吻合度情况

要求示范	实际情况	完成吻合度（%）
北京坐标系，黄海高程，1∶1000	能严格达到1∶1000大比例尺的要求	100
房屋测出结构（砖混、木等）	能较准确地识别房屋的结构和层数	90
建筑性质标明（村委会、小学、幼儿园、祠堂、卫生所、厕所等）	能准确地判断建筑物的性质，类别	100
道路测出路面结构（水泥、砂石、土路等）	能较明晰确定路面的实际状况	95
地物表示清楚（农田、草地、陡坎、果园、山体等）	能较准确判别地物的类别及边界	95
高压电力线电压测出	需要现场实地调绘	80
要求测量时和当地村委会沟通发展用地，测量时要求测出	需要辅助以实地的调查和采访	75
建设用地范围外的地形要求尽量测出	范围以外短距离内能基本覆盖	65

图7-6是基于南方CASS软件环境下制作的赣州市石城县洋地村的土地利用现状图。

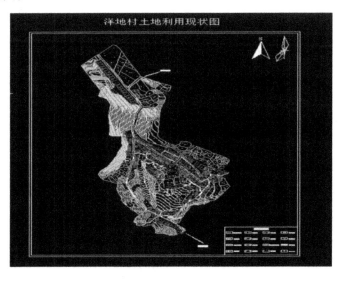

图7-6　洋地村土地利用现状

四、无人机航拍测绘技术在土地规划中的绩效评价

(一) 因子对规划要求的拟合度评价及分析

主要选取以下几个因子：正射影像的分辨率、航拍图片的重叠度、地物影像判别的清晰度、影像比例尺的精度情况、对规划图中的特征地物和发展用地的指引作用进行评价，而在评价因子的选择上主要选取了权重、实际完成效果、客户满意度、无人机配置和工作要求等4个方面，具体的评价过程和结果见表7-3。

表7-3　因子对于规划要求拟合度评价

评价指标	权重	实际 完成效果	客户 满意度	无人机配置和 工作要求
正射影像的分辨率	0.018	0.2	比较满意	100 m 高空
航拍图片的重叠度	0.232	70%	满意	微单每秒 1 次
地物影像判别的清晰度	0.458	十分清晰	满意	2 600 万像素
影像比例尺的精度	0.260	0.05	一般	无人机自带数传和 GPS
规划图中的特征地物和发展 用地的指引作用	0.032	较详实	十分满意	无人机边界拐角处全方位 覆盖

(二) 基于 SWOT 分析法的无人机航测在规划中的识别和分析

根据研究过程的相关资料和数据，对农村土地利用规划产生影响的因素包括无人机影像的分辨率、无人机影像的清晰度、比例尺精确度、精度、时效性、操作机动性、工序繁琐程度、天气影响情况、环境适宜度、风险程度、成本状况、耗费状况、新设备的和谐度、新技术的应用潜力、业务量多少、安全事故和隐患、价格成本的可控性、国家法律法规的迎合度等。

因素全部罗列出来之后，通过专家判断法，即个别、分散的征求专家意见，将这些因素归纳成为影响无人机航拍测绘在农村土地利用规划中的外部因素与内部因素2组；然后设计问卷，使用特尔菲法，请专家们对所罗列的影响因素的影响程度进行打分，可采用的评分方式见表7-4，问卷中内部因素中的正值可判断为优势因素，负值为劣势因素，外部因素中的正值为机

遇因素，负值为威胁因素。

表7-4 专家打分表

内部因素 I	评分	外部因素 E	评分
I_1		E_1	
I_2		E_2	
$\vdots$		$\vdots$	
I_n		E_n	

由此可识别土地利用规划中的 SWOT 各个方面因素，即通过专家打分平均值的正负，来判断所调查的各个因素是属于优势、劣势、机遇还是威胁。影响因素识别以后，根据所掌握的材料，对各个因素加以分析。

评分标准：评分的取值 $(-a, a)$，$a > 0$；分数的绝对值代表该因素的影响程度；分数的正负代表该因素为机遇或威胁。由此可识别土地利用是积极影响还是不利影响。选取和邀请测绘行业、土地规划行业以及无人机专业的 12 位专家来参与对这些内部因素和外部因素进行打分分析，对各个因素分别进行影响强度评分，强度评分标准和评分表分别见表7-5 和表7-6。

表7-5 影响强度评分标准

强度指标	分数绝对值
微弱	(0, 1]
较弱	(1, 2]
中等	(2, 3]
较强	(3, 4]
极强	(4, 5]

表7-6 SWOT 分析的影响因素评分

内部因素	评分	外部因素	评分
无人机影像的分辨率 无人机影像的清晰度 比例尺精确度 精度 时效性 操作机动性 工序繁琐程度 成本状况 耗费状况 新设备的和谐度 新技术的应用潜力		天气影响情况 环境适宜度 风险程度 业务量多少 安全事故和隐患 价格成本的可控性 国家法律法规的迎合度	

评分说明：强度代表该因素对农村土地利用规划的影响程度。

(1) 如果该因素是正面影响，根据强度打出相应的正分，取值为 (0，5]；

(2) 如果该因素是负面影响，根据强度打出相应的负分，取值为 [— 5，0)；

(3) 可以出现小数点。

通过对评分表进行统计分析，根据获得的定性和定量结果识别出 S、W、O、T 各要素，再对各个因素进行编号 (表7-7)，以进行相应的评价和分析。

表7-7 SWOT 分析的影响因素评价

组别	影响因素
优势	S1：分辨率较高，影像较为清晰，能达到 1 : 1 000 以上，方便矢量化
	S2：高时效，高精度
	S3：高机动性，易于携带，不受地形条件的限制
劣势	W1：受天气和环境的限制
	W2：有一定的风险，对无人机操控师的要求较高
	W3：成本目前还是比较高

续　表

组别	影响因素
机遇	O1：更高配置的无人机正在开发，新技术、新设备可以运用进来
	O2：农村土地规划工程正在全国大面积铺开，业务量庞大
威胁	T1：价格成本，需要最有效的控制
	T2：天气影响和飞行中的安全事故必须引起格外重视

从表7可知，无人机航拍测绘影像可以广泛应用到农村土地利用的规划中，它以其高分辨率、高清晰度、高时效、高机动性迎合了土地规划这一业务的需要，随着新技术和新设备的引进，其工作效率和工作精度将大大提高，但受天气和环境的影响也会存在局限性，操作过程中的风险威胁必须引起足够的重视。

五、结论和建议

综上所述，在当前农村基础地形测绘和规划实践中，无人机航拍测绘技术在测绘效率、精准度和图片处理技术上有很多优势，但并不意味着这种方法是毫无瑕疵的，有很多需要学者们继续努力和深入研究的方面，使这门技术更加完善和成熟，更加符合规划技术要求。

总之，无人机航拍测绘在农村土地规划中的前景非常可观，但等待学者们继续深入探讨和需要解决的问题也会越来越多。

在未来的几十年里，应完善无人机上 GPS 的高精度设备，以便于航飞的图片可以直接自带坐标；同时加强相位点的布控，更加准确地提高制图的精度；针对目前混乱的无人机航测市场，有关部门必须加以管控和规范，避免因为业务造成不必要的伤残和损失，期待这一技术在农村土地利用规划中能越来越成熟和完善。

第八章　无人机航空监管体系借鉴研究——以美国为例

第一节　美国航空监管体系

在美国，航空条例与技术监管几乎是同时诞生的。文明国家的各级政府都会对所辖公民及其活动以不同方式进行监管。

在任何技术环境中（如航空界），推动条例发展的主体通常都是原始设备制造商（Original Equipment Manufacturers，OEM）和使用者。用户在实践中遇到的意外事件、问题或异常情况会通过适当程序报告给美国联邦航空管理局（Federal Aviation Administration，FAA）。当这些报告的数量达到一定临界值，或事件结果严重到一定程度时（造成人员伤亡或财产损失），就可能需要对相关条例进行修订。

FAA 在向国家空域系统（National Airspace System，NAS）引进某项新技术或新规程之前，需要进行全面的安全分析，包括对相关法规、辅助性咨询通告（Advisory Circulars，AC）或特殊联邦航空条例（Special Federal Aviation Regulation，SFAR）的回顾，其目的是判断新提议的技术或规程是否符合现行条例的规定。在处理可能不会再发生的独特事件或者经审查已明确不可能再次发生的事件时，FAA 在进行安全审查之后，可能准予特殊情况下存在例外。

如果发生上述情况，可能需要制定相关规则，从而为 FAA 提供履行其法定职责的机制，确保航空环境的安全。本章主要介绍的内容包括：美国联邦航空条例以及国际航空条例的历史，法规和条例的结构，规则的目的和意图，规则的制定、变更和执行方法，航空监管体系影响无人机系统（UAS）技术发展与使用的方式，以及未来无人机管理条例的初探。

一、美国航空条例历史

航空条例在美国有着悠久灿烂的历史。它始于1918年美国邮政总局在航空邮递业务领域内初试牛刀之时，此时距首次载人有动力飞行仅15年。在此之前3年，美国总统威尔逊（President Wilson）签署了一项法案，设立了国家航空咨询委员会（National Advisory Committee on Aeronautics），其职能是对有关飞行中"问题"的科学研究进行监管。此后，美国制定了至少6部联邦法规，对特定航空领域进行规范。大多数法规的制定是出于对安全的考虑，以及对规范商业航空的必要性的认识。当时最受关注的问题是坠机事件的数量、建设规范民用机场网络的需求、统一或通用的空中导航系统的缺失，以及能够支持军用或民用工业增长和稳定发展的民航基础设施的建设需求等。

二、美国联邦航空管理局

美国联邦航空管理局是依据1958年颁布的《联邦航空法》[①]依法创建的。该法规是为了应对当时发生的一系列涉及商用客机的致命性事故和空中碰撞事件而制定的。它属于美国交通运输部（Department of Transportation），其规则制定和管制权力的来源依据是《美国法典》（United States Code）第49章第106节。《美国宪法》的"商业条款"（第8节第1款）赋予国会广泛的权力，以"规范与外国及多个州之间的商业活动"。因此，美国政府对规范美国领空拥有专属权力[②]，美国公民拥有通过通航空域的公共权力[③]。除其他权力外，法律还赋予FAA的行政主官一项职责，即制定通航空域的使用计划和政策，按照规章制度分配空域或下达空域使用命令，以确保飞机的飞行安全和空域的有效利用[④]。管理人员还可以在公共利益需要时，修改或撤销某项法规、法令或指导性文件。管理人员应明确飞机飞行时遵守的空中交通管制条例（包括安全高度规定，以便航行并对其进行导航、保护和识别），保护地面的人员和财产安全，有效使用通航空域并防止飞机之间，飞机与地面或水上交

---

① 《公法》第85—726部分，第85届国会第2次会议；《美国法令全书》第72章第731部分；《美国宪法》第49条第1301节（修订版）。
② 《美国宪法》第49条第40103(a)(1)节。
③ 《美国宪法》第49条第40103(a)(2)节。
④ 《美国宪法》第49条第40103(b)(1)节。

通工具之间，或飞机与空中物体之间发生碰撞[①]。

根据其规则制定权，FAA提出了飞机在美国领空内的运行标准——《联邦航空条例》(Federal Aviation Regulations，FAR)[②]。它事实上是一项"道路规则"，涵盖所有民用航空器[③]/空勤人员[④]/空域[⑤]认证、所有以补偿或租赁[⑥]方式运营的航空公司及运营机构的认证与运营、空中交通、一般运营规则[⑦]，以及学校及其他经认证的机构[⑧]、机场[⑨]、设备和导航设施等[⑩]。

《美国联邦法规》(Code of Federal Regulations，CFR)第14章第1.1部分第一节列出的定义和缩写在后续《联邦航空条例》的各章节中均被采用。这对无人机群体造成了巨大影响："无人机"(UAV)、"无人机系统"(UAS)、"无人系统"(Unmanned System，US)、"无人飞行器"(Unmanned Aircraft，UA)乃至任何其他指代遥控驾驶飞行器(RPA)的术语，均出自《联邦航空条例》以及其他联邦法例或法规。"飞行器"(aircraft)被定义为"用于或拟用于空中飞行的设备"[⑪]。"飞机"(airplane)是指由发动机驱动、比空气重的固定翼飞机，依靠机翼对空气的动态反应进行飞行的飞行器[⑫]。"空中交通"(air traffic)则是指飞机在空中或机场的地面(不包括装载区和停放区)使用[⑬]。

FAA对飞机、飞行员、航空公司及商业部门或公共交通运营部门的特定类别的员工、机场以及国家领空进行监管。FAA的"工具箱"(toolbox)是由规章、规则制定流程、认证、咨询通告、特别授权和指令等组成的体系。该机构使用这些手段来执行其规则制定、监控、制度落实和执行的监管职能。

FAA用于管理联邦航空条例的三种工具分别是咨询通告（AC）、适航性

----

①《美国宪法》第49条第40103(b)(2)节。
②《美国联邦法规》第14章第1.1部分等。
③《美国联邦法规》第14章第21~49部分。
④《美国联邦法规》第14章第61~67部分。
⑤《美国联邦法规》第14章第71~77部分。
⑥《美国联邦法规》第14章第119~135部分。
⑦《美国联邦法规》第14章第91~105部分。
⑧《美国联邦法规》第14章第141~147部分。
⑨《美国联邦法规》第14章第150~161部分。
⑩《美国联邦法规》第14章第170~171部分。
⑪《美国联邦法规》第14章第1.1部分。
⑫《美国联邦法规》第14章第1.1部分。
⑬《美国联邦法规》第14章第1.1部分。

指令 Airworthiness Directives，AD）和政策声明。在对与安全相关的事件或系统异常做出反应时，可以发布咨询通告或适航性指令，而技术标准规范（Technical Standards Order，TSO）的制定则是为了整治特定的技术问题。咨询通告为飞机或系统的所有人或运营机构提供指导，以便他们遵守相关的法规。适航性指令则是向已经认证的飞机的所有人或运营机构发出通知，告知某种特定型号的飞机、发动机、航空电子设备或其他系统存在已知的不足，必须予以纠正。技术标准规范是特定材料、零部件和民用航空器设备的最低性能标准。按照技术标准规范设定的标准对材料、零部件或设备进行生产授权，则被称为 TSO 授权。TSO 授权包括设计和生产许可两个部分。它并不是指对该物品在飞机上的安装和使用进行批准，而仅仅意味着该物品符合特定的技术标准规范，申请人获得了生产授权。

咨询通告的目的是向航空界就该法规涉及的事务进行建议，但不具备公共约束力。当某项法规中明确引用某份咨询通告时，则为例外情况[①]。发布咨询通告时所使用的是一个与《联邦航空条例》中有关领域相对应的编号体系[②]。在无人机航空界引起争议最多的咨询通告是91—57号通告，后文将对此进行详细阐述。该通告沿用的是《美国联邦法规》第14章第91部分——《空中交通和一般操作规则》，该部分提出了相关空域法规。

另一个咨询工具是政策声明。在美国国会赋予该机构制定具有法律效力的规则的权力，且该机构在行使该权力的过程中宣布应对某项法律条文予以尊重时，各级法院应按照已发布政策声明中的声明或记录，对该法律条文的行政执行给予尊重。这种权力的赋予可有多种表现形式，包括机构参与裁决或"通知与评论"规则制定过程的权力，或是以其他方式传达国会的类似意图[③]。FAA 已发布三份针对无人机的政策声明，分别是 AFS 400 UAS 的05—01 号政策声明、2007 年 2 月 6 日在《联邦纪事》（Federal Register）上刊登的《无人机在国家空域系统中的运行》，以及同样援引《美国联邦法规》第14章第91部分的《运行批准暂行指导意见08—01》。

---

① 00-2号咨询通告，11（1997）。
② 00-2号咨询通告，11（1997）。
③《联邦纪事》第72章第6689部分，第72卷，第29期，2007年2月13日（运行批准暂行指导意见08—01）。

三、执法和制裁

如果缺乏执行的手段，任何规章制度都可能无法发挥其效力，《联邦航空条例》也不例外。美国国会赋予 FAA 权力，要求其对航空活动进行监督、检查航空系统、调查违反航空法规的情况，并在发现有违规现象时采取适当的措施。该机构的调查权力涵盖 1958 年的《美国联邦航空法》《有害物品运输法》，1970 年的《机场和航线开发法案》，1982 年的《机场和航线改进法案》和 1987 年的《机场和空运安全及吞吐量扩充法案》中的所有条款，以及由 FAA 颁布的所有法规、指令或规章。根据其发布的 2150.3A 号指令——《合规性和执行计划》，FAA 的中心任务是促进安全标准的落实，但该机构也认识到，由于航空业本身的性质，必须在很大程度上依赖对监管准则的自觉遵守。《美国宪法》第五号和第十四号修正案规定，FAA 的执法过程应为确保遵守法规提供"正当程序"。这就意味着在未经正当法律程序的情况下，不得剥夺任何人的"生命、自由或财产"[①]。因此，FAA 在执法过程中不得独断专行或标准不一。

由 FAA 建立的执法程序，其目的是保证公正、合理以及受法规约束各方的公平。这是一个复杂的程序，其中包含大量决策点，以便 FAA 和被调查方能达成非正式的解决方案，而不必采取诉讼审判的渠道。执法程序可能会出现不同的结果，FAA 在对涉嫌违规的情况进行调查后可以选择决定终止执法，进行审判、处理，向美国上诉法院或是美国最高法院提起上诉（概率极低）等。此类审判和其他民事审判方式相同。为了确认违规事实，通常由 FAA 承担举证责任。如不足以处以民事罚款、撤销或暂扣证书，FAA 可以发出警告函或修正函，其目的是针对未严重到应给予更严厉制裁的违规情况，使被指控的违规方遵守有关法规。对于初次违规的当事人来说，如证书持有人抱有建设性的合作态度，通常在解决由疏忽导致的违规问题或非恶性违规问题时会很有帮助。如案件中没有证书可暂扣或吊销，或吊销证书将导致不必要的困难，或案件中不涉及资质问题，或违规情况的严重程度不适用采取补救措施的行政手段，则可对每项违规处以最高 5 万美元的民事罚款。

———————————

① 《美国宪法》，第 5 次修订版和第 14 次修订版。

必须注意的是，若未持有飞行员证书或由 FAA 颁发的其他许可证，并不能使个人或实体免受 FAA 含民事罚款在内的执法行动的约束。

后文将讨论 FAA 针对无人机究竟应该如何执行《联邦航空条例》的问题。据本书所知，FAA 尚未对任何无人机系统 / 遥控飞机操作员、飞行员、所有人、制造商或服务方采取过任何正式的执法行动。

第二节　国际航空条例解析

早在 1919 年，航空和平会议委员会（Aeronautical Commission of the Peace Conference）就制定了《空中导航监管公约》（Convention for the Regulation of Aerial Navigation）（也被称为《凡尔赛条约》，Versailles Treaty）。该项国际协议确认，公海的空域自由度比其中水域的自由度要低。在公约中，各缔约国均承认国家领土和领海上空空域的专属管辖权，但也同意在和平时期，只需遵守公约的其他规定，允许其他国家的民用航空器在不导致损害的情况下通过。各国仍然保留出于军事需要或国家安全利益考虑而设立禁飞区的权利。20 世纪 40 年代，在全球国际关系紧张的情况下，美国以 1919 年公约为基础，就进一步统一国际空域规则发起了多项研究，后又与其主要盟国进行了商讨。美国政府最终邀请了 55 个国家或当局参加会议，就这些问题进行了讨论，并于 1944 年 11 月在芝加哥举行了国际民用航空会议（International Civil Aviation Conference）。54 个国家参加了此次会议，会议结束时，共有 52 个与会国签署了《国际民用航空公约》（Convention on International Civil Aviation）。此公约建立了常设国际民航组织（International Civil Aviation Organization, ICAO），以确保国际合作和最大程度统一各种法规、标准、程序以及涉及民航事务的组织。芝加哥会议为将空中航行作为整体制定成套规章制度奠定了基础，这些规章制度的目的是保障飞行安全，并在全世界使用共同的空中导航系统构建基础。

国际民航组织（ICAO）的章程便是由芝加哥会议制定的《国际民用航空公约》，每个国际民航组织的成员国都是缔约国。根据该公约的条款规定，该组织由一个成员大会、一个由有限成员组成并拥有下属机构的理事会和一个秘书处，其主要官员是理事会理事长和秘书长。国际民航组织与联合国的其他成员密切合作，包括世界气象组织（World Meteorological Organization, WMO）、国际电信联盟（International Telecommunication Union, ITU）、万国邮政联盟（Universal Postal Union.UPU）、世界卫生组织（World Health Organization, WHO）和国际海事组织（International Maritime Organization, IMO）。参与国际民航组织工作的非政府组织包括国际航空运输协会（International Air Transport Association）、国际机场协会（Airports Council International）、航空公司飞行员协会国际联合会（International Federation of Airline Pilots Associations）、国际飞机机主与飞行员协会（International Council of Aircraft Owner and Pilot Associations）等①。

国际民航组织的工作目标很多。《国际民用航空公约》的96个条款和18个附件对其工作目标进行了明确规定。《国际民用航空公约》的诸多补充条款（标准和建议规程（Standards and Recommended Practices, SARPS）中还确定了其他标准和准则。《空中航行服务程序》（Procedures for Air Navigation Services）也处于不断地审查和修订当中。各缔约国可自由地对附件中的任何内容设定例外情况。设定的例外情况也已出版公布。缔约国还负责制定自己的航行资料汇编（Aeronautical Information Publication, AIP），该汇编向国际民航组织和其他国家提供有关空域、空中交通、机场、助航设备（导航设备）、特殊用途空域、气象等方面的信息和其他相关数据，供机组人员进入或通过该国领空时使用。此外，航行资料汇编还应包含该国对附件内容规定的例外情况，以及与国际民航组织的规章及该国规章制度存在显著差异的信息。

附件的内容涵盖空中规则、国际航空气象服务、航图、在空中和地面操作时使用的计量单位、飞机运营、飞机的国籍标志和登记标志、航空器适航性、便利条件的提供（过境）、航空通信、空中交通服务、搜索和救援、飞机事故调查、机场、航空信息服务、环境保护、使国际民用航空活动免遭非法行为干扰的安全保卫工作，以及危险品航空安全运输的安全保障。国际民航组织所有文件中唯一涉及无人机的是该公约的第8条，其中规定：

---

① 国际民航组织：http：//www.icao.int/。

具备无飞行员飞行能力的飞机，在没有飞行员驾驶时，不得在未经缔约国特别授权或不遵守该授权条款规定的情况下，飞越该缔约国的领土。

　　各缔约国承诺，此种无飞行员的飞机在向民用航空器开放的区域内飞行时，应对其进行控制，以避免对民用航空器造成危险。

　　国际民航组织的规则适用于国际空域。国际空域通常涵盖距某一国家（政权）领土超过19.3km的公海上空的空域，以及部分归于某缔约国自行监管的国内空域。本规则适用于所有缔约国（共188个），因此任何一个选择不加入国际民航组织的国家都不受到国际民航组织规则的保护。但是，国际民航组织是一个自愿性的组织，并不包含任何诸如《联邦航空条例》那样需要强制执行的法规或标准。作为国际民航组织的创始成员国和一个主张维护国际商业航空环境的国家，美国向全国的运营机构严格实施国际民航组织的规则，将国际民航组织的规则纳入《联邦航空条例》中，杜绝国内法规与其发生任何冲突。

　　其他位于欧洲、具有一定监管权力的国际航空组织包括欧洲空中航行安全组织（European Organization for the Safety of Air Navigation，ENROCONTROL）、欧洲航空安全局（European Aviation Safety Agency，EASA）和欧洲民用航空设备组织（European Organization for Civil Aviation Equipment，EUROCAE）。

　　欧洲空中航行安全组织是一个政府间组织，在整个欧洲的空中交通管制服务中发挥着核心作用，致力于欧洲航空导航服务的和谐和一体化，以及为民间和军队用户建立统一的空中交通管理（Air Traffic Management，ATM）系统。为此，该机构协调各个空中交通管制部门及航空服务供应商，以提高整体性能和安全性。该组织总部设在布鲁塞尔，共有38个成员国。欧盟委员会于2001年开始实施《单一欧洲天空空中交通管理研究计划》（Single European Sky ATM Research，SESAR），并向欧洲空中航行安全组织授予了部分监管责任。

　　欧洲航空安全局于2003年成立，是欧盟的一个下属机构，在民用航空安全领域负有监管职责，并承担此前由联合航空局（Joint Aviation Authorities，JAA）执行的功能。欧洲航空安全局的职能与联合航空局不同。欧洲航空安全局拥有合法的监管权力，其中包括执法权。欧洲航空安全局负责对由处于欧盟成员国监管之下的人员制造、维护或使用的航空产品进行适航性认证和环保认证。尽管欧洲民用航空设备组织的成立时间远远早于欧洲航空安全局，专门参照空中／地面系统及设备处理航空标准化事务，但该组织职权却在欧洲航空安全局之下。该组织主要成员是设备和飞机制造商、监管机构、欧洲和国际民用航空当局、空中导航服务供应商、航空公司、机场及其他用户。

欧洲民用航空设备组织第73号工作组专门从事产品研发，其产品主要功能是确保无人机在非隔离空域中能够安全、高效地飞行，并与同空域中其他飞行器相协调。凡由第73号工作组向欧洲民用航空设备组织提出的建议，欧洲民用航空设备组织均可将这些建议上报给欧洲航空安全局。

除国际民航组织和上文中介绍的三个欧洲组织外，任何国家的民用航空局（Civil Aviation Authority，CAA）都有权就其主权领空内的飞行活动颁布自己的航空规章制度。在国际民航组织对其成员国明确总体性的无人机系统操作规则之前，无人机系统的操作员必须掌握在国际空域中为其提供空中交通服务的缔约国的法规制度。

第三节　标准和条例

FAA通过制定规章制度来行使其法定职权。这些规章制度通常由经行业组织起草、FAA批准的各类标准进行补充或改进。标准制定方与工程人员、科研人员及其他行业人员共同合作，制定公平公正的标准或规范性文件，为行业服务，保护公共利益。这些标准制定者可以是私营机构、行业组织或专业协会。标准由法规、标准和规章的发行人提供。除此以外，发行人也可提供标准数据库的访问权限。数据库的供应方并不一定是所发行标准的制定方。

这些组织主要是由行业代表、工程人员和有关领域的专家组成的专业团体，专为FAA等联邦机构提供建议支持。他们所提出的建议可以作为正式规则采纳或作为参考。工程规范、标准和规定的目的都是确保设备、工艺、材料的质量和安全。

此类咨询组织中，在无人机发展过程中发挥最突出作用的三个组织是汽车工程协会、航空无线电技术委员会和美国国际试验与材料协会（原美国试验与材料协会）。

航空工程法规由 FAA 执行。这些法规对行业惯例的树立至关重要。工程制度（例如《联邦航空条例》中提出的制度）是由政府明确的操作规程，其目的是在保护公共利益的同时，为专业工程人员树立一定的道德标准，并为确保组织与公司遵守公认的专业操作规程设立工程标准，包括施工技术、设备维护、人员安全和文件制作等方面的规程。这些法规、标准和规定也涵盖了认证、人员资质和执法方面的事宜。

之所以需要制定制造规范、标准和规定，通常是为了确保生产工艺和设备的质量与安全，航空条例也是如此。制造标准的作用是确保制造商和工厂所采用的设备和工艺安全、可靠、高效。此类标准常常是自愿性的指导方针，但也可以在《联邦航空条例》中列为强制性标准。生产法规由政府制定，通常以立法方式对制造商影响环境、公共健康或工人安全的行为进行控制。美国和欧盟成员国的飞机制造商必须按照法律规定，生产满足一定适航性和环保排放标准的飞机。

FAA 所支持和赞助的四家国内委员会均致力于发展无人机制造和运营的标准与法规。2004 年，航空无线电技术委员（RTCA）会下设的 203 号无人机系统特别委员会（Special Committee 203 Unmanned Aircraft Systems, SC—203）开始制定无人机系统的最低工作性能标准（Minimum Operational Performance Standards.MOPS）和最低航空系统性能标准。该标准规定，"SC-203 产品应协助确保无人机系统与其他飞行器共同在国家空域飞行时的安全性、高效性以及兼容性。SC—203 中所提出的建议的前提是，无人机系统及其使用不会对已有的国家空域用户造成负面影响"。

美国国际试验与材料协会（ASTMI）下设的 F-38 无人机系统委员会（Unmanned Air Vehicle Systems Committee）负责处理与无人机系统的设计、性能、质量验收测试和安全监测相关的事务。利益相关方包括无人机及其组件的制造商、联邦机构、专业设计人员、专业团体、专业维护人员、行业协会、金融机构以及学术界等。

汽车工程协会（SAE）之所以设立 G-IOU 无人机航空活动工程技术委员会（Unmanned Aircraft Aerospace Behavioral Engineering Technology Committee），是为

了就民用无人机系统飞行员的培训提出相关建议。该组织已有建议发布。

通过 2008 年 4 月 10 日签署的 1110.150 号指令，FAA 依据《美国法典》第 49 章（49 USC）第 106 部分第（5）条赋予 FAA 局长的权力，创建了小型无人机系统（sUAS）航空规则制定委员会（Aviation Rulemaking Committee, ARC）。该委员会的任期为 20 个月，是由航空协会、行业运营机构、制造商、雇员团体或工会、FAA 和其他政府实体、包括学术界在内的其他航空业参与者的代表共同构成的。委员会于 2009 年 3 月向 FAA 副局长递交了正式建议。FAA 的空中交通组织（Air Traffic Organization）同期组织了安全风险管理（Safety Risk Management, SRM）委员会，该委员会负责对受审查的无人机进行说明、危害识别、分析、风险评估并进行相应处理，以便形成该无人机系统的安全管理系统（Safety Management System, SMS），并将此系统与航空规则制定委员会的建议进行协调或整合。这个过程要遵守 FAA 的政策，这些政策要求对可能影响国家空域系统安全的航空系统进行监管和规范，包括：FAA 8000.369 指令，《安全管理体系指南》(Safety Management System Guidance)；FAA 1100.161 指令，《空中交通安全监督》(Air Traffic Safety Oversight)；FAA 8000.36 指令，《空中交通安全的合规性程序》(Air Traffic Safety Compliance Process)；FAA 1000.37 指令，《空中交通组织安全管理系统指令》(Air Traffic Organization Safety Management System Order)；ATO-SMS 执行计划 1.0 版，2007 年；FAA SMS 手册 2.1 版，2008 年 6 月；08-1 号安全及标准指导函；150 / 5200-37 号咨询通告，《机场运营中安全管理系统的引入》(Introduction to SMS for Airport Operations) 等。

截至本书出版时，航空规则制定委员会（ARC）提出的关于小型无人机管理的建议尚在进行审查，但最终其提出的规则制定过程（后文将进行详细阐述）将形成公告并予以发布。这将是 FAA 提出的第一套专门针对无人机系统的规定。

有关方曾在 1981 年针对遥控飞机这个小类别发布了"91-57 号咨询通告"（AC 91-57）。实际上，这份咨询通告是为了通过非管理手段，对以娱乐为目的的航空模型进行规范，倡导并鼓励其自觉遵守模型飞机操作的安全标准。FAA 的网站虽然删除了该文件的内容，但它并未被撤销，因此在某些指定领域内以及在非官方组织"航空模型学会"（Academy of Model Aeronautics，AMA）的职权范围内，它一直是模型飞机飞行的操作标准。航空模型学会（AMA）对学会成员创建了一套标准及限制规定，遵守这些标准及限制规定是其成员有资格获得团体保险的先决条件。

虽然"91—57号咨询通告"针对的是娱乐性航模爱好者，但商业无人机系统运营机构和开发机构在某些情况下也会以该通报为依据，称其小型无人机有权在离地高度122m以下飞行，而不需要与FAA进行沟通，也不会与联邦航空条例发生冲突。"05-01号政策声明"和"08-01号指导文件"都将"91-57号咨询通告"视为娱乐性和业余爱好者所从事的航模活动的官方政策，即这些活动不属于《联邦航空条例》的范畴，因此不受其制约。然而，FAA通过推理认为，由于娱乐性模型飞机也符合《美国联邦法规》第14章第1.1条对"飞机"的定义，因此FAA对其也拥有法定权力，但出于政策方向的考虑，不对其进行执法。

第四节　规则制定的过程

前文介绍过的小型无人机系统航空规则制定委员会（ARC）为我们了解FAA制定规则、规章、通告、指令和法令的过程提供了一个实例。FAA依靠这些手段规范航空业的秩序，而航空业在美国和其他国家都是受管制程度最深的行业。FAA的规则制定权力来自由总统办公室下达的行政命令或美国国会的特定授权或《美国宪法》第8部分第1条规定的立法权的授予。除这两个权力来源以外，FAA还依赖于来自美国国家运输安全委员会、公共和FAA自身的建议来启动规则制定过程，最终制定出的规则以服务公共利益和履行增强航空环境安全性的使命为目的。

规则制定过程受1946年的《行政程序法》（Administrative Procedures Act）和1935年的《联邦注册法》（Federal Register Act）的约束。将这两个法规相结合的目的，是为了确保该过程公开接受公共的监督。联邦机构不得秘密地或不完全透明地制定或实施规则。程序正当的立法过程及法规颁布要求保证了上述目标的实现。这种"非正式规则制定"是一个分为四个步骤的过程，往往需要行业规则制定委员会付出数月甚至数年的努力，经过FAA内部审查和分析以及机构间谈判才能完成。一旦拟议的规则达到足够的成熟度，就会被作为"法规制定提案通知"刊登在《联邦纪事》上，公共可在一定时间期限内对拟议的规则发表意见。在最终的法规文件发布前，应采取一定的方式对公共的意见予以回应并进行处理，对法规的目的和基础进行阐释，并对公共意见的处理方式进行说明。最后一个步骤是实施。生效日期必须是在最终规则公布日至少30天之后，除非所制定的是解释性的规则、直接规则、一般性政策声明、紧急规则，或针对现有法规或规定授出豁免的实质性规则。某些由航空局制定的法规或政策，或可免受此过程的约束，例如解释性规则或一般性政策声明。如果航空局能够证明发布通知和处理反馈意见的过程是不切实际、不必要或违反公共利益的，且有"充足理由"，也可不受此约束。

凡已通过该等非正式规则制定流程的法规，与由国会法案所规定的规章制度具有同等效力和作用。因此，在执行过程中，FAA可以将这些法规视同为国会制定的法律。这些规则通常被编入《美国联邦法规》(CFR)。然而，任何事情都有例外。直接最终规则是在发布最终法规之后实施的，但同时还要留出一段时间来发布通知和收集意见。如果没有反对意见，该规则在规定期限后生效。在此过程中，与法规制定提案的通知程序不同的是，在最终规则公布之前，没有讨论稿的公布程序。该等程序适用于预计不会引起意见或争议的常规法规或条例。暂行规定通常立即生效，发出前不另行通知，通常用于应对紧急情况。临时规则经过一段时间的意见收集后，可为最终规则的形成提供根据，其状态（最终／修订／撤回）一般在《联邦纪事》中公布。除此以外，还可发行解释性规则，对现行条例、或解释现有法令或法规的条例进行解释。FAA通常不采用这一工具，但在出现某项规则反复被曲解、导致合规性问题长期存在的现象时，该工具可发挥极大作用。

制定规则的过程十分复杂，有时甚至可称为繁琐，而且还十分费时。这样设计的目的是提高安全性和统一性，使航空环境的所有用户及受航空环境影响的有关方都能受到保护，免受不必要的风险危害。此外，它还要保证所有实体都在同一套规章制度下运营，并有充足的机会参与这个过程，使所有参与人共同对结果造成影响。这个过程的每一步骤都要求联邦政府的其他机构进行一系列的审查，如交通运输部秘书办公室、管理和预算办公室、审计总署和《联邦纪事》办公室等。如将航空监管过程以流程图表示，图中将展示出至少 12 个步骤，还会有更广泛类别的多种临时步骤交织其中。如果某项拟议的规则需要经过所有的审查步骤，那么这份清单将包含至少 35 个节点。例如，鉴于许多具有相同影响力的利益相关方的参与，国防部正筹划设立一个新的限飞区，供无人机系统飞行、测试和培训使用。按照普遍预计，这个目标将花费 5 年时间才能达成。试举一例：供航空运输飞机使用的名为 TCAS（Traffic Alert and Collision Avoidance System，交通预警和避撞系统）的航空安全装置，从构思到落实历时超过 15 年，并且是通过国会法案，TCAS 才最终成为商用客机的强制使用设备。

　　除了正式的规章和条例之外，FAA 还发布法令、政策、指令和指导性文件。FAA 定期发布政策声明和指导文件，以澄清或解释 FAA 诠释和执行各项规定的方式。政策声明为如何遵守《美国联邦法规》的特定章节或条款提供指导或可接受的做法。这些文件是解释性的，不具备强制性，也不针对具体项目。在实践当中，这些文件不能在正式的合规程序中强制执行，但它们为用户和公共提供指导，使他们能很好地遵守《联邦航空条例》（FAR）。指导文件在本质上与政策声明相似，都是解释性而非强制性的文件。

　　FAA 的网站上提供了所有历史／现行政策声明、指导性文件、法令、指令、通告和规定的链接。具有约束力的法令和规章在《联邦纪事》中有公布，并可通过电子《美国联邦法规》（e-CFR）政府网站访问 ①。

第五节　有关无人机的现行规定

　　如前文所述，无人机、无人机飞行员／操作员或无人机在国家领空内的飞行在《联邦航空条例》中均未提及。按照《美国联邦法规》第 14 章第 1.1 条的规定，"飞行器"（aircraft）应包含所有无人机。目前既无权威案例，也无法规条例足以支持各种尺寸和性能不一的无人机不受监管，其中自然也

---

① 《联邦航空条例》电子版：http: ／ ／ ecfr.gpoaccess.gov ／ cgi/t ／ text ／ text-idx ？ &c=ecfr&tpl: ／ ecfrbrowse ／ Titlel4 ／ 14tab_02.tpl。

包括无线电遥控的模型飞机。无线电遥控的飞机也是飞机，但不是 FAA 倾向于管理的飞机类型。基于对这样一个现实的认识，美国在 1981 年发布了"91-57 号咨询通告"。这份通报鼓励模型飞机操作员自觉遵守安全标准。该通告也承认，模型飞机可能给飞行中的全尺寸飞机和地面上的人员及财产带来安全隐患[1]。鼓励模型飞机操作员选择距离人口密集地区较远的场地飞行，避免危及人员或财产和在避开噪声敏感区（如学校、医院等）。飞机应进行适航性测试和评估，且不应在超过地面以上 122m 的高度飞行。如果飞机要在距机场 4.8km 的范围内飞行，应与当地的航管部门联系。而且，最重要的是，模型飞机应始终让全尺寸飞机优先通行，或主动避让全尺寸飞机，并且安排观察员来协助完成此项工作[2]。

FAA 的政策声明——05-01 号 AFS-400 无人机系统政策于 2005 年 9 月 16 日发布，旨在应对急剧增加的公共 / 私营部门的无人机系统飞行活动[3]。这项政策的目的是为 FAA 提供指导，以确定是否允许无人机系统在美国国家空域系统（NAS）内进行飞行活动。AFS-400 的工作人员在对每一项授权认证（Certificate Of Authorization, COA）或豁免申请进行评估时，应采用该政策作为指导。由于无人机系统技术的迅速发展，这项政策必须不断适时进行审查和更新[4]。其出台并不是为了替代任何监管程序。它由以下部门共同制定，并反映了这些部门的共同意见。即：AFS-400，飞行技术和程序司和 FAA 飞行标准处（Flight Standards Service, FSS）；AIR 130，航空电子系统部（Avionics Systems Branch）和 FAA 航空器认证司（Aircraft Certification Service）；ATO-R，系统运营和安全办公室（Office of System Operationsand Safety）和 FAA 空中交通组织（Air Traffic Organization, ATO）[5]。

05-01 号政策承认，如果要求无人机系统的操作员严格遵守《美国联邦法规》第 14 章第 91.113 条"路权规则"（Right-of-Way Rules）中所规定的"看

---

① 91-57 号咨询通告。
② 91-57 号咨询通告。
③ 联邦航空管理局 05-01 号 AFS-400 无人机系统政策，2005-9-16。
④ 联邦航空管理局 05-01 号 AFS-400 无人机系统政策，2005-9-16。
⑤ 联邦航空管理局 05-01 号 AFS-400 无人机系统政策，2005-9-16。

见与规避"（See and Avoid）的要求，民用空域中将没有无人机飞行①。

路权规则规定："……在天气条件允许的情况下，无论所进行的飞行是仪表飞行还是目视飞行，操纵飞机的所有人员都应保持警惕，确保能够看见并规避其他飞机。如按照本节中的规定，其他飞机拥有路权，则飞行员应为拥有路权的飞机让路，而不能从其下方、上方或前方通过，除非保持充足的间距。"②对于能够表明拟进行的具有可接受安全水平的无人机飞行活动，FAA 的政策予以支持。③

另一条有关碰撞规避的规则规定，"任何人在操纵飞机时，不得使其与另一架飞机相距过近而导致碰撞危险"④。FAA 也认识到，要具备可认证的"检测、感知与规避"（detect，sense and avoid）系统，为无人机的"看见与规避"问题提供可接受的解决方案，未来还有很长的路要走⑤。

通过实施这一政策，FAA 为民用无人机的开发机构和运营机构提供了两个选择：①开发机构和运营机构可将其系统作为公共飞机使用，并申请批准特定飞机在特定飞行环境中按特定飞行参数运营的授权证书，每次授权期限不超过1年；或者②开发机构和运营机构可按照《美国联邦法规》中规定的正常程序，为其飞机领取特殊适航证，在飞机运营时严格遵守《美国联邦法规》第14章第9部分中的所有空域法规，并由通过认证的飞行员操作飞机。由于1981年发布的"91—57号咨询通告"《模型飞机运行标准》（Model Aircraft Operating Standards）适用于模型飞机，此政策也援引了该通报，称"符合'91—57号咨询通告'中指导标准的无人机视作模型飞机，不按照本政策中的无人机标准进行评估"。

FAA 还进一步在此项政策中明确不接受民用授权认证申请。这意味着只有军队或公共飞机（Public Aircraft）有申请资格。《美国联邦法规》第14章第1.1部分将"公共飞机"定义如下：

①《美国联邦法规》第14章第91.113部分。
②《美国联邦法规》第14章第91."3(b)部分。
③ 联邦航空管理局05-01号 AFS-400 无人机系统政策，前注。
④《美国联邦法规》第14章第91.111部分。
⑤ 联邦航空管理局05-01号 AFS-400 无人机系统政策，前注。

"公共飞机"指以下几种飞机,在未用于商业用途,或者除搭载除机组成员或符合条件的非机组成员以外的人员时,即为"公共飞机":

第一,仅供美国政府使用的飞机;由政府所有,其他人员出于与机组培训、设备研发或演示相关的目的而使用的飞机;由州/哥伦比亚特区/美国某一保留区或属地的政府,或这些政府的某一分支机构所有和使用的飞机;或由哥伦比亚特区、美国某一保留区或属地,或这些政府的某一分支机构连续单独租赁至少90天的飞机。

(1)当(且仅当)确定公共飞机的状态时,"商业用途"是指以补偿或租赁的方式运输人员或财物,但自1999年11月1日起,应当排除按照联邦法令、法规或指令的规定,由军用飞机作为补偿而进行的飞行.还应当排除由一个政府代表另一个政府根据成本补偿协议进行的飞行,前提是飞行活动的发起政府向FAA局长证明,该飞行活动是在无法获得能合理使用的私营飞行服务的前提下,对重大且迫切的生命或财产(包括自然资源)威胁的必要响应。

(2)当(且仅当)确定公共飞机的状态时,"政府职能"是指由政府开展的某项工作,如国防、情报任务、消防、搜索和救援、执法(包括运输囚犯、被拘留人员和非法居留的外国人)、航空研究、生物或地质资源管理。

(3)当(且仅当)确定公共飞机的状态时,"符合条件的非机组成员"是指除机组成员以外,搭乘由部队或美国政府的情报机构使用的飞机的人员,或为执行政府职能或因与政府职能的执行相关而必须乘机的人员。

第二,由军队所有、使用或租用,从而为部队提供运输,并符合以下条件的飞机:

(1)依据《美国法典》(USC)第10章的规定使用:

(2)依据《美国法典》(USC)第14、31、32、50章的规定,在政府职能的执行过程中使用,且不用于商业用途;

(3)为军队租用于运输,且飞行活动是由国防部长(或海岸警卫队所服务部门的部长)出于国家利益需要而要求进行的。

第三,由某个州、哥伦比亚特区或美国的任一保留区或属地的国民警卫队所拥有或使用,符合本定义第2条标准,且仅在国防部直接控制下使用的飞机具备公共飞机的资格^①。

总之，FAA 规定，如要在国家空域中操纵无人机飞行，必须首先获得授权认证（COA）的许可（仅适用于公共实体，包括执法机构和其他政府实体），或取得按《美国联邦法规》第14章相关部分规定颁发的试验性适航证。严禁在未取得授权证书的情况下，仅表面上按照"91–57号咨询通告"中的指导方针进行商业性质的飞行活动。

FAA 由于意识到部分商业租用无人机系统的运营机构按"91—57号咨询通告"的指导方针在国家空域中飞行，因此于2007年2月13日发布了第二份政策声明^②。当时，美国执法机构和一些小型无人机制造商借助模型飞机规定的出台，大力推动无人机系统进入运营服务，此通知正是对这一情况所做出的直接反应。这项政策规定，FAA 只允许无人机在现有的授权证书和实验性飞机安排下进行运营。该政策规定：

按照目前美国联邦航空管理局（FAA）对于无人机系统飞行的政策，在没有特别授权的情况下，任何人不得操作无人机在国家空域系统中飞行。对于作为公共飞机使用的无人机系统来说，其授权即为"授权证书"；对于作为民用航空器使用的无人机系统来说，其授权为"特殊适航证"；模型飞机的授权则是"91–57号咨询通告"。

美国联邦航空管理局认识到，除航模从业者以外的个人和公司可能会由于误认为已得到"91–57号咨询通告"的合法授权而进行无人机系统飞行活动。"91–57号咨询通告"仅适用于航模从业者，因此，任何个人或公司不得出于商业目的而使用无人机。

美国联邦航空管理局已开展安全审查，考虑确立另一无人"平台"种类的可行性，该种类或将通过操作员的视距（LOS）进行定义，其尺寸小、飞行速度缓慢，能够充分减少对地面上其他飞机和人员造成危险。这项分析工作的最终产物可能是一个类似于"91–57号咨询通告"的新型飞行许可，但其关注对象是可能不需要适航证的非体育/娱乐性飞行活动。然而，该等活动必须遵守联邦航空管理局针对这一类型所制定的相关规章和指导意见。

---

① 《美国宪法》第49章第1.1部分。
② 《联邦纪事》第72章第6689部分，前注。

这些政策对"模型飞机"（Model Aircraft）的定义并不统一。如前文所述，部分个人／机构恰好利用了这一漏洞，在未取得授权证书或特殊适航证的情况下，出于商业目的或执法目的而操纵携带摄像头和其他传感设备的小型（及较小型）无人机进行飞行活动①。

第六节　FAA 对无人机系统的执法权

在对无人机系统飞行活动的执法权方面，美国联邦航空管理局（FAA）面临着两个问题。首先，监管的职权范围；其次，监管的对象。针对后者，其答案在很大程度上取决于第一个问题究竟如何解决。

联邦航空管理局颁布的规定共有六种类型：强制性规定、禁止性规定、有条件强制性规定、有条件禁止性规定、权力或责任、以及定义／解释②。强制性规定和禁止性规定都是强制执行的，其他四种类型均有例外情况或前提条件。在针对某项规定是否适用于特定具体情况进行全面分析时，应回答以下问题③：

（1）该规定适用对象是谁？

（2）规定的整体含义是什么？

（3）在哪些情况下必须遵守该规定？

（4）必须在什么时间完成？

（5）如何确定其在特定情境下的适用性？

（6）是否有特殊条件、例外情况或可排除情况？

由于无人机也是飞机，且尚未发现有将无人机排除在该飞机定义之外的规定，因此，FAA 对于能够在全国通航空域中飞行的所有飞机均具有监管权。"通航空域是指本章规定的不低于最低飞行高度的空域，包括安全起

---

① 遥控空中摄影协会网址: hhttp: ／ ／ www.rcapa.net。
② Anthony J.Adamski, Timothy J.Doyle. 航空监管流程导论 [M]. 第 5 版 (Plymouth, Ml: Hayden-McNeil, 2005), 62。
③ Adamski 和 Timothy J.Doyle, 《导论》。

降所需的空域。"① 拥挤区域的最低安全高度规定为地面以上305m, 距其他物体的横向间隔为610m, 距地面物体152.5m以上, 但在开放水域或人烟稀少地区除外。因此, 飞机不得在距离任何人员、船只、飞行器或建筑152.5m以内飞行②。唯一允许例外的是起降时有必要超过此距离限制, 在这种情况下, 通航空域以地表(以指定进近路径或机场降落模式为基准)为界限③。"91-57号咨询通告"中针对模型飞机做出的"离地高度122m的高度限制, 可能是遵循了除G类(不受控)空域外④, 有人机的最低安全高度为152.5m的规定, 同时留出了30.5m作为"缓冲", 并增加了不在机场附近区域飞行的建议。虽然"91-57号咨询通告"所含FAA政策的历史沿袭情况无从确认, 但它却是熟悉航模历史的FAA官员及个人的普遍共识⑤。

　　从广义上讲, 飞行器(aircraft)包括无人机和模型飞机。如果按照这种定义, 那么FAA的管理对象就可包括在通航空域内操纵或驾驶飞行器的所有物体和个人。《联邦航空条例》中绝大多数规定都是以保障载人飞机的飞行安全为目的的, 包括保护机组成员和乘客, 以及地面、人员与财产。虽然无人机出现在航空舞台上已经超过90年, 但在各项法规的序文中以及目前可供查阅的其他历史文献中, 均没有任何证据可显示各项规定的编订人员曾考虑过专门针对无人的遥控驾驶飞行器(RPA)制定规定。系留气球和风筝⑥、无人火箭⑦和无人自由气球⑧等要占用一定空域且不搭乘人员的物体或飞行物, 都已涵盖在现有的专项法规中, 但其他类型的无人飞行器却没有类似规章。

　　我们有理由认为, 根据现有的空域法规《美国联邦法规》第14章第91.111条和第91.113条, FAA具有一定的执法权。这两条法规要求飞机操作员能够安全地在其他飞机附近飞行并遵守路权规则。然而, 一个更为棘手

①《美国联邦法规》第14章第1.1部分。
②《美国联邦法规》第14章第91.119部分。
③《美国联邦法规》第14章第91.119部分。
④《美国联邦法规》第14章第71部分。
⑤ Benjamin Trapnell, 副教授, 北达科他大学, 美国航空模型学会终身会员。
⑥《美国联邦法规》第14章第101.11部分等。
⑦《美国联邦法规》第14章第101.21部分等。
⑧《美国联邦法规》第14章第101.31部分等。

·259·

的问题是，必须确认这种飞机是否必须满足系统的认证要求和资质标准，及其飞行员、传感器操作员、机械师、维修人员、设计师和制造商是否应持有相应的证书。

本书中没有就 FAA 对无人机及其运营的执法权力提出正式的合法性质疑。在大多数情况下，政府承包商、海关和边境保护局、美国军事机构及其他公共飞机运营机构均遵循了 05-01 号 AFS-400 无人机政策、《中期运营批准指导意见 08-01》和"91-57 号咨询通告"中的准则。同样，就目前所知，FAA 也未对（据称）违背这些准则使用无人机系统的任何人采取执法行动。除非具体针对无人机的独特性制定一套完善的规定，否则始终有可能会有人以公然而恶劣的方式使用商用无人机系统，迫使 FAA 做出比"友好"警告函或电联更加强硬的反应。

如 2007 年 2 月 13 日发布在《联邦纪事》中的政策声明所述，根据 FAA 对这个问题的公共意见，任何要在国家空域中飞行的无人机（除无线电控制的模型飞机外），如为公共飞机，都必须满足授权证书的要求；如为民用飞机，则应满足特殊适航证的要求。因此，FAA 已通过宽泛的政策声明暂时解答了第二个问题（即监管的对象），说明 FAA 是空域和航空的主管部门。

那么，接下来的问题是，即使 FAA 行使其声明的空域／航空管理权，在可证明某些运营机构将"小型"（相当于模型飞机的尺寸）无人机系统用于商业目的，且无适航证或未由持有执照的飞行员控制飞机的情况下，倘若 FAA 欲对这些运营机构进行打击，应该适用哪些规定；又应该运用何种制裁措施，以杜绝进一步的违规行为。

世界各地都有企业家和开发人员存在并活跃于民用小型无人机市场中（"小型"是指无人机系统尺寸，而非市场规模），这给 FAA 带来了压力，促使其在无人机系统的规则制定过程中发挥带头作用。如果某个农民或其他商／农业组织要采购一个小型系统，并操纵系统在田野中堪称"人烟稀少"的区域飞行，或在可能与载人飞机发生冲突的高度上飞行，是否存在能够制止这种活动的监管机制？或者说，如果某个商业摄影师要使用配备了摄像头的小型无人机系统，在此类区域中飞行，出于广告或其他类似目的对地面进行拍摄，FAA 又能否有效阻止该等行为？

在上述情况下，FAA 面临着一个问题，即在其所拥有的"工具箱"中，究竟应当选用何种可执行的执法手段？这些系统没有适航性证书，而 FAA 的中心任务则是促进安全标准的落实[1]。FAA2150.3A 号指令承认，民用航空主要依靠对管理规定的自觉遵守，且只有在这些努力均告无效时，该机构才应采取正式的执法行动。

未经正当程序，任何人不得剥夺证书持有人的"所有物"（即证书）[2]。国会不仅赋予了 FAA 制定规则的权力[3]，还赋予了 FAA 通过一系列方法执行规定的权力，包括在公共利益需要时，下达对飞行员的证书进行"修正、改进、暂扣或吊销"的指令[4]。由 FAA 颁发的任何其他证书均可以同种方式进行"修正、改进、暂扣或吊销"。然而，该政策存在一个问题，即所涉及飞行员很可能不是经 FAA 认证的飞行员，且涉及的飞机及其系统也没有适航性认证，因为二者均不是此类飞行所必须具备的条件。只要操作员／飞行员不干扰载人飞机的飞行安全，或不在未经允许的情况下进入受控空域（如机场环境），就很可能并未违反任何现有的法规。

再进一步设想，如果飞行员／操作员无意中使无人机系统靠近载人飞机，距离近到后者不得不采取规避动作（即使是在人烟稀少的农业区，也并不是不可能发生的），则可能会违反《美国联邦法规》第 14 章第 91.111 条（"在其他飞机附近飞行"）的规定。在这种情况下，FAA 并无证书可撤销，因此，无法依据《美国法典》第 49 章第 44709（b）条的规定，通过正式的执法程序实施法定权力或监管权力。只有一种机制可以解决这个问题，即由管理人员对"发挥飞行员、空中机械师、机械师或修理工职能"的个人处以民事罚款[5]。FAA 拥有对违反某些规定的行为处以民事罚款的权力，对大型实体或公司的处罚上限为 40 万美元，对个人和小企业的处罚上限为 5 万美元[6]。《美国法典》中的相关部分将"飞行员"定义为"依据《美国联邦法规》第 14 章第 61 部分的规定，被授予飞行员证书的个人"。[7] 同样，我们在一定

---

① 美国联邦航空管理局指令 2150.3A。
② Coppenbarger v.FAA 案，588 F，2d 836，839（第 7 次通告，1977）。
③《美国宪法》第 49 条第 44701（a）节。
④《美国宪法》第 49 条第 44701（b）节；Garvey v.NTSB／Merrell 案，190 F，3d 571（1999）。
⑤《美国宪法》第 49 条第 46301（d）(5)(A)节。
⑥《美国宪法》第 49 条第 46301 节等。
⑦《美国宪法》第 49 条第 46301（d)(1)(C)节。

程度上也有理由认为，非证书持有人不应受到《美国法典》的条款所规定的民事处罚。于是，FAA 对"未经批准"的民用无人机飞行便没有有效或实际的执法权了。

第七节　无人机系统管理条例的未来

以上阐述表明，FAA 的执法工具箱在应对不了解 FAA 当前政策、不合作或公然违规的无人机系统运营机构时，可能缺少实质性手段。我们可以预见，FAA 未来终有一天会不得不对那些敢于试探 FAA 的执法权力、在司法处置的边缘游走的无人机系统操作员、飞行员、制造商或企业实体进行处理。随着市场力量创造出更多机会，开发机构和企业家将投资转向更为成熟的系统，产业界所面临的"感知与规避"问题也更加紧迫，FAA 面临的压力将不断增大，促使其形成监管体系，从而收回对空域的"所有权"。这必然包括通过立法程序实行合理的运营和工程标准。这些标准应给予行业发展的空间，且不得给航空环境的整体安全性带来负面影响。

第一个任务便是确定 FAA 能够而且应该监管的范围。我们应对模型飞机进行准确定义，确保公众能够了解将继续不受管制的飞机的确切性质。这个定义应涵盖大小、重量、速度、性能能力和动能等因素，并对飞机及其系统的物理属性进行说明。此外，还应对模型飞机可以飞行的地点和高度进行明确规定。如果航模爱好者想要制作尺寸更大、速度更快的模型飞机，可以轻松超过甚至可能撞毁小型通用飞机，那么，爱好者们就必须了解此类模型飞机的合法飞行地点及条件。

我们必须为民用无人机设立空域准入评估与批准标准，并对"商用"无人机系统的飞行活动进行定义，以避免将商业无人机系统的飞行任务与模型飞机混淆。部分商用无人机系统租赁经营商认为自己不受任何认证要求的约束，并且了解咨询通告既不具备监管性，也不是规章，且 FAA 的政策声明对除 FAA 自身之外的任何人都不具约束力。在试图处理这样的运营机构时，不可强制执行的咨询通告（如 91-57 号通报等）对 FAA 几乎没有任何帮助。

对于 FAA 而言，唯一现实的选择是积极地参与规则制定过程，这个过程不可避免地包含漫长的意见收集和审核步骤。这一点已然明确。不明确的是，这一过程应当如何进行。一种方法是简单地修改现有规章，规定不论用于何种用途，无人机都是"飞行器"，其操作人员即为飞行员。然而也有例外情况：《美国联邦法规》第14章则将航模从业人员排除在外，将除航模从业人员以外的所有人均纳入管辖范畴。这种方法要求所有无人机系统都取得充分适航认证，要求其飞行员和操作员取得适当的认证和评级，并完全遵守所有空域法规。FAA已经建立了完善的认证制度，只是缺少适用于各个监管类别的标准和指导方针。

第二种方法是系统地剖析《美国联邦法规》第14章的每一个部分和每一小节，并进行必要的修改，再根据需要制定规则，把无人机的所有已知特征汇入其中。许多规定显然不适用于无人机（例如：第121部分中的有关乘客座位安全带或乘务员的要求），而其余很大一部分都可能需要通过解释才能加以应用，正是这一部分被视为可供修订的条款。预计这个过程需要数年时间，但一旦着手，《美国联邦法规》第14章的第91部分（空中交通和一般操作规则）、第71部分（空域）、第61部分（飞行员和机组人员证书）、以及第21～49部分中有关飞机设计标准的内容将是最合理的起点。

第三种方法是在《美国联邦法规》第14章中，专门针对无人机编写一篇，并纳入"看见与规避"技术、空域准入、飞行员资质、制造标准和适航性认证等所有事宜。

与此同时，鉴于无人机系统还有待充分融入航空世界，FAA急需一种工具来执行对空权力和履行职责，以促进公共安全，避免由于缺乏监管或监管不当而伤及已有的体系。实现以上目的的最佳方式是制定一项适当的法规，加强FAA对空域的主管权威，并对无证书可供吊销或暂扣，或原本可免于民事罚款的违法者予以充分制裁。

航空环境是复杂、动态的、杂乱的，其间布满了陷阱、地雷和死胡同。无人机系统的设计人员、开发机构、运营机构或用户在寻求国家空域系统或国际空域准入时，必须谨慎行事，确保已充分理解参与规则。无人机立法和标准拟定过程正在进行，且必将在可预见的未来实现。在这个过程中，产业界和用户团体的积极参与不仅受到鼓励，而且对行业的成长和有序发展举足轻重。无人系统技术的发展机会几乎是无限的，其中许多技术都将对航空界的安全与效率产生积极影响。FAA 和遍布世界各地的其他民航局所面临的最大挑战，是制定出一套一致、合理且可强制执行的政策、程序、法规和规定，对部署在世界各地的军／民用遥控驾驶飞行器的飞行活动进行有效监管。

第九章 无人机发展的愿景

赫拉克利特，以弗所人（Heraclitus of Ephesus）（公元前535年—前475年），古希腊哲学家，以奉行宇宙间万物永恒变化的观点而著称。在无人机系统所处的高科技世界里，这种永恒变化体现得更加淋漓尽致。实际上，很可能在不远的将来，术语"无人机系统"（UAS）会因"遥控驾驶飞行器"（RPA）一词更为公共接受而退出历史（"无人"一词在作为一种涉及飞行物体的公共政策表述时，逐渐成为一种负担。Deptula，2010）。由此一来，书写无人机系统的未来便不好把握，本章的主要内容也仅关注概念更为确定的未来3~5年的时间范围内。

第一节 预期市场增长与就业机会的前景

不审视历史和探讨未来趋势的行业分析一定是不完整的。曾经名为"无人机"或"靶机"（Drone）的无人机系统，仅仅在过去的10~15年间就已经被称为一种行业了——但不论以什么标准衡量，它都是一个新兴行业。它从航空航天工业一个名不见经传的小分支，借助技术成果的推动在较短的时间范围内稳步成长为主要分支。在通常情况下，由于新兴行业与更为成熟的行业不同，几乎不受经济周期的影响，因而会经历快速增长期。无人机系统这一市场的情况正是如此，也会一直持续下去。

在探讨无人机系统市场的消费状况时，可以将其划分为8个基本市场：

（1）研发、测试与评估（Research, Development, Testing, and Evaluation. RDT&E）；

（2）平台或飞行器；

（3）地面控制系统；

（4）有效载荷和传感器；

(5) 服务与支援；

(6) 传感器数据处理与分发；

(7) 培训与教育；

(8) 公共和私有采购。

从各方面看来，可以预见到世界范围内无人机系统市场强劲的增长势头。两家主流无人机系统市场研究公司均预测在未来 5～10 年无人机系统部门将迎来巨大的市场增长。蒂尔集团公司（Teal Grou PCorporation）的综合市场研究分析员们在 2010 年市场预测中做出这样的估算：10 年后，世界范围内无人机系统的消费将超过 800 亿美元，其中，美国消费这些资金中研发部分的 76%，采购部分的 58%（Aboulafia，2010）。同时，该市场预测还报告道，航空航天制造业的无人机部门将继续占据增长的主导地位。截至 2020 年，该部门的消费预计将从每年 49 亿美元增长至 115 亿美元。简单说，这里的消费就是指直接流向 8 个无人机系统基本市场的美元。

另一家市场研究网站 Market Research.com 预测称无人机系统市场的增长前景巨大，对此它预测的数字更为乐观：到 2015 年，无人机系统市场的消费将达到 630 亿美元（U.S.Military Unmanned Aerial Vehicles，n.d.，引文未注明出版日期）。Market Research.com 网站将这种增长描述为大步流星般的飞速增长。

一、私有部分

无人机系统私营市场目前就如同马上就要决堤的大坝一般。目前，联邦航空管理局对试图在国家空域系统内运营无人机系统的私营企业重重设限。大多数无人机系统在国家空域系统内的运营机制是向联邦航空管理局申请授权证书（COA），COA 会针对具体的无人机系统运营活动设置一系列的管控和限制。按照目前的程序，美国国内颁发的任何 COA 都要求由公共实体担保，但这在私营企业眼中是一种不合理的负担。市场的压力正促使这些限制发生改变，似乎在不远的将来（3 年内），国家空域系统内的私营无人机系统将迎来结构上的调整。一旦调整到位，私营承包商将能够提供包括监视（将会给其自身带来一系列挑战）、空中监控、通信中继和机载信息收发等一系列广泛的无人机服务。

二、公共部分

这部分市场将继续以军队、执法部门以及大学相关的研究活动为主导。军队将继续引领未来发展，不断推进技术的进步，以满足指挥官对态势感知的需求。军队是目前无人机系统市场的消费大户。其他公共部分的相关计划继续增多，同时法律的执行力度也将日益加大。谁最先对法规的实施及时响应，谁就能抢占先机。技术仍将不断进步，各个大学将通过科研活动突破技术的门槛。

三、就业机会

无人机系统未来将提供的就业机遇会随着无人机数量的增长和空域面向无人机常规化运营开放而迎来繁荣期。无人机系统飞行员、传感器操作员和技术人员（飞机维护、电子和信息技术）等岗位都提供了较多机遇，需要更多后勤支援的较大型无人机系统将催生出更多工种，而较小型无人机则更倾向于要求运营商履行无人机运行期间的多种职责，包括发射、回收、飞行、维护、有效载荷和传感器操作等。

举例来说，一架美军通用原子公司的"捕食者"无人机飞行时要求设两名机组成员，其中一人为飞行员、另一人为传感器操作员。此外，还需要支援人员分别负责无人机的发射、回收、维护和电子支援等工作。再者，由于需要进行视距内（LOS）观察，因此有时需要有人机进行飞行追踪。对很多小规模运营商来说，其中有些职责会根据无人机的大小和性能合并在一起。想要在无人机行业谋求职业的人，最好选择参加针对多种平台和自动控制软件的职业培训，此外还要接受能力教育，以应对该行业在政治、经济领域的更大挑战。

第二节　无人机系统基础设施的开发空间

一、地基基础设施

基础设施（Infrastructure）可以定义为能够使某一行业、组织或社会团体以一种有序的方式运作的实体结构，以及服务或组织框架。举例来说，我们所指的国家交通运输基础设施从实体上来看就是指道路、桥梁、铁路、水上和空中航线、港口和机场，而从服务方面来看，就是指相关的保养和维护机构，其中包括与之相关的培训和教育组织。

目前已经有人提出疑问，既然无人机行业预期有如此大的增长，那么目前的航空基础设施能否承受增长所带来的冲击呢？确实，我们现有的基础设施面临很大的挑战，但让人欣慰的是，还有很多的机遇和空间可以促使其在未来实现较大的发展。以美国为例，我们拥有通用航空机场组成的庞大网络，虽然这些机场合理地连入国家空域系统。但其中有很多机场都不在主要空中交通流覆盖区内，因而没有得到充分利用。

就从跑道来说，无人机系统的基础设施还有很大的开发空间以满足未来的市场增长需求。例如，新墨西哥州的拉斯克鲁塞斯（Las Cruces）国际机场已经通过与新墨西哥州立大学物理科学实验室的技术分析与应用中心（TAAC）之间的合作关系，利用其完善的基础设施配套，以及与之相匹配的周边空域开展对无人机系统的开发。无人机系统平台被正式投放执行日常作战任务前，要先在此进行测试与飞行战备评估。

又如，在堪萨斯州赫林顿当地的通用航空机场建立赫林顿无人机系统飞行实验站（Herington UAS Flight Facility, HUFF）也是出于此目的。该实验站的第一张授权证书于2010年春颁发给了以CQ-10A为动力的伞投无人机系统。该实验站的前身是第二次世界大战时的一个军用机场，就像全国其他的通用航空机场一样，近些年在经济不景气、通用航空业挣扎求生的大背景下，经历了交通运量下滑的颓势。无人机系统等新兴行业无疑为其创造了机遇。该实验站的主要任务是通过与堪萨斯州立大学无人机系统项目办公室的合作关系，承担无人机系统的测试、评估和运营工作。

讽刺的是，目前无人机系统完全集成所需的陆基基础设施建设，很大一部分要通过联邦航空管理局下一代国家空域系统（NextGen NAS）现代化计划来实施，该计划将国家空域系统从地基（永久性导航辅助设备、雷达、甚高频VHF通信等）转变为星基。在以卫星为基础的国家空域系统内，可轻松获取飞机的位置等其他相关信息，因而可使用户根据这些信息更好地做出空中交通决策。我们最终希望无人机系统能够通过星基系统与周围飞机进行协同，从而独立进行碰撞威胁评估并采取规避动作。

二、常规空域准入

随着无人机系统平台能力的日益提高，以及在经济上为更多用户所能承受，对无人机能不经过特殊的授权证书颁发程序，便可在国家空域系统内进行常规飞行这一需求逐渐增长。COA 的颁发程序作为一项临时性措施一直存在，它授予无人机系统在国家空域系统内的运行权利，由联邦航空管理局具体决定如何将无人机系统最好地集成到国家空域系统，以应对运营商和潜在客户日渐增长的需求。以目前的情况看，国家空域系统内无人机系统运行的常规化，似乎能够在若干年后实现。届时，无人机系统将能够申请仪表飞行规则飞行计划，并以与有人机相似的方式运行。具体如何获得运行许可，将在即将出台的无人机系统《联邦航空条例》中明确。目前该条例还处在规则制定阶段。有关无人机系统的规则将明确出一个无人机系统的运行体系，根据无人机系统的工作重量和性能，界定国家空域系统内允许进行的无人机系统的运行活动。与其他类的《联邦航空条例》相似，无人机系统的规则也会明确规定飞行器和运营商应遵守的运行限制和要求。

三、培训与认证

多年来，联邦标准一直是航空领域各方各面的风向标，从操作员的培训、认证需求到材料认证、制造和维护标准无一遗漏。虽然这些标准会随着技术的发展定期更新变化，但这样的过程可以确保与飞行相关的公众能够享有一个安全可靠的空中运输系统。

就无人机系统的大部分标准和条例来说，应该遵从经长期实践证明、适用于无人机且具有实用性的有人机相关标准。例如，无人机飞行员不仅要求持有与所操作飞行器能力相匹配的飞行员证书和健康证明，还必须接受过飞行器或平台的特殊培训。无人机系统机组人员的标准在形式上预计与有人机相似，但会根据飞行器的大小和性能进行修改。飞机性能越高，其标准也会更严苛。

飞行器的认证标准将主要围绕飞行器的安全性、可靠性和冗余度等制定，这些均可在近年来有人驾驶飞行器的标准中找到对应体。由此可以这样理解，推动无人机系统平台认证的不是有人机相关标准中规定的字面本身，而是这些标准中所体现的精神，这是因为相比有人机，无人机系统的性能变化区间更大，可以说下至微小型飞行器，上至诸如"全球鹰"无人机等超大高空飞行平台。加之机上无人保护的事实，必须要求无人机系统的飞机认证方法要不同于以往。

第三节　无人机飞行器的演化趋势

未来几年无人机系统将会有很多种发展趋势，以下几种尤为引人关注。

一、小型化

随着材料和处理技术的进步，很多平台变得越来越小，而电子技术的每次发展都能让设计者在更小的空间内置入更多种能力。但如何解决在小空间内完成更多的处理工作所释放出能量的热耗散问题，往往是制约小型化实现的主要因素。未来这个问题一旦解决，国家空域系统内的无人机系统所需的所有部件(导航、通信、位置报告等)很可能都集成在一块小小的印制电路板上，极易拆卸并安装在另一架无人机上。未来通过技术实现小型化后，微型无人机(翼展小至15.2cm)和纳米无人机(Nano Air Vehicles，NAV，翼展小至7.6cm)将引领潮流。

二、动力解决方案

无人机系统的动力和能源将成为未来主要的研究课题。随着对生态友好性、经济性和性能要求的不断提高，未来要寻求解决目前动力和能源存在的多种限制的方法。

(一)替代能源

无人机系统毫无例外会摆脱石化燃料，并且目前该领域已经实现了很大的进展。蓝鸟航空系统公司(BlueBird Aero Systems)和地平线燃料电池科技公司(Horizon Fuel Cell Technologies)已经将由一块重2kg的氢燃料电池推动的"回旋镖"(Boomerang)无人机投入战场，使其续航时间因此延长至9个多小时。还有一些生物燃料也已经在无人机系统上进行了测试。但是目前的生物燃料技术在满足未来能源需求方面，能够发挥多少作用还有待观察。经过测试看来，多数太阳能驱动的无人机系统已经实现了不同程度的成功，但目前也存在诸多限制，主要集中在有效载荷有限、产生充足能量所需太阳能电池阵列的数量和电池的重量等问题上。这其中体现的对效率的需求，将会使研究人员致力于在更小的空间内实现更高效的太阳能转化，同时以更轻便、更高效的方式储存这些能量。

(二) 电力推进

目前的电动无人机系统采用电池推动，能够搭载的有效载荷较小，续航时间也仅限于最多 1～2h，其电池的重量是最大的制约因素。锂聚合物电池技术的进步为电池延寿、最大程度减重和塑形带来了希望，而塑形又可以使电池更符合飞机的设计。未来电动无人机系统的发展将涉及利用电力线进行电力补给能力的开发，探索一种电"加油机"的概念，或随着技术的发展，开发通过空气进行电力传输并对机上电池充电的能力。

(三) 材料改进

在飞机设计领域有一点是不言自明的，即飞机结构的重量越轻，其搭载的有效载荷越大。结构材料的发展很大程度上将集中在复合材料技术的开发上，使用复合材料的飞机无疑会更轻、更耐用，同时也便于制造、维护和修理。当然成本也一定会相应提高。但目前复合材料的价格相对来说下降了。目前飞机结构采用复合材料还存在一定的局限性，尤其是当飞机暴露于污染或腐蚀性环境等异常条件下时，其长期结构完整性将受到损害。采用无损检测技术的进步将能够消除这些局限。

第四节　未来概念以及五年后及更远的未来

一、无人作战飞机 (UCAV)

无人作战飞机 (Unmanned Combat Air Vehicle, UCAV) 背后所体现的理念就是设计一款攻击性无人空中武器发射平台，而并不是将武器安装在另有他用的平台上。当前设计一些无人作战飞机，包括美国波音公司的 X-45A 和后来研发的"鬼怪鳐鱼"(Phantom Ray)、诺斯罗普·格鲁曼公司的 X-47B (已完成航空母舰自主起降)、英国 BAE 系统公司的"塔拉尼斯"(Taranis, 雷神) 无人机、以及法国代表的欧洲六国"神经元"(nEUROn) 无人作战飞机等，均已完成首飞。

"机上无人"的做法还是有些争议：支持者主张人类能承受的加速度有限，且机上生命维持系统会使飞机重量增加，因此飞机的性能无法达到最佳状态；反对者则辩称，计算机逻辑永远无法充分替代人类的决策过程，尤其是在进行瞬间、高风险决策方面。目前国际社会对全自主化的无人化武器表现出了高度的关注。

二、无人机集群

"集群"（Swarming）的概念源于自然学，目前主要应用于军事领域。它是指通过多种手段，从多个方向同时攻击目标。这种技术用于快速战胜并征服目标。已经在军事界几经讨论的"集群"概念，包含了多个独立系统在相对较小空域内的紧密协同。换而言之，这些系统需要展示出高度的互操作性，并且在未来很可能需要具备高度自主性。要实现对"集群"战术的支持，指挥和控制的基础设施还有待发展。但是，一旦朝这个概念迈进，必然会推动其相关技术的进步。

三、"戈尔贡"凝视

"戈尔贡"（Gorgon，古希腊三个蛇发女怪之一，人一见她即化为石）凝视是应用在美国通用原子公司"死神"（Reaper）无人机系统上的一个概念，可供多个机载光学数据的终端用户选择多达12个不同的摄像机角度对指定的地理区域进行拍摄。这样一来，飞机实质上成了一个可以提供12个不同摄像机视角的平台，因而能够同时追踪多个目标。毫无疑问，这项技术最终会在民用航空领域找到用武之地。

四、通用性和可扩展性

假定未来无人机系统技术和能力不断拓展，那么向技术通用性（commonality）发展，以提高采办、辅助设备、培训、服务以及支援等方面的效率，将成为无人机系统用户的普遍期望。打个比方，有些有人机用户选择使用同一种飞机的不同改型，以提高飞机操作员、支援人员和维护人员对设备的熟悉程度，并且多数培训内容和飞机特征在很大程度是相似的，可使飞机工作人员在工作中更为高效。同样，军队基本上也是出于同种原因，也在寻求相似系统的通用性，毕竟使用大量不相关的飞机很可能会导致效率低下。可扩展性是指飞机可根据任务需求"增加尺寸"或"缩减尺寸"的特性，与通用性的概念紧密相关。

五、五年后及更远的未来

由于未来很多概念都是基于尚未问世的技术而提出的，因此我们的讨论到那时，会变得有些困难并且完全无法给出具体的内容。我们所知道的是，当科学和技术的进步不断改写人工智能的极限时，一定会引发惊世巨变。正处于设计阶段的机器人能够通过自学习和相互学习，独立完成与人类互动、学习说话和生成想法等复杂任务。在机械、结构、材料和动力传输等各领域进步的综合影响下，未来自主系统一定会呈现超出所有人预料的面貌。有些未来主义者想象我们在未来会看到人工智能机器自我维修或复制、寻找自身所需能源，并可能做出与其原始设计用途背道而驰的决策。当然，那种场景还离我们有段距离，但如果考虑到目前的发展步伐和方向，我们必须要考虑这些可能性，并且必须考虑如何定义哪些是"进步"、哪些实质上是倒退。

未来一定会继续探索的另一个概念是无人驾驶航天飞行。过去的四十多年间，多次无人驾驶航天任务无疑展现了无人航天器在不考虑人类生理极限的条件下，探索太空和其他星球的优势。单就节省成本这一点来说，一定会刺激该领域的进一步发展。

在这些话题上，我们还可以进一步深入探讨，同时每个话题也有待深入探索，但由于本书篇幅有限，我们只能把深入探索的任务交给读者了。但可以肯定的是，正如前文所述，未来世界一定会走向无限无人化！

参 考 文 献

[1] 张阳，范大猛.无人机航测技术在基层测绘工作中的应用[J].中国高新技术企业.2017(07).

[2] 徐嘉龙，张祥全，周宏宇.架空输电线路无人机巡检系统技术与应用[M].北京：中国电力出版社，2017(06).

[3] 林阳.顾及曝光延迟的GPS/IMU辅助空中三角测量方法的研究[J].东华理工大学，2017(06).

[4] 李志学，颜紫科，张曦.无人机测绘数据处理关键技术及应用探究[J].测绘通报2017(08).

[5] 李璇.虚拟测量在无人机测绘成果中的应用[J].住宅与房地产2017(10).

[6] 韩月娇.虚拟测量在无人机测绘成果中的应用[J].工程技术研究2017(09).

[7] 万刚.无人机测绘技术及应用[M].北京：测绘出版社，2015.

[8] 曹良中，杨辽，阙培涛.地面检校场的非量测型数码相机检校[J].测绘科学，2015，(2).

[9] Richard K.Barnhart.无人机系统导论[M].北京：国防工业出版社，2014.

[10] 熊自明.无人机战场监测理论与技术研究[D].郑州：解放军信息工程大学，2013.

[11] 王志勇，张继贤，黄国满.数字摄影测量新技术[M].北京：测绘出版社，2012.

[12] 熊自明，万刚，闫鹤，等.基于改进SIFT算法的小型无人机航拍图像自动配准[J].测绘科学技术学报，2012(2).

[13] 熊自明，万刚，吴本材.基于改进蚁群算法的无人机低空突防三维航迹规划 [J].电光与控制，2011(12).

[14] 弗里德曼.无人空中作战系统 [M].吴汉平，毛翔，杨晓波.译.北京：中国市场出版社，2011.

[15] 黄长强，曹林平，翁兴伟，等.无人作战飞机精确打击技术 [M].北京：国防工业出版社，2011.

[16] 廖永生，陈文森.无人机低空数字摄影测量参数计算和路线设计系统 [J].测绘通报 2011(9).

[17] 叶文，范洪达，朱爱红.无人飞行器任务规划 [M].北京：国防王业出版社，2011.

[18] 邢素霞.红外热成像与信号处理 [M].北京：国防工业出版社，2011.

[19] 熊自明，万刚，曹雪峰，等.一种用于空中全景监测的无人机监测系统 [C]／／第 17 届中国遥感大会摘要集.北京：科学出版社，2010.

[20] 叶玉堂，刘爽.红外与微光技术 [M].北京：国防工业出版社，2010.

[21] 沈怀荣，邵琼玲，王盛军，等.无人机气象探测技术 [M].北京：清华大学出版社，2010.

[22] 房建成，陶冶.于歌.空战新兵：无人机与战争 [M].广州：花城出版社，2010.

[23] 李俊山，杨威，张雄美.红外图像处理、分析与融合 [M].北京：科学出版社，2009.

[24] 陈裕.基于 SIFT 算法的无人机遥感图像配准 [D].武汉：中南大学，2009.

[25] 张鹏强.无人飞行器序列图像战场地理环境探测关键技术研究 [D].郑州：解放军信息工程大学，2009.

[26] 魏瑞轩，李学仁.无人机系统及作战使用 [M].北京：国防工业出版社，2009.

[27] 许振辉，张峰，孙凤梅.等.基于邻域传递的鱼眼图像的准稠密配

准 [J].自动化学报，2009(9).

[28] 段春梅.基于多视图的三维模型重建方法研究 [D].济南：山东大学，2009.

[29] 杨猛.一种新的基于多特征的图像自动配准技术 [J].计算机应用研究，2008(7).

[30] 赵铭，盛怀洁，王伟.无人机在突防行动中的航路规划研究 [J].电光系统，2008(04).

[31] 张保明，龚志辉，郭海涛.摄影测量学 [M].北京：测绘出版社，2008.

[32] 库利 G A，吉勒特 J D.飞艇技术 [M].王生，译.北京：科学出版社，2008.

[33] 吕金建.基于特征的多源遥感图像配准技术研究 [D].长沙：国防科学技术大学，2008.

[34] 任博，潘景余，苏畅，等.不确定环境下的侦察无人机自主航路规划仿真 [J].电光与控制，2008(1).

[35] 李季，孙秀霞，马强.无人机对空威胁算法与仿真 [J].系统仿真学报，2008(16).

[36] 王娟，师军.一种柱面全景图像自动拼接算法 [J].计算机仿真，2008(7).

[37] 王永波.盛业华，闾国年，等.基于 Delaunay 规则的无组织采样点集表面重建方法 [J].中国图象图形学报，2007(9).

[38] 李德仁，胡庆武.基于可量测实景影像的空间信息服务 [J].武汉大学学报：信息科学版，2007(5).

[39] 李乐.全景视频实时处理系统的设计与实现 [D].长沙：国防科学技术大学，2007.

[40] 任波，于雷.自适应蚁群算法的无人机航迹规划方法 [J].电光与控制，2007(6).

[41] 杨欣.基于边缘拟合直线的遥感图像自动配准 [J].计算机工程与应用，2007(28).

[42] 杨遵.一种多无人机协同侦察航路规划算法仿真 [J].系统仿真学报，

2007(2).

[43] 王飞.支持向量机在图像配准中的应用研究 [D].西安：西安理工大学，2007.

[44] 张鹏强，余旭初，韩丽，等.基于直线特征匹配的序列图像自动配准 [J].武汉大学学报：信息科学版，2007(08).

[45] 张鹏强，余旭初，于文率，等.机载视频影像运动目标检测与跟踪技术 [J].测绘科学技术学报，2007(06).

[46] 于文率，余旭初，张鹏强，等.一种改进的 UAV 视频序列影像拼接方法 [J].测绘科学技术学报，2007(6).

[47] 穆中林，鲁艺，任波，等.基于改进 A* 算法的无人机航路规划方法研究 [J].弹箭与制导学报，2007(1).

[48] 张强.低空无人直升机航空摄影系统的设计与实现 [D].郑州：解放军信息工程大学，2007.

[49] 余战武.基于傅里叶变换的多源高分辨率遥感数据的配准技术 [D].北京：中国科学院研究生院，2006.

[50] 郑金华.无人机战术运用初探 [M].北京：军事谊文出版社，2006.

[51] 李红军. 航空航天概论 [M]. 北京：北京航空航天大学出版社，2006.

[52] 梁勇.一种基于 Hausdorff 度量的多传感器的图像配准方法 [J].遥感技术与应用，2006(5).

[53] 齐贤德，程昭武.飞机的诞生与发展 [M]. 北京：国防工业出版社，2006.

[54] 陈明生. 图像配准技术研究与应用 [D]. 长沙：国防科学技术大学，2006.

[55] 董辰世，汪国昭.一个利用法矢的散乱点三角剖分算法 [J].计算机学报，2005(28).

[56] 甘晓华，郭颖.飞艇技术概论 [M].北京：国防工业出版社，2005.

[57] 金剑秋.多光谱图像的融合与配准 [D].杭州：浙江大学，2005.

[58] 李学友. IMU／DGPS 辅助航空摄影测量综述 [J].测绘科学，2005(5).

[59] 李征航，黄劲松.GPS 测量与数据处理 [M].武汉：武汉大学出版

社，2005.

[60] 逯宏亮，欧建军.协同空战中目标的威胁判定方法 [J].电光与控制，2005(6).

[61] 韦燕凤，赵忠明，闫冬梅，等.基于特征的遥感图像自动配准算法 [J].电子学报，2005(1).

[62] 邢帅.多源遥感影像配准与融合技术的研究 [D].郑州：解放军信息工程大学，2004.

[63] 《世界无人机大全》编写组.世界无人机大全 [M].北京：航空工业出版社，2004.

[64] 孙红星.差分 GPS／INS 组合定位定姿及其在 MMS 中的应用 [D].武汉：武汉大学，2004.

[65] 柳长安，李为吉，王和平.基于蚁群算法的无人机航路规划 [J].空军工程大学学报，2004(2).

[66] 英向华，胡占义.一种基于球面透视投影约束的鱼眼镜头校正方法 [J].计算机学报，2003(12).

[67] 梁运行，崔杜武.图像拼接的预处理算法研究 [J].西安理工大学学报，2003(4).

[68] 孙杰.林宗坚，崔红霞.无人机低空遥感监测系统 [J].遥感信息 2003(1).

[69] 谭建荣，李立新.基于曲面局平特性的散乱点数据拓扑重建算法 [J].软件学报，2002(11).

[70] 王海晖.一种多传感器遥感图像的配准方法 [J].华中科技大学学报，2002(8).

[71] 贝超，杨嘉伟，张伟.无人机在战场侦察与目标指示中的应用 [J].现代防御技术，2002(5).

[72] 李征航，吴秀娟.全球定位系统(GPS)技术的最新进展第四讲——精密单点定位(上)[J].测绘信息与工程，2002(5).

[73] 李立新.散乱点集曲面重建的理论、方法及应用研究 [D].杭州：浙江大学，2001.

[74] 严京旗，施鹏飞.基于无组织结构数据集的三维表面重建算法 [J].

计算机学报，2001(10).

[75] 倪国强.多波段图像融合算法研究及其新发展 [J].光电子技术与信息，2001(5).

[76] 王青，王融清，鲍虎军，等.散乱数据点的增量快速曲面重建算法 [J].软件学报，2000(9).

[77] 唐琏，谷士文，费耀平，等.全方位全景图像的一种映射方式 [J].计算机工程，2000(8).